美丽乡村建设系列丛书

美丽乡村

建设理论与实践

总主编　唐　珂

执行主编　闵庆文　窦鹏辉

中国环境出版社·北京

图书在版编目（CIP）数据

美丽乡村建设理论与实践 / 唐珂，闵庆文，窦鹏辉主编 . -- 北京 ：中国
环境出版社，2015.4

ISBN 978-7-5111-2310-7

Ⅰ．①美… Ⅱ．①唐… ②闵… ③窦… Ⅲ．①农村－社会主义建设－中
国 Ⅳ．① F320.3

中国版本图书馆 CIP 数据核字（2015）第 054820 号

出 版 人　王新程
策 划 人　周　煜
责任编辑　丁莞歆
责任校对　尹　芳
装帧设计　金　喆　彭　杉

出版发行　**中国环境出版社**
　　　　　（100062　北京市东城区广渠门内大街 16 号）
　　　　　网　　　址：http://www.cesp.com.cn
　　　　　电子邮箱：bjgl@cesp.com.cn
　　　　　联系电话：010-67112765（编辑管理部）
　　　　　　　　　　010-67175507（科技标准图书出版中心）
　　　　　发行热线：010-67125803，010-67113405（传真）
印　　刷　北京中科印刷有限公司
经　　销　各地新华书店
版　　次　2015 年 5 月第一版
印　　次　2015 年 5 月第一次印刷
开　　本　880×1230　1/16
印　　张　15
字　　数　300 千字
定　　价　58.00 元

编委会

前　言

　　草木茂盛、依山靠水、衣食富足、文化丰富，童年时代乡村的记忆永远在心灵深处呼唤。在都市人的眼中，乡村常与青山绿水、安静闲适的生活相联系，小桥、流水、人家，一幅幅恬淡的乡村田园画卷让人心旷神怡。在人类历史上，乡村田园风光数千年来一直是被歌咏的对象，世人无不向往着"采菊东篱下，悠然见南山"的世外桃源生活。然而，在现代城市化快速发展下，乡村景观受到了社会经济发展变化的强烈冲击，山川、河流、湖塘、林地等自然景观和农田、牧场、园地等半自然景观都经历着不同程度的变化，传统村落、宗祠寺庙等人文景观更是不断遭到破坏，人地矛盾加剧、自然生态失衡、传统文化衰落等是农村许多地方面临的共性问题，也是社会主义新农村建设和农村生态文明建设中需要统筹解决的重要问题。

　　美丽乡村建设是新农村建设的升级版，是美丽中国建设的重要组成部分。党的十八大以来，习近平总书记就建设社会主义新农村、建设美丽乡村，提出了很多新理念、新论断、新举措。2013 年中央一号文件第一次提出了要建设"美丽乡村"的奋斗目标。2014 年中宣部、中央文明办召开的全国农村精神文明建设工作经验交流会研究部署了农村精神文明建设的工作任务，明确了"建设美丽乡村"的战略部署。开展"美丽乡村"建设活动，是对习总书记提出的"望得见山、看得见水、记得住乡愁"的具体部署，符合国家总体构想，符合社会发展规律，符合农业农村实际，符合广大民

众期盼，意义重大。

美丽乡村建设是我们在新的形势下所面临的一个全新课题，是一个复杂的系统工程。理论体系研究和框架构建，是美丽乡村建设的基础性工作。作为《美丽乡村建设系列丛书》之一，《美丽乡村建设理论与实践》一书的目的就是在全面阐述相关理论的基础上，试图构建美丽乡村建设的理论框架，为当前如火如荼的美丽乡村建设提供支撑。

本书共分为九个部分，绪论简要介绍了美丽乡村提出的时代背景，解析了美丽乡村的基本内涵；第一章"古今中外：美丽乡村建设的借鉴"，简要介绍了古代人、现代人和外国人眼中的美丽乡村图景；第二章"政策指导：美丽乡村建设的依据"，从生态文明、科学发展、四化同步和美丽中国的战略高度，阐述了美丽乡村建设的指导政策；第三章"理论基础：美丽乡村建设的内涵"，从经济发展理论、生态环境理论、多元文化理论和社会和谐理论等四个方面，阐述了美丽乡村建设的理论基础；第四章"战略构想：美丽乡村建设的蓝图"，从产业发展、生活条件、生态环境、社会民生和乡村文化等五个方面，解读了美丽乡村的基本内涵；第五章"科学规划：美丽乡村建设的前提"，提出了理论实践结合、长期短期结合、宏观微观结合、社会各方联动、明确法律地位等规划编制的思路与措施；第六章"多措并举：美丽乡村建设的内容"，提出了建设提质增效的产业体系、打造清洁舒适的生活空间、保育持续健康的生态环境、健全公平民

主的社会机制、弘扬丰富多彩的地域文化等美丽乡村建设的具体路径；第七章"成败得失：美丽乡村建设的评估"，提出了以执行情况、综合效益、发展潜力等为核心的美丽乡村建设的评估方法；第八章"创新管理：美丽乡村建设的保障"，则从完善制度建设、促进机制创新、拓展资金来源、加强学科协作角度，提出了美丽乡村建设的政策、管理、财政、技术保障措施。

本书是集体智慧的结晶，其中全书框架设计由闵庆文、窦鹏辉完成；前言和绪论由闵庆文、窦鹏辉、白艳莹完成；第一章由田密、王灵恩完成；第二章由窦鹏辉、张永勋、赵贵根完成；第三章由袁正、张永勋、田密、赵贵根完成；第四章由赵海、田密完成；第五章由杨波、何露完成；第六章由窦鹏辉、李静完成；第七章由闵庆文、孙雪萍完成；第八章由白艳莹、刘伟玮完成；全书由闵庆文、窦鹏辉、白艳莹统稿，由唐珂审定。

由于美丽乡村建设理论与实践涉及广泛，限于作者水平，加之时间仓促，书中难免有错漏之处，祈望读者批评指正！

编者

2015 年 4 月

目　录

绪 论

近年来，"美丽乡村"一词深入人心，美丽乡村建设也在全国各地如火如荼地开展起来。一说到美丽乡村，大家脑海里可能都会浮现出一幅幅青山绿水的美丽画卷，但是什么是美丽乡村呢？要想用一句话把这个概念解释清楚还真不是一件容易的事情。首先，我们还是要从"美丽乡村"的由来说起。

2005年，中国共产党第十六届五中全会指出"建设社会主义新农村是我国现代化进程中的重大历史任务，要按照生产发展、生活宽裕、乡风文明、村容整洁、管理民主的要求，扎实稳步地加以推进"。

2012年，党的十八大报告中指出要"努力建设美丽中国，实现中华民族永续发展"。第一次提出了"美丽中国"的全新概念，强调必须树立生态文明理念，明确提出了包括经济建设、政治建设、文化建设、社会建设和生态文明建设在内的"五位一体"的社会主义建设总布局。这充分体现了中国共产党以人为本、执政为民的理念，顺应了人民群众追求美好生活的新期待，符合我国国情。美丽中国的建设目标就是要实现经济、政治、文化、社会、生态的和谐和可持续发展。

> 建设生态文明，是关系人民福祉、关乎民族未来的长远大计。面对资源约束趋紧、环境污染严重、生态系统退化的严峻形势，必须树立尊重自然、顺应自然、保护自然的生态文明理念，把生态文明建设放在突出地位，融入经济建设、政治建设、文化建设、社会建设各方面和全过程，努力建设美丽中国，实现中华民族永续发展。（十八大报告）

在2013年中央一号文件中，第一次提出了要建设"美丽乡村"的奋斗目标，进一步加强农村生态建设、环境保护和综合整治工作。事实上，农村地域和农村人口占了中国的绝大部分，正如习近平主席所说，即使将来城镇化达到70%以上，还有四五亿人在农村。农村绝不能成为荒芜的农村、留守的农村、记忆中的故园。因此，要实现十八大提出的美丽中国的奋斗目标，就必须加快美丽乡村建设的步伐。加快农村地区基础设施建设，加大环境治理和保护力度，营造良好的生态环境，大力加大农村地区经济收入，提升农村居民的幸福感和满意度，才能早日实现美丽中国的奋斗目标。

总的来说，美丽乡村是规划科学、布局合理、环境优美的秀美之村，是家家能生产、户户能经营、人人有事干、个个有钱赚的富裕之村，是传承历史、延续文脉、特色鲜明的魅力之村，是功能完善、服务优良、保障坚实的幸福之村，是创新创造、管理民主、体制优越的活力之村。美丽乡村是对乡村未来发展，特别是生态文明建设目标的诗意表达，其实质是一种人与自然和谐、经济社会发展与生态环境保护双赢的文明发展新境界、新形态，充分反映了人民群众对人与自然和谐发展的美好愿望和期盼，其特征可以概括为"四美"（科学规划布局美、村容整洁环境美、创业增收生活美、乡风文明身心美）和"三宜"（宜居、宜业、宜游）。

从 2013 年起，农业部在全国开展"美丽乡村"创建活动，这是农业部贯彻党的十八大和中央一号文件精神的具体举措和实际行动。可以说，"美丽乡村"创建是升级版的新农村建设，它既秉承和发展新农村建设"生产发展、生活宽裕、村容整洁、乡风文明、管理民主"的宗旨思路，延续和完善相关的方针政策，又丰富和充实其内涵实质，集中体现在尊重和把握其内在发展规律，更加注重关注生态环境资源的有效利用，更加关注人与自然和谐相处，更加关注农业发展方式转变，更加关注农业功能多样性发展，更加关注农村可持续发展，更加关注保护和传承农业文明。从另一方面来说，"美丽乡村"之美既体现在自然层面，也体现在社会层面。在城镇化快速推进的今天，"美丽乡村"建设对于改造空心村，盘活和重组土地资源，提升农业产业，缩小城乡差距，推进城乡发展一体化也有着重要意义。同时，创建"美丽乡村"也是亿万农民的中国梦。作为落实生态文明建设的重要举措和在农村地区建设美丽中国的具体行动，没有"美丽乡村"就没有"美丽中国"。开展"美丽乡村"创建活动，符合国家总体构想，符合社会发展规律，符合农业农村实际，符合广大民众期盼，意义极为重大。

美丽乡村建设是建设社会主义新农村的具体要求，是实现美丽中国建设目标不可或缺的重要组成部分。美丽乡村建设涵盖了以往的新农村、休闲农业、农家乐、乡村旅游等内容，目前在全国还没有一个统一规定和固定模式，各个地方都在根据自身的特点制定各自的建设方针。

"美丽乡村"不仅是一个生态概念，还是一个经济概念，更是一个社会概念。美丽乡村不光有一个美丽的外表，关键在于提升农民的生活水平和生活质量，实实在在地提高农民的幸福指数，它应该是结合了经济、政治、人文、生态、环境等方面的一个完美组合，这才是对美丽乡村的真正追求。美丽乡村建设不是"面子工程"，而是实实在在的民生工程，承载了社会主义新农村建设和生态文明创建的新使命。

"美丽乡村"是生态文明建设的目标，即既要"金山银山"，也要"绿水青山"。贫穷落后中的山清水秀不是美丽中国，强大富裕而环境污染同样不是美丽中国。同时，建设"美

　　推进农村生态文明建设。加强农村生态建设、环境保护和综合整治，努力建设美丽乡村。（2013 年中央一号文件《中共中央国务院关于加快发展现代农业进一步增强农村发展活力的若干意见》）

丽乡村"需要科技、制度、文化等来保障，最终实现人与自然、环境与经济、人与社会的和谐。从这个意义上讲，"美丽乡村"由环环相扣的三个层次的美构成。

第一个层次的美是指自然环境之美、人工之美和格局之美。这是建设"美丽乡村"的基础。建设"美丽乡村"，首先要尊重自然、顺应自然、保护自然，维护自然环境之美。同时，应站在可持续发展的高度布局人工环境，构筑科学发展的格局之美。这是建设"美丽乡村"的切入点。人工之美是自然之美的延伸，是人类科学合理地利用自然环境的体现。人类社会发展既要维护生态平衡，又要利用自然资源、自然环境创造物质和精神财富。应在维护生态平衡的基础上，努力构建人与自然和谐发展的人工之美和格局之美，构建科学合理的城镇化格局、农业发展格局、生态安全格局，促进生产空间集约高效、生活空间宜居适度、生态空间山清水秀。

第二个层次的美是指科技与文化之美、制度之美、人的心灵与行为之美。这是建设"美丽乡村"的必要条件。建设"美丽乡村"，需要在全社会大力倡导绿色发展理念、合理消费理念，树立正确的生态价值观、绿色财富观和绿色利益观，形成鼓励绿色发展、合理消费的社会环境和氛围；需要研发和运用节约资源、保护环境的科学技术，开拓新的发展空间，破解资源环境制约经济社会发展的难题；需要建立和完善环境保护制度、资源有偿使用制度和生态补偿制度等，加强生态文明制度建设；需要塑造美丽心灵、倡导美好行为，增强全民节约意识、环保意识、生态意识，营造爱护生态环境的良好风气。

第三个层次的美是指人与自然、环境与经济、人与社会的和谐之美。这是建设"美丽乡村"的落脚点与归宿。建设"美丽乡村"，实现人与自然和谐相处，需要摒弃过度耗费资源、损害环境的传统发展模式，着力推进绿色发展、循环发展、低碳发展，形成节约资源和保护环境的产业结构、生产方式、生活方式，实现人与自然、环境与经济和谐发展。"美丽乡村"，还美在人与社会和谐发展上。人与社会和谐发展，需要在尊重、把握和顺应自然规律的基础上，不断调整当代人之间以及代际之间的环境利益关系，努力实现人与人、人与社会、当代人与子孙后代的环境利益关系的和谐。

第一章

古今中外：
美丽乡村建设的借鉴

第一节　古代人眼中的美丽乡村

"绿树村边合，青山郭外斜。开轩面场圃，把酒话桑麻。"美丽的田园风光、自然的风土人情、纯朴的乡风民俗，我们的祖先把美丽乡村描述得如此形象。"美丽乡村"的概念在古代文献记载中尚未发现，但在几千年的农业文明社会里，古代劳动人民对幸福美好生活的追求却从未间断。在浩瀚如烟的诗歌辞赋等文学作品中，对乡村美景及祥和生活的描述是古代人眼中"美丽乡村"的真实写照，从中可以深刻地体会到古人对理想生活的向往和憧憬。同时，作为在滔滔历史洪流中幸存的传统景观与生活方式，古村落向现代人生动地展示了美丽乡村的应有之义。通过对诗词歌赋和现存古村落的研究和总结，我们不难发现，古人已对美丽乡村有了一个共同阐释。

一、草木茂盛　自然风景秀美

中国古代人理想的生存环境常被形容成"山川秀美"、"绿林荫翳"的山水胜地。可见，优美的风景和优越的生态环境是古代人眼中美丽乡村的首要条件。实际上，清澈见底的小溪、昆虫和鸟类纷飞啼叫、完美的生态环境是检验农村自然环境的重要指标之一，也是美丽乡村魅力的真正所在。

历代文人的诗词歌赋都把幽静、平和的乡村环境作为赞美的对象。在古人眼里，优美的乡村环境首先应该是幽静的，而不应该是嘈杂混乱的。唐代大诗人王维的《鸟鸣涧》把乡村的静描写得淋漓尽致："人闲桂花落，夜静春山空。月出惊山鸟，时鸣春涧中。"这首诗写春山之静，描写的是春山夜晚异常幽静的景象。"静"被诗人强烈地感受到了。王维用花落、月升、鸟鸣这些"动"景却反衬出春山的幽静。鸟鸣涧，是一处风景极优美的地方。涧，是山涧，指夹在两山间的流水。这首诗充分表达了诗人对幽静、优美的乡村环境的热爱和赞美，千百年来被世人所流传，除了对诗人的描写手法的赞许，更是体现了人们对诗中所描写的乡村环境的向往和憧憬。孟浩然的《春晓》与之有异曲同工之妙："春眠不觉晓，处处闻啼鸟。

夜来风雨声，花落知多少。"春夜酣睡、处处鸣啼、风雨声、花落……作者无意间把一个鸟语花香的美丽乡村呈献给了世人。宋代诗人叶绍翁的《游园不值》则把春日乡村游园的景象表达得十分形象而又富有理趣，情景交融："应怜屐齿印苍苔，小扣柴扉久不开。春色满园关不住，一枝红杏出墙来。"诗人想去朋友的花园中观赏春色，但是敲了很长时间的门，也没有人来开。主人大概不在家，又可能是爱惜青苔，担心被游人踩坏，从而不开门。但是一扇柴门，虽然关住了游人，却关不住满园春色，一枝红色的杏花早已探出墙来。这首诗一方面表达了作者对春天的赞美之情，另一方面，青苔、满园春色、红杏等景色恰如其分地描绘了乡村农家院落优美的风景和生态环境。另外，有趣的是，作者用小扣柴门来呼唤小院主人，我们可以想象当时的场景肯定是极为寂静的，如果人声鼎沸、环境嘈杂，估计作者是没有这种情调的，那样"扣柴门"主人可真是听不见了。

同时，植被茂盛、山清水秀是古代人眼中美丽乡村的另一重要元素。我国杰出的政治家、军事家、散文家诸葛亮的故居——古隆中，一直被认为是最为理想的躬耕居住之地。隆中主峰隆中山海拔 306 米，隔谷相望的大旗山，一头高昂，一头缓缓下垂，形如卧虎；山上茂林修竹，郁郁葱葱，望之巍然深秀；山下泉水、池塘，山涧小溪流水潺潺。福建省永定邵氏家族世居之处"松柏参天，老干遒劲，大者百数十围，小者亦数十围高。或数十百丈，矗入云霄际。老树古木离奇曲屈形如虬"。宋代理学大师程颐说："地之美者，则其神灵安，其子孙盛。若培壅其根而枝叶茂，理固然矣。地之恶者则反是。然则曷谓地之美者？土色之光润，草木之茂盛，乃其验也。"可见，茂盛的植被是构成古代人理想人居环境的必备条件。我国古代绝大多数村落、宅基和坟地周围多种植风水林木，以此来获得良好的风水环境。如云南哈尼村寨都有自己的神林和神木，哈尼人视神木为寨神，把树林视为风水林，绝对不能破坏。每年"十月年"（也就是哈尼人的"春节"）之后都要举行祭寨神活动，祈求寨神保护山寨安宁。从科学的角度讲，这种树林崇拜有着古朴的科学依据，风水林不仅塑造了哈尼梯田迷人的景观，更是梯田水源涵养的主要载体，正是这些风水林保障了哈尼族人"美丽乡村"的世代延续。又如福建莆田浮山东阳陈村，"自公卜居后，凡风水之不足者补之，树木之凋残者培之"，最后变成了所谓的"真文明胜地"。福建龙岩县《王氏族谱》记载银澎村王氏宗族在村落的背后种植有各种树木，形成了"峦林蔽日"、"翠竹千宵"、"古木荫蔚"、"茂林修竹"等村落景观。在我国一些古村落和坟地周围都留有许多风水古树和风水古林，成为当地一道亮丽的风景园林景观，也成为古代人追求美丽乡村的历史遗产和佐证。许多地方，尤其是传统文化保存较好的偏远地区和少数民族地区对村落居宅及坟地周围的风水林、风水树都严加保护，禁止砍伐，如果肆意破坏则被视作大逆不道的行为。许多宗族的族谱家规对保护风水林木都有明确的规定。福建浦城高路季氏族谱中的族法家规规定：乱砍滥伐宗族风水林木，犯者除了处以用纸箔祭树，将砍伐树墩（或树木）烧化的惩罚以外，还要绕山林一周燃放鞭炮，并请道士设醮诵经，同时还得设宴招待道士、族长和管山人员，并支付道士和管山人员的工资。

二、依山靠水　村落布局讲究

村落布局是我们的祖先选择理想生活场所的又一重要方面。在古人眼中，占据依山靠水的风水宝地是最优的村落布局，也是人杰辈出、钟灵毓秀的关键。中国传统民居聚落在选址上遵循"相其阴阳，观其流泉"的观念，选择阳光充足、水源丰沛、空气流通的地方，以利于生活生产。居民聚落的布局以"负阴抱阳、背山面水"为最佳，背山可阻挡冬季寒潮，面水则迎来季风温暖，朝阳令日照充足，缓坡可保持水土，这样的自然环境及相对封闭的空间有利于形成良好的生态循环和小气候。因为我国地处北半球，所以村落布局大多位于山之阳、水之阴，面南坐北。便于生活、利于生存和发展是古人在村落的选址规划中要考虑的基本要素。河道运输在古代的交通中占据最重要的地位。一般传统村落的选址和布局都是依山傍水而建的，选择在风景优美、物质丰富之地，在田地肥沃、树木葱郁、溪水环绕、鸟鸣花香等处建宅。

通过漫长的生活积累和文化积淀，一门专注于研究环境与宇宙规律的哲学在我国古代产生和盛行——风水学。风水也称为堪舆术，或者可以被称为相宅、青乌、地理、形法等，它从古老的相地术中演化而来，作为传统社会中人们选择居住环境的一种方法。我们的祖先相信，美丽宜居的乡村肯定是风水宝地。从某种程度上说，风水历经如此长久的发展，已经深深地镌刻在了广大民众内心的深处，并逐渐演变成一种理所当然，讲究风水宜忌体现在广大民众生产生活的方方面面。一个好的乡村布局选址主要包括：① 坐北朝南、面迎阳光；② 背依山丘、前有对景，左右有适于防御的小丘陵环护；③ 近水，最好位于水流环抱的区域。如福建省浦城县观前村，山脉奇形如同一把金椅子，松苍竹怀翠、古木森森，可谓水路造化之乡，依山傍水，村容古朴，是典雅的江南水乡风韵的古村。村内弄巷众多，纵横交错、相互贯通，宅宅风火墙森列，河边是一排长长的木制构造的古建筑店面吊脚楼，1998 年被评为福建省省级历史文化名村。福建柳氏将家族所居之处选在"形势清秀，峰峦叠翠，诚山明水秀之胜地"的地方。通过风水学的阐释，古代名门望族煞费苦心地选址建宅，追求青山绿水的理想环境，这在客观上引领了古代社会的"美丽乡村"风潮。

图 1-1 福建省浦城县观前村俯瞰
图片来源：http://www.indaa.com.cn/sjjd/sjwhsh_1/201304/t20130415_1267180.html.

亲水是人的天性，古村落的选址大多以水为友，或枕山环水，或依山傍水，或背山面水，水已成为古村落选址不可或缺的要素之一。风水学之祖郭璞在《葬书》中对村落家宅选址做了重要论述："风水之法，得水为上。"《水龙经》记载："水积如山脉之住，水环流则气脉聚，后有河兜，荣华之宅；前逢池沼，富贵之家，左右环抱有情，堆金积玉。"古村落选址注重亲水性在客观上是非常符合自然生态发展规律的，特别是满足了农耕社会人们生产生活的实际需要。山无水而不活，景无水而不秀，又从另一个层面诠释了水对美景所起的作用。优美的水环境与古村落的景观互映，形成了朴素自然的生态之美，这是城市环境无法替代的古村落独有之美。

依山靠水的地方历来是人们乐于选择的居住环境。这样既可以利用山为屏障以抵御冬天寒风的侵袭，又可以利用水的自然资源以便饮用、灌溉、交通、洗涤。根据村落与山水的亲疏关系，我国古代人所推崇的"美丽乡村"布局大体可以分为以下几种情况：

一是临河而居。这样的村落位于群山环抱的盆地之中，一般选择临水而建，与山保持一定的距离，中隔田畴，宜耕、宜居、宜行。武夷山市的下梅村位于梅溪下游的冲积盆地上，村落与山之间隔着田畴，下梅村就是沿水的两岸以当溪为中轴发展起来的古村落，街市面水而建，形成临水的南北二街，主要的街道与巷道一般与等高线成相垂直和平行。村落因此形成了天然的防御系统，能够保障本村居民的安全。

图 1-2　武夷山市的下梅村

图片来源: http://www.antuchina.com/portal.php?mod=view&aid=108.

　　二是背山面水。这种民居村落一般位于山麓坡度较缓的地方，或者是山水之间的开阔地上。一般一侧临水，一侧沿山麓向纵深方向延伸，形成山环水抱的格局。也有一些民居村落位于水面转折之处或河的弯道处，因此只能部分临水，村落的一部分逼近水岸，另一部分则脱离水面往腹地发展，周边围以农田。这正是风水理论中所崇尚的阳宅须教择地形，背山面水称人心。也有位于山坳布局、形成半圆形内敛的空间。虽然通风不如山脊的布局形式通畅，但可借助山势屏障，更具安全感，也符合风水学藏风聚气的要求。

　　位于浙江省兰溪市的诸葛村整体格局左有石岭溪，右有高隆市，前有不漏塘，后有高隆冈，其地形、地貌正是青龙、白虎、朱雀、玄武四灵守中的风水格局，形势契合了堪舆家的理想模式，体现了浓厚的中国传统民居聚落布局的特征。撇开风水不论，诸葛村的自然环境也十分理想："前有耸峙，后有屏障，左趋右绕，四山回环，地无旷土，田连阡陌，坦坦平夷；泗泽交流，滔滔不绝。村成市镇，商贾往来。山可樵、水可渔、岩可登、泉可汲、寺可游、亭可观、田可耕、市可易，四时之景备也。"（《永昌赵氏宗谱·序》）这样的自然条件既能阻挡北下的寒潮，又能躲避洪涝的侵害，生产、生活都十分有利。酷似葡萄的村落外形，象征着诸葛家族子孙世代繁衍如葡萄果实累累，生生不息。

图 1-3　诸葛八卦村

图片来源：http://www.zhugevillage.cn/index.asp.

三、天人合一　村落景观和谐

　　传统哲学中的"天人合一"、"道法自然"等思想也对我国古代人眼中"美丽乡村"的概念影响巨大。儒家认为"知天命、畏天命"，道家强调"人法地、地法天、天法道、道法自然"，这两种强调天与人之间密切联系、不可分割的观念影响着中国先民的思维模式和行动方式，在兴建自己的民居聚落时不愿大兴土木，而是合理利用现实条件，充分尊重自然规律，因山就势，就地取材，与周围环境有机地融为一体。《宅经》中提到选择良好居住地的前提是以"形势为身体，以泉水为血脉，以土地为皮肉，以草木为毛发"，这样才能获得有生机的理想居住之所。古代的乡村民居建筑与当地生态自然环境息息相关，讲究景观和谐，在其建造过程中需要考虑地形、水文、日照、植被等因素的影响。这一观念也是中国最早的民居生态理论，是古代人对"美丽乡村"认识的最好阐述。"宅以形势为骨体，以泉水为血脉，以土地为皮肉，以草木为毛发，以屋舍为衣服，以门户为衬带，若得如斯是俨雅，乃为上吉。"这些理念使得我国古代多数村落都有自己独特的气质，村落人家从落户之始到千百年延绵生息，沧海桑田风雨变幻造就了古村落最大的审美价值：村落与自然的天然和谐。以古代村落的水景布局为例，沿岸建筑、道路、埠头、桥、亭等的建设与施工，都要保留其质朴的味道与古朴的美，力求朴素而去雕饰。古代的自然美学思想依然深刻影响着现代人们的生活。著名美学家朱光潜曾提醒人们：自然即是尽善尽美，最聪明的办法就是模仿自然。多数古村落，尤其是南方村落水脉"弯环绕抱"，遵循着自然溪水曲折的形态特征，不仅满足了减缓水溪流速、保存水土、平衡小气候、方便生产生活的实用原则，而且屈曲生动的溪流渠水与自然大环境气脉相融，周边建筑大都与自然地势、山脉、山岩融合在一起，彰显了水脉形态的古朴美。陈继儒说："瀑布天落，其喷也珠，其泻也练，其响也琴。"（《小窗幽记》）这十六字极其精简地囊括了水与地势的高差所产生的潺潺溪流的天籁之音。古村落水边行道与墙弄大都采用卵石、蛮石铺装，未经雕琢不加水泥砂浆的石块相互叠加堆砌成岸墙，以及散发着自然清香的裸露泥土等，都是古村落水景建设的上等之材。例如，浙江省楠溪江沿岸的苍坡、芙蓉、埭头等古村落大都选用河床多产的卵石铺装道路与墙体，不仅利用了当地盛产的石材，其视听效果也极具朴素美。在梳理河道、建造水边硬质景观的过程中就地取材避免浪费，对于水景观后期的维护与可持续建设都有十分重要的作用。"虽由人作，宛自天开"，远离城市建设中的人造痕迹是古代人建设与开发村落的重要理念。又如武夷山五夫镇的水系与古建筑及其山水绿化环境的完美融合，是五夫最重要的历史标志和文化艺术标志，也是今天探讨古村落风水理论的很好例子。徽州古村落所表达的"天人合一"的思想，所蕴涵的理念反映了古徽州人对"天人"关系的思考。

图 1-4　楠溪江苍坡村
图片来源：http://mlzj.zjol.com.cn/mlzj/system/2010/07/16/012384755.shtml.

四、衣食富足 百姓安居乐业

中国自古就是一个以农为本的农业大国，绝大多数人过着"日出而作，日落而息"的农耕生活。由于长期落后的生产方式和腐败的封建制度，广大人民群众长期生活在毫无保障的基本生存线上，如遇灾荒之年更是饿殍遍地、哀嚎遍野。因此，对物质生活的追求是古代人的基本夙愿，除了优美的环境和布局，物产丰富、衣食富足同样构成了古代人眼中美丽乡村的基本条件。很难想象，如果村民食不果腹、衣不遮体，这样的乡村又怎么被认为是美丽的呢？

东晋诗人陶渊明的《桃花源记》承载了千百年来劳动人民对幸福生活的向往。桃花源因此成为幸福生活、理想居所的代名词。《桃花源记》中描述渔人发现的村庄：土地平旷，屋舍俨然，有良田美池桑竹之属。阡陌交通，鸡犬相闻。在这个村落里，景色优美，土地肥沃，资源丰富，风俗淳朴，人人各尽所能地参加劳动，老人和孩子都生活幸福、快乐，人与人之间都极其融洽友好。作者通过对桃花源的安宁和乐、自由平等生活的描绘，表达了对没有剥削、没有动乱的和平生活的向往，对平等、和谐、自足的幸福生活的追求，同时也从侧面向我们阐明了古代人眼中的理想的美丽乡村模样。同样是东晋诗人陶渊明，在《归园田居》里也表达了自己对美丽乡村生活的热爱和钟情："方宅十余亩，草屋八九间。榆柳荫后檐，桃李罗堂前。暧暧远人村，依依墟里烟。狗吠深巷中，鸡鸣桑树颠。户庭无尘杂，虚室有余闲。久在樊笼里，复得返自然。"榆树、柳树遮掩着后檐，桃树、李树罗列在堂前。远远的住人村落依稀可见，村落上的炊烟随风轻柔地飘升。狗在深巷里叫，鸡在桑树顶鸣。衣食富足、百姓安居乐业的场景刻画得恰如其分。宋代诗人陆游的《游山西村》描述了丰收年的乡村景象："莫笑农家腊酒浑，丰年留客足鸡豚。山重水复疑无路，柳暗花明又一村。箫鼓追随春社近，衣冠简朴古风存。从今若许闲乘月，拄杖无时夜叩门。"诗人以游村贯穿，把秀丽的山村自然风光与淳朴的村民习俗和谐地统一在完整的画面上，构成了优美的意境和恬淡、隽永的格调。有鸡吃、有酒喝，安静祥和，这样丰衣足食的乡村生活无疑是作者所追求和热爱的。南宋诗人范成大的《四时田园杂兴》更是从细节上描绘了乡村四季的景象。如其中之一："梅子金黄杏子肥，麦花雪白菜花稀。日长篱落无人过，惟有蜻蜓蛱蝶飞。"这首诗描写了初夏江南的田园景色。诗中用梅子黄、杏子肥、麦花白、菜花稀，写出了夏季南方农村景物的特点，有花有果，有色有形。前两句写出梅黄杏肥，麦白菜稀，色彩鲜丽。诗的第三句从侧面写出了农民劳动的情况：初夏农事正忙，农民早出晚归，所以白天很少见到行人。最后一句又以"唯有蜻蜓蛱蝶飞"来衬托村中的寂静，静中有动，显得更静。后两句写出昼长人稀，蜓飞蝶舞。通过对宁静、自然的乡村景色的描写透射了百姓安居乐业的祥和生活。历代诗人对乡村幸福美好生活的描写向我们展示了他们眼中美丽乡村的真谛。

五、文化丰富　习俗传承完整

对于传统习俗和节庆活动的传承是历史文化延续的主要内容和方式。乡村地区很多民间信仰，包括祭天、祭祖、求财、求子都是对幸福美好生活的祈祷和向往，保护好传统仪式，对于协调人与自然的关系、人与人的关系，增进族姓认同、维护社会稳定，展现村落文化，具有十分重要的意义。中国传统乡村文化博大精深，表现形态包括物质形态和非物质形态两种。物质形态包括乡村环境、传统村落以及民居建筑、乡村生产生活工具、民俗活动器具、民间艺术品等；非物质形态包括社会组织方式、生活习惯、民俗风情、地方方言、民间工艺等。乡村文化作为农耕社会的基础生活单元和文化元素，是我国数千年农耕文化的结晶，是不同自然、社会、历史条件下人们生产方式和生活习俗的活态体现。作为不可再生的文化资源，乡村文化是古村落美丽乡村规划建设的基础和灵魂，是中华文化的重要组成部分。我国古代人对乡村传统文化的传承极为重视，尤其是对村落的宗族文化、宗教文化、孝文化、民俗礼节等传统文化更是严格遵循。在古代，违背了传统的文化、习俗和行为准则会被认为是"大逆不道"。当然，传统习俗中也存在封建社会长期积存的糟粕，在现阶段弘扬传统文化的过程中应当秉持"取其精华去其糟粕"的基本原则。

自20世纪80年代末开始，文化部在全国开展了"中国民间艺术之乡"命名评选活动。该活动旨在弘扬中国民间艺术，促进民族民间艺术的繁荣和发展的工作。目前，我国已有400多个地方被评为"中国民间艺术之乡"和"中国民间特色艺术之乡"。这些民间艺术之乡是民间艺术和民间文化传承的基地，既保护了地方传统民间文化品牌，又在传承的基础上向经济市场渗透和延伸。浙江的江山、临安、桐庐，广东的东莞樟木头镇、湛江遂溪，甘肃的临夏、岷县、庆阳，湖北的宜昌青林寺，河南的桐柏县，河北的峰峰矿区、邯郸、永年等，都拥有一批极富民间特色的民间艺术项目，很多地方都能推出具有传统和地域特色的剪纸、绘画、陶瓷、泥塑、雕刻、编织等民间工艺项目，戏曲、杂技、花灯、龙舟、舞狮舞龙等民间艺术和民俗表演项目，古镇游、生态游、农家乐等民俗旅游项目。

同时，中国古代由于交通闭塞，通信方式落后，一别再逢难期，加上战乱频繁、前途生死未卜，使那些外出求学、赶考、赴任、行游、出征的游子不免产生强烈的孤寂、惆怅、落寞、凄清的思归和怀乡的悲伤情绪。这种乡愁文化、乡愁情节也一直伴随着古人对美丽乡村的眷恋和渴望。另外，中国的宗法制度使一直安于乡土的中国人产生了重血缘、重乡土的社会心理，从而使那些离乡的游子无论走多远，无论走到哪里都有一种根在故土的深刻的乡土观念。"露从今夜白，月是故乡明。"表达乡愁的诗词是我国古代诗歌的重要主题，占据了诗词总量的重要比重。《汉乐府民歌·悲愤》中的"悲歌可以当泣，远望可以当归"、柳永的《安公子》

中的"万水千山迷远近，思乡关何处"、《八声甘州》中的"不忍登高临远，望故乡渺渺，归思难收"及其在《归朝欢》中所抒发的"一望相关烟水隔，转觉归心生羽翼"等都体现了诗人、词人对故土、亲人、朋友的眷恋和怀念。诗人王维的《杂诗》是其中较有代表性的一首："君自故乡来，应知故乡事。来日绮窗前，寒梅着花未？"诗人以近似讲话一样的语气，不加修饰地表现了一个久住他乡异地的人，一旦见到自己家里的亲友，欲知家乡情事分外热烈、急切的心情。用梅花作为繁多家事的借代，不但更加生活化，而且也诗化了最普通的家务事，充分表达了作者对故乡生活的眷恋和思念。元曲作家马致远创作的小令《天净沙·秋思》则被认为是乡愁的鼻祖，有"秋思鼻祖"之誉："枯藤老树昏鸦，小桥流水人家，古道西风瘦马。夕阳西下，断肠人在天涯。"即便是在交通便利、通讯发达的今天，浓浓的乡愁也无时无刻不充溢着每一个流浪他乡的游子。思乡情缘表现了古人对故土生活的迷恋，同时也表达了古代人对稳定、安逸生活的向往和追求。

第二节　现代人眼中的美丽乡村

一、政府眼中的美丽乡村

2005 年 10 月，党的十六届五中全会提出"生产发展、生活宽裕、乡风文明、村容整洁、管理民主"的二十字方针，绘制了新农村的美好蓝图。此后，历年中央一号文件都对美丽乡村建设做出安排部署，特别是 2013 年中央一号文件《中共中央国务院关于加快发展现代农业，进一步增强农村发展活力的若干意见》明确提出："加强农村生态建设、环境保护和综合整治，努力建设美丽乡村。"党的十八大上，中央扬起了"努力建设美丽中国，实现中华民族永续发展"的风帆，为我国农民的中国梦增添了美丽的色彩。2013 年 7 月 22 日，中共中央总书记、国家主席习近平在考察湖北省鄂州市长港镇峒山村的城乡一体化试点时指出，实现城乡一体化、建设美丽乡村是要给乡亲们造福，不要把钱花在不必要的事情上，比如说"涂脂抹粉"，房子外面刷层白灰，一白遮百丑。不能大拆大建，特别是古村落要保护好。即使将来城镇化达到 70% 以上，还有四五亿人在农村。农村绝对不能成为荒芜的农村、留守的农村、记忆中的故园。城镇化要发展，农业现代化和新农村建设也要发展，同步发展才能相得益彰。2003 年 10 月，时任浙江省委书记的习近平同志对浙江全省农村开展的"千村示范万村整治"工程作出重要指示，强调要认真总结浙江经验并加以推广。各地开展新农村建设，应坚持因地制宜、分类指导、规划先行、完善机制、突出重点、统筹协调，通过长期艰苦努力，全面改善农村生产生活条件。国务院总理李克强也就此作出批示强调，改善农村人居环境承载了亿万农民的新期待，各地区、有关部门要从实际出发，统筹规划，因地制宜，量力而行，坚持农民主体地位，尊重农民意愿，突出农村特色，弘扬传统文化，有序推进农村人居环境综合整治，加快美丽乡村建设。2013 年 2 月 22 日，农业部下发了《关于开展"美丽乡村"创建活动的意见》（农办科 [2013]10 号），决定从 2013 年起组织开展"美丽乡村"创建活动。创建"美丽乡村"，即在我国农村地区推动建设生态人居、生态环境、生态经济和生态文化，创建天蓝、地绿、水净、安居、乐业、增收的"美丽乡村"，引导广大农民建设幸福、和谐、安康的美好家园，过上富裕体面、有品质、有尊严的生活。

美丽乡村应该是"生态宜居、生产高效、生活美好、人文和谐"的典范，是让农村人乐享其中、让城市人心驰神往的所在。美丽乡村就是要打造"生态宜居、生产高效、生活美好、人文和谐"的示范典型，形成各具特色的美丽乡村发展模式。2014年2月，农业部正式发布"美丽乡村建设十大模式"。"每种美丽乡村建设模式，分别代表了某一类型乡村在各自的自然资源禀赋、社会经济发展水平、产业发展特点以及民俗文化传承等条件下建设美丽乡村的成功路径和有益启示。"农业部原党组成员张玉香表示，此次农业部总结和提炼的美丽乡村十大创建模式旨在凝练其基本特征和发展规律，为各地的美丽乡村建设提供有效借鉴。

（一）产业发展型模式

主要适于东部沿海等经济相对发达地区，其特点是产业优势和特色明显，农民专业合作社、龙头企业发展基础好，产业化水平高，初步形成"一村一品"、"一乡一业"，实现了农业生产聚集、农业规模经营，农业产业链条不断延伸，产业带动效果明显。

典型村：江苏省张家港市南丰镇永联村

乡村简介：永联村地处长江边，在10.5平方公里的村域内河网密布，小桥流水、亭台楼榭相映成趣，景色秀美怡人。永联村呈现出来的是一幅"小镇水乡、现代农庄、花园工厂、文明风尚"的美丽画卷，成就了苏南模式。为集约利用土地，进行现代化、机械化生产，改善村民生活和环境，永联村建起了现代化的农民集中居住区——永联小镇。

乡村美景：

图 1-5　永钢集团花园工厂

图片来源：http://wm.jschina.com.cn/21075/201208/t1050694.shtml.

图 1-6　鸟瞰永联村

图片来源: http://news.2500sz.com/news/szxw/2013-4/11_1947480.shtml.

（二）生态保护型模式

　　主要适于生态优美、环境污染少的地区，其特点是自然条件优越，水资源和森林资源丰富，具有传统的田园风光和乡村特色，生态环境优势明显，把生态环境优势变为经济优势的潜力大，适宜发展生态旅游。

> **典型村：**浙江省安吉县山川乡高家堂村
> 　　**乡村简介：**高家堂村以生态农业、生态旅游为特色的生态经济呈现良好的发展势头。全村已形成竹产业、生态观光型高效竹林基地、竹林鸡养殖规模，富有浓厚乡村气息的农家生态旅游等生态经济对财政的贡献率达到 50% 以上，成为经济增长的支柱。生态无水公厕和生态景观水库、农民小公园，与村四周山上的满眼绿色相得益彰。

乡村美景：

图 1-7　安吉竹林基地

图片来源: http://www.itoptrip.com/nanjing-dangdiyou/11756.

图 1-8　生态景观水库

图片来源：http://www.itoptrip.com/nanjing-dangdiyou/11756.

（三）城郊集约型模式

主要适于大中城市郊区，其特点是经济条件较好，公共设施和基础设施较为完善，交通便捷，农业集约化、规模化经营水平高，土地产出率高，农民收入水平相对较高，是大中城市重要的"菜篮子"基地。

典型村：宁夏回族自治区平罗县陶乐镇王家庄村

乡村简介：王家庄村依托优质粮食和清真肉羊、蔬菜、水产、制种、枸杞等产业，以满足城市居民鲜活农产品供应为主要功能；以莹湖、喇叭湖为主建设大面积生态水产区，实施高水平的集约化、规模化种植业和养殖业，交通便捷，成为宁夏地区重要的"菜篮子"基地，以及重要的农产品加工基地。

乡村美景：

图 1-9　王家庄村的养殖基地

图片来源：http://www.qxnrb.com/epaper/html/2014-02/25/content_92042.htm.

（四）社会综治型模式

主要适于人数较多、规模较大、居住较集中的村镇，其特点是区位条件好，经济基础强，带动作用大，基础设施相对完善。

典型村：吉林省松原市扶余市弓棚子镇广发村

乡村简介：广发村以城市化理念改造农村，建设新式农居，逐步实现了村庄统一规划建设、公共服务社会化网络覆盖、促进村庄整体风貌协调和土地集约利用；在1 560米长的主街路两侧，栽植了4米高的云杉，中间配置花灌木；在辅路两侧栽植了垂榆、金枝垂柳，中间配置花灌木；村屯的护屯路、街路、公共景区和庭院的绿化不拘一格，形式多样，绿化覆盖率达到了46%，景色宛如一幅美丽的画卷。

乡村美景：

图 1-10　样式新颖、节能环保的新房

图片来源：http://cswbszb.chinajilin.com.cn/html/2008-12/09/content_478873.htm.

图 1-11　广发村新貌

图片来源：http://www.jl.gov.cn/zt/gzlsn/gzdt/200908/t20090826_620871.html.

（五）文化传承型模式

主要适于具有特殊人文景观，包括古村落、古建筑、古民居以及传统文化的地区，其特点是乡村文化资源丰富，具有优秀民俗文化以及非物质文化，文化展示和传承的潜力大。

> **典型村：**河南省洛阳市孟津县平乐镇平乐村
>
> **乡村简介：**平乐村以农民牡丹画而闻名全国，是河南省乡村旅游最值得去的乡村之一。平乐村按照"有名气、有特色、有依托、有基础"的四有标准，利用资源优势，以牡丹画产业发展为龙头，扩大乡村旅游产业规模，不仅增加了农民收入，也壮大了村级集体经济，探索出了一条新时期建设美丽乡村的发展模式。2012 年全村实现经济收入 6 000 多万元，人均可支配收入突破 8 000 元。

乡村美景：

图 1-12　平乐村牡丹画

图片来源：http://www.henanonline.com/czw/200909/t20090907_505459433.html.

（六）渔业开发型模式

主要适于沿海和水网地区的传统渔区，其特点是产业以渔业为主，通过发展渔业促进就业，增加渔民收入，繁荣农村经济，渔业在农业产业中占主导地位。

> **典型村：**广东省广州市南沙区横沥镇冯马三村
>
> **乡村简介：**冯马三村位于珠江三角洲腹地，地理位置优越，水陆交通方便，有 985 亩集体鱼塘发展高附加值水产养殖。该村东邻南沙经济开发区，西邻中山市，南接万顷沙镇，临近珠江口，洪奇沥水道、七号干线、番中公路经过该村。冯马三村属沙田水乡地区，历史较为悠久，文化底蕴深厚。村内河道密集，一涌两岸风景秀丽，民风淳朴，已建成南沙区水乡文化摄影基地、村级休闲公园。

乡村美景：

图1-13　冯马三村水乡风情
图片来源：http://house.baidu.com/
gz/news/0/3006215/.

图1-14　冯马三村摄影创作基地
图片来源：http://www.gzns.gov.cn/nsxc/
jryw/200911/t20091130_32544.htm.

（七）草原牧场型模式

主要适于我国牧区半牧区县（旗、市），占全国国土面积的 40% 以上。其特点是草原畜牧业是牧区经济发展的基础产业，是牧民收入的主要来源。

典型村：内蒙古锡林郭勒盟西乌珠穆沁旗浩勒图高勒镇脑干哈达嘎查

乡村简介：我国广大的草原牧区在美丽乡村建设中坚持生态优先的基本方针，推行草原禁牧、休牧、轮牧制度，促进草原畜牧业由天然放牧向舍饲、半舍饲转变，发展特色家畜产品加工业，形成了独具草原特色和民族风情的发展模式。

乡村美景：

图1-15　高勒镇脑干哈达嘎查的草原牧场
图片来源：http://www.xwqdj.gov.cn.

图 1-16 牧民们正在介绍新村建设情况

图片来源：http://www.xwqdj.gov.cn.

（八）环境整治型模式

主要适于农村脏乱差问题突出的地区，其特点是农村环境基础设施建设滞后，环境污染问题突出，当地农民群众对环境整治的呼声高、反映强烈。

典型村： 广西壮族自治区恭城瑶族自治县莲花镇红岩村

乡村简介： 红岩村距桂林市 108 公里，共 103 户 407 人，是一个集山水风光游览、田园农耕体验、住宿、餐饮、休闲和会议商务观光等为一体的生态特色旅游新村。昔日一个"吃粮靠返销、花钱靠贷款、生产靠救济"的贫困村，如今变成了生产发展、生活富裕、生态良好、生机盎然的社会主义新农村。

乡村美景：

图 1-17 红岩村全貌

图片来源：http://www.chinadaily.com.cn/hqsj/hqlw/2011-12-03/content_4567262.html.

图 1-18　红岩村的生态风光

图片来源：http://www.guilinhd.com/staticpages/20130725/glhd51f0f072-515004.shtml.

（九）休闲旅游型模式

主要适于发展乡村旅游的地区，其特点是旅游资源丰富，住宿、餐饮、休闲娱乐设施完善齐备，交通便捷，距离城市较近，适合休闲度假，发展乡村旅游潜力大。

典型村：贵州省黔西南州兴义市万峰林街道纳灰村

乡村简介：纳灰村是贵州黔西南一个有着千年历史的布依古寨，原始的农耕文化、蜡染、织布、绣花流传至今，浓郁的民族文化让纳灰村显得更加生动和神奇。依托万峰林优美的生态环境及其淳朴的民族风情，纳灰村发展乡村旅游，全村农家乐已发展至 62 家，成功地打造了"万峰糍粑"、"布依族八大碗"、"万峰米酒"等特色旅游产品，有力地促进了全村经济的快速发展。至 2012 年底，万峰林景区年游客人数达到了 300 余万人，全村年收入 2 000 多万元，一跃成为贵州省数一数二的小康村。

乡村美景：

图 1-19　万峰林的奇特景观

图片来源：http://www.chinavalue.net/Finance/Article/2009-6-30/183464.html.

图 1-20　布依傩仪表演

图片来源：http://zt.big5.gog.com.cn/system/2011/07/29/011153775.shtml.

（十）高效农业型模式

主要适于我国的农业主产区，其特点是以发展农业作物生产为主，农田水利等农业基础设施相对完善，农产品商品化率和农业机械化水平高，人均耕地资源丰富，农作物秸秆产量大。

典型村：福建省漳州市平和县三坪村

乡村简介：三坪村土地肥沃，林木葱郁，气候宜人，2012 年全村总产值 5 528 万元，村财收入 104 万元，农民人均纯收入 11 125 元，蜜柚、毛竹两大支柱产业收入占 80% 以上。在三坪村浦口，建有连片 500 亩盛果期琯溪蜜柚园"五新"技术示范基地，套在纸袋里的蜜柚正待采摘。当地农民戏称，"平和一大怪，蜜柚穿纸袋"。节水滴灌、太阳能杀虫器、幼果套袋等技术都得到使用。

乡村美景：

图 1-21　三坪村村貌

图片来源：http://sys.fjta.com/FJTIS/FJTA/InfoDetail.aspx?MT_ID=977&ID=312522.

二、专家眼中的美丽乡村

袁隆平（中国的"杂交水稻之父"，中国工程院院士）：没有美丽乡村，就没有美丽中国。

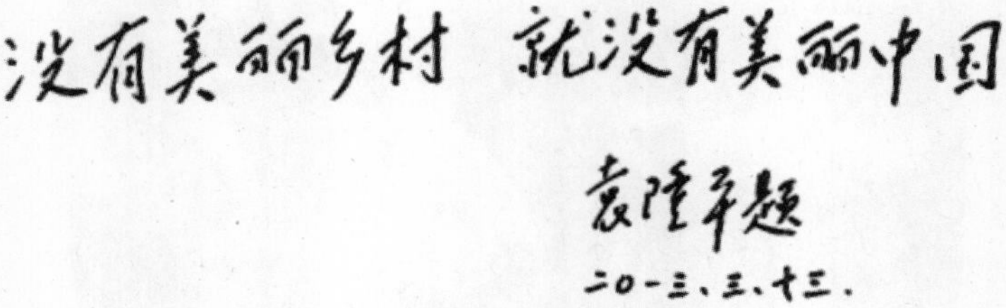

图 1-22　袁隆平为美丽乡村建设题词

图片来源：http://www.jlagri.gov.cn/Html/2013_05_16/144879_144990_2013_05_16_169678.html.

"吴良镛（2011 年国家最高科学技术奖获得者，中国科学院院士、中国工程院院士，清华大学教授）：农村环境是我国人居环境的重要部分，需要加以改善和修复。乡村发展需要建设区域基础设施，将有条件的集镇发展为中心镇，作为县域范围的经济文化副中心，带动地区的繁荣；在此过程中，实现城乡可持续发展，土地资源的保护集约使用，小型企业集群的形成，村镇可能的集中，生态环境之保护与建设、人民生活安康。此外，应注意丽江等古村落的本地文化要更新和发展，不要被外来商业文化破坏了原有的民族风情。

李文华（中国工程院院士，联合国粮农组织全球重要农业文化遗产指导委员会主席，中国科学院地理科学与资源研究所研究员）：保护农业文化遗产，挖掘传统农业的价值，对于农村生态文明建设、农村生态环境改善、农村经济社会可持续发展和美丽乡村建设具有十分重要的意义。我国是传统的农业大国，要从建设生态文明、建设美丽乡村的高度认识农业文化遗产的保护、传承与利用，为农业现代化服务。

刘旭（中国工程院副院长，"美丽乡村"创建工作专家指导组副主任）：我国源远流长的农耕文明，浓郁醇厚的乡村文化，多姿多彩的民俗风情，只有在动态发展中才能得到有效的保护和继承，否则很容易湮灭在快速的城市化过程中。乡土民俗文化是我国传统文化的瑰宝，必须挖掘乡土文化，展示农耕文明，走特色化经营、差异化发展、人文化创意的发展道路。

唐仁健（中央农村工作领导小组办公室副主任）：美丽乡村以优秀的农耕文化为魂，以优美的田园风光为韵，以生态的循环农业为基，以朴素的村落民居为形。这就是美丽乡村的内涵、气质、底气和外表。

王卫星（国务院农村综合改革工作小组办公室主任）：美丽乡村建设是新农村建设的"升级版"，涵盖了农村生产、生活、生态等方方面面的内容，运用一事一议的财政奖补政策平台推动美丽乡村建设，应按照以人为本、尊重农民主体地位，规划引导、突出地域特色，试点先行、重点突破，多元投入、整合资源，以县为主、统筹推进，改革创新、完善制度机制的原则要求，妥善处理好六个方面的关系：一是政府主导与农民主体之间的关系；二是政府与市场的关系；三是一事一议的财政奖补与美丽乡村建设的关系；四是统一标准和尊重差异的关系；五是牵头部门与其他部门之间的关系；六是美丽乡村"硬件"建设与"软件"建设的关系。

冯骥才（全国政协委员、中国文联副主席）：非遗的保护与传承是"美丽乡村"建设的题中应有之义。乡村作为一个社区的公共空间，不只是物理空间，更是文化生态空间。非物质文化遗产既是那一方水土独特的精神创造和审美创造，又是人们乡土情感、亲和力和自豪感的凭藉，更是永不过时的文化资源和文化资本。

徐小青（国务院发展研究中心农村经济研究部部长、研究员，"美丽乡村"创建活动专家指导组成员）：美丽乡村建设一是要坚持规划先行，突出示范带动；二是要注重生态优先，加强环境保护；三是要力求因地制宜，强化产业支撑；四是要尊重农民意愿，以农民为主体；五是要加速资金整合，形成政策合力。

李周（中国社科院农村发展研究所所长、研究员）：美丽乡村建设要考虑农业的多功能化，把生产、生活、生态三个系统结合好，实现生产、生活、生态三位一体，农业旅游、生态旅游和文化旅游三位一体，经济功能、社会功能、生态功能三位一体，通过功能互补，形成单一功能产生不了的系统性效果，实现经济、社会、生态目标的融洽，同时考虑经济效益、生态效益、社会效益三者效益之和的最大化。

俞孔坚（北京大学建筑与景观设计学院院长、教授）：中国大地上的乡土文化景观是人地关系长期磨合的产物。风水说强调一种基本的整体环境模式。比如，在云南哀牢山中，山体被划分为上、中、下三段。上部是世代保护的自然丛林，中部是人居住和生活的场所，下部层层叠叠的梯田是属于人与自然和谐共处之所。千百年来，风水模式在中国大地上铸造了一件件令现代人赞叹不已的人工与自然环境和谐统一的作品。那曾经是我们的栖居地，将来可能也是我们的理想家园。

王衍亮（农业部农业生态与资源保护总站站长）：美丽乡村的建设是在农村树立生态文明的理念，改善农业农民的生产生活方式，走向低成本的生态文明，这对于中国这样一个人口大国本身就是一个划时代的突破。只有农业生态文明建设取得实际效果，我国的生态文明建设才会有根本性的改变和质的突破。

朱信凯（中国人民大学农业与农村发展学院教授，"美丽乡村"创建活动专家指导组成员）：在美丽乡村建设中，不能搞面子工程，只重视生产高效的发展，而忽视生态文明、精神方面的建设。在资金、人力、物力、信息等投入中，要合理地分配到各领域的建设中去，同时也要结合当地的实际情况和所处的发展阶段，全面统筹，突出重点。美丽乡村的建设除了做好标准化、均等化的基本性公共服务之外，还要注意在保留乡村特色上做文章，把当地特有的自然风光和历史文化予以保护并发扬光大。

陈志强（华南农业大学副校长、教授）：美丽乡村建设与现代农业的关系主要有四个方面：第一，"美丽乡村"建设实际上就是升级版的社会主义新农村建设，发展现代农业是"美丽乡村"建设的支撑和保障；第二，农业主导产业发展是关系到农村经济实力壮大、农民富裕的问题；第三，美丽乡村建设如果没有农村经济的发展和农民致富，美丽乡村建设就是空壳；第四，"美丽乡村"是发展现代农业的稳固载体。通过建设"美丽乡村"，培养高素质的农业产业人才，为发展现代农业提供人才的支撑和保障。在建设"美丽乡村"过程中，编制科学的村镇发展规划，更加清晰主导产业，拓展产业链条，为现代农业持续发展提供稳固载体。

彭近新（环境保护部科学技术委员会委员）：美丽乡村包括以下基本要素：既环境优美又富裕文明，既可持续发展又生态良好，既传承中华传统又显示现代风貌，既展现民族文化又接轨世界品格。这样的乡村，体现了十八大关于生态文明"融入经济建设、政治建设、文化建设、社会建设各方面和全过程"的要求。这样的乡村，是中国资源节约型、环境友好型社会的"基本载体"。这样的乡村，符合人们对美丽乡村的期盼。建设美丽乡村是一项具有高度综合性的系统工程，涉及许多领域和诸多基础建设。

三、农民眼中的美丽乡村

乡村美不美，农民说了算。农业文明时期的乡村，留给我们的印象可以说是处处小桥流水绕人家，村村炊烟袅袅夕阳下，这些美好的情景多体现在骚客文人的诗词曲赋里。但美丽乡村的真正主人实际上是这些生于农村、长于农村的农民。美丽乡村是要让农民欣赏其美，更是要让农民美居其中。

（一）政府政策来扶持　农村经济快发展

贵州布黔西南州布依族青年岑继玉
——希望更多的年轻人留下来建设家乡，发展乡村经济
(http://www.farmer.com.cn/kjpd/nyst/201404/t20140402_950800.htm)

我是一个布依族青年，33 年前我出生在黔西南州乐立村。我出生的时候，村子就很美丽，但是又冷又饿的时候，村子的美丽是感受不到的。不久前，州政府把开发万峰林作为我们这个地区的发展战略，旅游业的发展为村子的发展带来了转机。我们村通了公路，安了路灯，硬化了路面，整治了村容村貌，还保持了村子的清新美丽。贵州人都知道苗族爱山、布依族爱水。我希望我们乐立村能够长长久久保持清洁、美丽的风景，发展文明、环保、有布依特色的乡村旅游。希望我的家人和乡邻们的生活得到改善，在保持着我们布依族生活习惯的同时享受现代化的便利，住上宽敞明亮的大房子，用上干净的水、清洁的能源以及新的家电、家具、取暖设备，得到基本的医疗和教育保障。现在我们培养的年轻人出去上大学、工作，之后就不回来了。我很希望本地能有更多的工作机会，能吸引我们本土的优秀年轻人留下来，和我一起建设家乡。

蓬莱潮水镇中营村养猪大户王熙夫
——希望政府出台更多的优惠政策，扶持农村经济
（http://www.jiaodong.net/news/system/2006/02/17/000813348.shtml）

社会主义新农村应当是政府出台优惠政策，扶持农村经济不断发展，尤其应当加大对民间合作组织的支持力度。我组织成立了蓬莱市养猪协会，60 多名养猪大户都是会员，统一使用疫苗，统一投放饲料，统一开拓市场，给广大会员实实在在的实惠。把分散的农民组成协会，主要目的是为了抱成团共同闯市场，降低市场风险。在全市生猪价格跌入低谷、出现销售难时，养猪协会会员的千余头生猪统一销往南方市场，每斤售价 3.0～3.3 元，较蓬莱本地市场价格每斤高出近 1 元。但是受相关政策等诸多条件的限制，目前协会发展得十分艰难，我们养猪户希望政府能够从政策、信息等方面给予我们支持！

（二）科技兴农落实处　农民生活较富裕

部队转业回乡种植花卉的刘玉军——将科技兴农真正落到实处
（http://www.jiaodong.net/news/system/2006/02/17/000813348.shtml）

我认为农民搞生产应当与时俱进，彻底改变传统落后的生产理念，将科技兴农真正落到实处，农民生活比较富裕！目前，一个不容忽视的事实是，我市部分农民的整体素质与市场经济发展要求相比仍然存在较大的差距，主要是他们掌握农业实用技术较少，科技致富能力较低，适应市场竞争的能力较差。建设美丽乡村，大家最关心的还是怎样增加收入。现在市场经济实现了一体化，科学技术成为农民致富的关键，因此要想致富就得首先掌握先进的科学技术，但这需要有关部门在技术等方面进一步加大支持力度。

（三）传统习俗大变革　文明新风唱主角

某村清洁队队长赵恒兴——环境卫生靠大家来维护
(http://www.chinadaily.com.cn/hqgj/jryw/2012-10-29/content_7371227.html)

现在，我们村既有专门的街道清扫人员，又有一支活动在街内外各垃圾存放点上的垃圾清运队，村街道始终保持着干净、整洁的状态，每当村民漫步在街头巷尾，看到这洁净、美丽的街道时，总免不了要夸上几句："生活在咱村，真是太舒服了，这才是咱们的'幸福乡村'！"听着这话，我虽然辛苦，但心里总是甜丝丝的。

随着农村环境综合整治工作的开展，围绕解决村庄环境"脏、乱、差"等问题，我们的工作更忙了：清垃圾、清杂物、清残垣断壁和路障、清庭院，绿化、美化、亮化、净化街道。如今，村里还建起了长效管理机制，让清洁问题切实引起每一个人的高度重视。

高邑县东南岩村村民耿富贵——生活过得越来越像城里人
俺村现在是一条条宽阔笔直的水泥路直通到户，文化广场、功能齐全的文体设施都是新建的，走在俺村的街道上，心里就是一个舒坦。

原先的街道脏、乱、差，柴火、垃圾往门口随便放。现在道路硬化了，铺上砖，种上花草，我们村在外地好几年不回来的人，到了村口一看都禁不住感叹：这是不是我们村啊？

现在每天早上6点到9点都有保洁员清扫街道，发现有不文明的行为就及时制止，现在俺们村已经没有了垃圾乱倒的现象，就算是要扔个烟头、废纸的，也不好意思扔在干净的街道上，赶紧走几步，扔到垃圾桶。空气好了，环境不再污染了，看着街道整齐了，我心里也高兴了，俺们的日子和城里人差不多啦。

大柳行镇觅鹿夼村姜姓村民——摒弃农村不良风气，倡导文明健康生活
(http://www.jiaodong.net/news/system/2006/02/17/000813348.shtml)

这几年，不少农民腰包里有钱了，于是婚丧嫁娶大操大办，互相攀比成风，我认为社会主义新农民应当改改这种风气，让文明新风成为主角。现在农村流行婚丧嫁娶大操大办，尽管自己家庭并不富裕，但也只能硬着头皮操办，一年辛辛苦苦挣的万把块钱，近四分之一都花费在了婚丧嫁娶大操大办上，几千年留下来的老习惯往后得好好改改了。

（四）丰富农村生活　完善社保体系

西藏昌都地区的康巴汉子加永尼玛——社会保障政策的完善让我们农民更安心
（http://xz.people.com.cn/n/2014/0306/c138901-20713893.html）

如今我们通夏村村民的钱袋子鼓起来了，"水、电、路、视、讯"齐全，也用上了清洁、卫生的能源，村里还建起休闲广场，组建有舞蹈队、篮球队，每到春节、藏历新年和丰收季节都会进行文体活动，村民的文娱生活丰富。特别是最近几年，西藏乡村实施了系列社会保障政策，解决了村民最迫切、最关心的问题。

四、市民眼中的美丽乡村

美丽乡村表达了民众对一个环境适宜、生态良好的生活空间的期待。久居钢筋水泥城中的市民，无不向往那惬意舒适的乡村，城里人也多喜欢在节假日到乡村远足寻美。我们要建设的美丽乡村应该是农民安居乐业的最美家园，同时也可以是城市居民休闲度假的诗意田园，是他们寻找乡愁的梦里故园。

（一）保持乡村生态原貌　乡村旅游特色产品丰富

生态环境条件是城市居民最为看重的决策影响因素。城市居民之所以选择乡村出游，是因为他们需要暂离都市的工作与生活压力，寻找一种不同于城市的生活状态，而乡村地区异于城市的生态环境正好满足了他们尽情享受乡村优美的田园风光和古朴的农耕情调的需要，从而使其得到身心的休息与放松。原生态景观、农耕文化、绿色自然的环境等自然因素是城市人对美丽乡村的期盼，能让城市居民真正回归自然的绿色怀抱，获得休闲与放松。在保持乡村生态原貌的基础上，可以以此发展丰富多样的乡村特色产品，如农家采摘、农家宴、农事活动的参与和民俗风情的展示等各色的旅游产品类型，使城市居民在优美自然的乡村生态环境中可以真实地感受乡村宁静休闲的氛围，感受原生态所带来的纯净与自然的合一。

市民游记分享——世外桃源：香屯

图 1-23　香屯村美景

图片来源：http://s.visitbeijing.com.cn/html/njl-582.shtml.

　　在首都的北部长城脚下有一座古老的小村庄，它坐落在龙头山和虎头山中间。村庄景色优美，村舍起伏错落于山林之中，村周围有古长城隐映在林海之间，村前泉水常年流淌，村中时有鸡鸣犬吠、孩童嬉戏，这一切构成了一幅生动的世外桃源画卷，这就是被赞誉为"花香绿满屯，农舍亮温馨，纯朴桃源地，京郊最美村"的香屯村。整个村庄依偎于古长城和板栗园的怀抱之中，用巨大整齐的条石垒砌而成，这在万里长城中独具特色。放眼望去，群山苍翠，长城在山峰间时隐时现，蔚为壮观。大庄科乡是板栗之乡，千亩栗园就位于香屯村，依靠在长城脚下，层层梯田随山就势，波浪绵绵；穿过板栗园下到山底，一条长约5公里的大峡谷给游人带来了另一个巨大的惊喜，谷中流水时缓时急，静时悄无声息，急时奔涌直泄。在村前，利用常年流淌的泉水截流建成了4亩水面的垂钓园一处，也为我们游客带来了无穷乐趣。

　　香屯村建设力求古朴自然，把红墙刷成灰色，新建的卫生间青砖青瓦青水脊，绿化用的是附近山上生长的树苗，砌的坝墙、造的景观用的是山上的石头，外表看不到水泥。镌刻着"香屯"村名的巨石立得有讲究，旁边是一块原生的矮石，游客留影可以坐在矮石上，背后近景是一棵古树，远景是古朴的村落，再远些是层层青山，这块巨石放在那里与周围的环境已融为一体，背后还有一个大大的"福"字，匠心独巨："香屯"背后有福；来了香屯村之后有福；香屯越来越有福。

　　香屯村推出的生态保健餐备受游客青睐，此套保健餐由几十种山野菜制作而成，品种多样，对于高血压、高血脂、高血糖等疾病起到了很好的预防和保健功效。其中，有和胃的炖大菜、降血脂的玉米面摊黄和降血糖的木兰菜，还有益气补肾的栗子鸡、清热补脑的炸河鱼、健胃除湿的香椿拌豆腐、补钙护发的核桃仁、清热解毒的凉拌山豆根等。

（二）基础设施建设完善　乡村接待能力较好

原生态不等同于原状态，一定的改造和建设可以使乡村的美丽资源得到更好的保护与利用。乡村道路、环卫、邮电通信、电力照明、污水排放、垃圾处理等基础设施的建设，乡村可进入性的提高，以及乡村接待能力的提升，可以为市民们保留住乡村这片轻松自然的空间。

市民游记分享——生态科普第一村：留民营村

图 1-24　留民营村风貌
图片来源：http://s.visitbeijing.com.cn/html/njl-424.shtml.

初进北京市大兴区的留民营村，还以为走错了路，去到了哪个小镇上。宽阔的马路、整齐的楼房、干净的广场，没想到在大片绿色田野的包围之中，竟有如此精致又现代化的村落。

烧火用纯净的沼气，照明用太阳能路灯，留民营村不愧为中国生态第一村，绿色环保的程度比发达城市还要高出不少。留民营村1982年就已经开始实施生态农业建设，开发生物能和太阳能，难怪连前任联合国秘书长安南都要来留民营村参观、考察。

留民营村拥有高科技有机农业示范区、无公害畜牧养殖区、民俗旅游观光区、沼气太阳能综合利用区、生态庄园、科普公园及旅游接待中心，教育意义与旅游乐趣并存。在这里，知识就蕴藏在身边的一草一木、一花一果之间，在采摘瓜果蔬菜、观赏美丽景色、喂养家畜家禽的过程中，都可以在不知不觉中获得环保先进理念和科学农业知识。

除此之外，优美的环境、清新的空气也是留民营村吸引我们的一大因素。休息日带上家人来到这里，在垂钓池旁钓两尾鲜鱼，去农业大棚摘两棵芹菜，再去养殖区拣几个草鸡蛋，在花园中、假山上呼吸一下周围的新鲜空气，一周的疲惫就此卸下。

留民营村沼气工程共有三期，一期高温发酵池，二期中温发酵池，三期沼气"七村联供"项目，规模宏大，节能环保。与沼气池紧密相连的就是无污染畜牧养殖区。区内蛋鸡饲养量20万只，散养鸡1万只，还有商品猪5 000头，奶牛100多头。在饲养区喂散养鸡，拣天然鸡蛋，是游客的一大乐趣。

（三） 农民生活富裕　实现城乡和谐共赢发展

在市民眼中，美丽乡村的远景之一是农民富裕，这是城乡和谐发展的关键指标。城乡居民与农村居民进行交流与互动，能够缩短农民了解和接受城市文明的距离，实现农民增收、农村走向富裕和文明、城乡和谐共赢发展。

市民游记分享——海南省白沙黎族自治县的百姓共同富裕之路

数辆大巴车和几十辆小轿车、越野车相继驶入元门乡的罗帅和那吉等村落，车里人要来此看看白沙的美丽乡村。"抱歉，抱歉，只能给您们三栋农家别墅了，另外在主楼再给您安排几间房。"位于罗帅村的天涯驿站罗帅雨林酒店大堂接待人员不停地给来自儋州市人民医院的 5 个家庭组成的自驾车团队解释。驿站 60 多间客房，逢周末必住满。同样客人饱和的还有那吉村。村里的跑马场，一上午就接待了 300 多位客人。

美丽乡村，在来客眼中是一种景观，在白沙人眼里是一种事业。这个事业是一种新型的乡村生态旅游产业，是一种改变乡村人生存状况、实现共同富裕的理想模式。

美丽乡村建设使白沙催生了新型产业和开发模式。

土地使用模式：罗帅村 25 亩原使用宅基地在政府指导下进行重新规划，规划后的宅基地仅占用约 12 亩，整理出 13 亩村庄建设用地，其中 10 亩用于企业建设汽车旅馆

和休闲生态酒店，另外 3 亩用于建设约 100 个生态停车位，企业的生态果园等其他设施用地在不改变土地用途的前提下均向农民租赁。这一土地使用模式，让农户不搬迁、不丧失一寸土地。

资金筹集模式：按照"政府＋企业＋银行＋农户"的模式进行整村房屋改造。政府无偿为每户提供约 2 万元的材料，企业无偿为每户提供 5 万元资金，银行为每户提供 5 万元林权抵押贷款，村民自筹约 3 万元现金。这一资金模式让农户花 3 万元就能住上联排别墅。

产业经营模式：整村改造及驿站建成以后，企业通过提供汽车旅馆、房车驿站、订单度假等方式保证自身收益，同时带动农户参与乡村旅游。这一产业经营模式实施以来，罗帅村农户原有橡胶业收入不减少，仅靠旅游业，人均年增加收入 2 600 多元。

改造后至今，罗帅村已接待游客超过 5 万人次，这让白沙确立了"美丽乡村计划"的完整设想。

图 1-25　白沙村风貌

图片来源：http://www.redidai.com/city-detailall-id-df95.html.

第三节　外国人眼中的美丽乡村

一、滨水新村　渔家风情

（一）韩国新里：传统与现代的结合

（资料来源：《农民文摘》2009 年 02 期李秀峰《韩国山沟里的信息化村》）

三脊市都界邑（相当于县级）新里（村名）是传统文化与现代信息化协调发展的一个小村庄。不管是用厚实的红松打造的屋顶，还是用白麻栎皮制成的屋脊都显现着当地传统的建筑特点。该村有三栋传统房屋被评为韩国第 33 号民俗文化遗产。

2002 年这个村被评为信息化村，2003 年被评为江原道新农渔村建设优秀村，2004 年被评为绿色旅游村和生态保护村，2005 年获韩国最佳信息化村庄称号，2006 年被评为信息通信环境构筑村。

来江原道新村旅游观光的人越来越多。开展新农渔村建设运动以来，村里由原来的 56户增加到 64 户，现有 128 人，其中 123 人都能熟练运用电脑。2002 年村里开始推进信息化进程，在村领导的努力说服下，最后 96% 的居民参加了信息化教育。在居民的共同努力下，2005 年这个村获得了"韩国最佳信息化村庄"的称号。新里村还通过建立村网站来宣传、发展农村旅游产业。村里现有 4 家旅馆、1 家餐馆，可同时接待 150 名游客。

新里村在不同季节举办不同的活动以此吸引游客。春天举行采野花、播种等活动；夏天举行掰玉米、挖土豆、赤手抓鳟鱼、夜里钓鱼、天然染色等活动；秋天举行采山葡萄、秋收、

图 1-26　江原道新村风貌

图片来源：http://travel.163.com/10/1228/13/6P0D-8M9800063JSA.html.

采松菌、捡栗子活动；到了冬天则举行做豆腐、做糯米糕、滑雪橇、制作昆虫模型等活动。丰富的节目吸引了很多游客。2006 年到这个村观光的游客达到 2.1 万人，农民的家庭年平均收入增长了 40%。

（二）日本里山：神秘水世界

（资料来源：《BBC 纪录片——自然世界　里山：日本神秘水上花园》）

日本的里山，是日本最为典型的乡村景观。在日本最大的淡水湖——琵琶湖的周边，介于梯田与山林的交界处，有一个远离都市烦嚣的村落，散发着日本最淳朴的乡村风情。1000 多年以来，这片土地以自己独有的方式发展着，水在这里造就了人们生活的家园。从景观要素的角度来讲，里山由村落、林地、田地、草地、河流及水渠等景观要素构成。一条溪流被引入村庄，家家户户挖掘一个大水窖，让水流潺潺流经，水窖里养些鲤鱼，餐后碗盘器具丢入水窖，米粒成为鲤鱼的食物。基本上，里山的每家每户都有内式院墙洗槽，平时用来洗菜洗餐具，清澈的泉水或者山水流入洗槽的石埚内，再溢出到洗槽，洗槽的水随后排入村里的排水渠。通过水窖里喂养的鲤鱼及锦鲤来净化平时清洗餐具时的油腻以及饭菜渣，确保用过的水排放到人工渠道时都很清洁，盛夏则将蔬果丢进水窖清凉。这套古老的河流生态系统是对大自然水循环的巧妙利用。

溪流从他们的家里出发，最后汇入附近的日本最大的淡水湖——琵琶湖。在那里，空气很清醇，日式的村居建筑挨在一起，四处都可以见到鸟类的踪迹，一大片的水稻梯田一年四季都很漂亮，在郊外的湿地上长满漫山遍野的芦苇，夏天的时候，芦苇长得好像屋子一样高。里山郊外的河流以及湿地总会有很多的鱼类，春天的时候鲇鱼会在水稻田里产卵，鲤鱼成群出现，最大

图 1-27　里山风光
图片来源：http://blog.sina.com.cn/s/blog_561cf5ee0100vfpy.html.

的鲤鱼可能比人的肩膀还要长，河流清澈见底，河床长满了绿油油的水草，甚至可以找到一种被称为"水中梅花"的梅花藻。由于流经里山的河流最终都会汇集到琵琶湖里，所以里山的人们很注重故乡水土的清洁。进入后现代化社会后，资本主义经济发展遗留下来的环境问题越来越被人们所重视，而一种回归自然、与自然交融的思想也愈加强烈。"里山"是令人身心愉悦的自然景观，正符合了日本人精神需求的理想家园。

二、近郊小镇　生态宜居

（一）日本德岛上胜町：书写"零垃圾"传奇

（资料来源：未名天日语机构整理的《日本德岛上胜町书写"零垃圾"传奇》）

位于日本四国山脉东南山地的山中小镇上胜町距离日本德岛县大约 50 分钟的公交路程。虽然上胜町只是四国地区最小的镇，但在日本却非常有名，曾经被评为"日本最美的山村"之一。由于拥有独特的自然景观并经营树叶、花芽生意，小镇甚至享誉海内外。上胜町四处点缀着樱花，除了很少的平川外，绝大部分是山脉，大约有 55 座海拔 100 ～ 700 米的山峰。位于东南方的最高峰，海拔达 1 439 米。山脚的斜坡上，还有一片片的梯田。

上胜町总面积 109.68 平方公里，森林面积占 85.4%。其中 83% 是人工杉树林。美丽的自然风光使养在"深闺"的上胜町吸引了众多关注的目光。但据当地老人介绍，上胜町原来并不这么美。那里的年轻人因为环境不好也曾大批大批地往外走。后来，这里的人们意识到环境保护的重要性，采取诸如垃圾分类等措施，才使环境变得越来越好。早在 2003 年，上胜町已经对垃圾进行了 34 种分类。如今这个数字已经上升到了 44 种，他们还在给自己定下目标，即到 2020 年要消灭垃圾。

为了实现目标，当地有关部门制定了各项规定，如：塑料瓶必须分成瓶盖、瓶体、塑料包装皮三部分回收；喷气罐丢弃前必须先打开瓶盖或者切开瓶身，以释放出瓶内的气体；用过的筷子必须洗净并晾干才能丢弃。此外，居民在家中也必须对垃圾进行分类，将瓶瓶罐罐洗净后送到垃圾回收站，扔进标注着不同分类名称的垃圾桶内。虽然存在很多困难，上胜町的居民们还是坚持了下来。从最初的经常搞错分类，到如今的妇孺皆知，他们仅花了两三年的时间。2009 年 9 月，上胜町作为日本国内自治体，首次发布了"垃圾零排放宣言"，同时，他们还公布了"垃圾零排放行动宣言"。具体内容是：2020 年废止町内所有的垃圾焚烧和填埋处理，同时要求以扩大生产者责任为中心，修改相关的法律和条例。

如今，上胜町已经基本实现了垃圾的完全分类，居民将垃圾带到垃圾回收站，而回收站配有专职人员对居民分类垃圾进行指导。同时，针对那些行动不便的老年住户，志愿者到其家中帮助回收垃圾。此外，上胜町还向各个家庭配发、装置厨房垃圾处理机，使厨房垃圾实现了堆肥化，成功实现了垃圾焚烧量的剧减。据介绍，从居民家收集到垃圾回收站的垃圾中，目前已经有 79% 实现了资源化和再利用。

图 1-28　上胜町村风貌

图片来源：http://www.pkusky.com/html/view_3762.htm.

（二）瑞士沃州费稀：回归乡村的城里人

（资料来源：《江苏商报——瑞士的"美丽乡村"》2013 年 2 月 8 日）

瑞士乡村风光的特色是别致的小村落和农舍自然地分布在绿色的田野和山坡之上。瑞士人曾一度离开乡村到城市中去寻找更多的工作机会和更好的生活方式，但是现在人们开始逐渐回归自然，从城市搬到近郊居住的趋势蔚然成风。

村庄里大部分居民是城里人，共有 700 多名居民，其中从事农业活动的（主要是葡萄园种植）只有 17 家，其余都是在村里买房定居的城里人。城里人之所以选择到这里居住，有以下几个原因：① 这个位于山坡之上的村庄风光秀丽，特别是夏季各种花草和大片葡萄园生机盎然之时；② 与城市的嘈杂相比，村庄异常静谧，住在这里是一种放松和享受；③ 瑞士不同地方的税收标准不同，村里的税收比城市低很多，地价、物价更是便宜；④ 村子虽小，但基础设施齐备，交通便利，从这个村庄开车到日内瓦和洛桑都只需几十分钟时间。城市居民的到来给村庄带来收入，同时也把城市文化和文明带入村庄，从而推动其经济和文化等各方面的发展。

要想富，先修路。费稀村尽管位于半山腰中，但有一条非常平坦的双车道柏油路把它与高速公路连接起来，从村庄到高速路大约只需 10 分钟。村里面的一条主街道依地势而起伏，但柏油路面非常平整。而且引人注意的是，在街道的两侧划着整齐的停车位。

村里人看病非常方便，因为附近医院非常多。这些医院大多已存在了好多年，当初之所以建这么多医院，是因为交通不便，去大城市看病比较难。现在去大城市方便了，这些附近的医院反而显得太多了，因此它们只能进行更细的专业化分工。村里孩子入托和上学以及居民用水取暖等也都非常方便。村里甚至还有一个小的警察局。村里各种基础设施的建设资金一部分出自州政府，一部分出自村民的税收。村子虽小，但也实行标准的民主管理。据介绍，小村的管理机构是一个由 5 人组成的村民委员会，包括一名村长和 4 名委员。这 5 人任期 4～5 年，由全村人民主投票产生。该机构为服务性机构，主要负责管理土地、森林等，并就一些建设项目组织村民进行投票表决，也调解居民纠纷。该机构还负责管理税收的使用，但另有两个独立机构对其进行约束，一个是年度预算编订委员会，另一个是预算监督执行委员会。

村里从事农业活动的人主要是种葡萄。而大部分人已不是单纯地从事葡萄种植，而是在种葡萄的同时也从事葡萄酒酿造和销售的工作，因此收入较高。越来越多的农民在逐渐脱离单纯的农作物生产活动。据调查，目前，瑞士 1/3 的农场经营只是副业，农民的大部分收入来自其他工作。农民们希望种植国外的特殊作物，如瓜类等；或是养殖不寻常的动物，如鸵鸟、犁牛、北美野牛、高地牦牛等。农民同时为农场寻找第二用途，如提供农场度假，甚至骑美洲驼等服务。但无论如何，农场经营和工业收入的差距越来越大，因此，越来越少的年轻人选择从事农业。

图 1-29　沃州费稀风光

图片来源：http://www.supremefinewines.com.

三、草原牧歌　牛羊成群

（一）新西兰玛塔玛塔：盛产奶牛的著名小镇

（资料来源：《深圳晚报——玛塔玛塔：现实中的霍比特》2014 年 12 月 23 日）

玛塔玛塔小镇是新西兰北岛的一个盛产奶牛的著名小镇。那里也是新西兰良种奶牛的培育基地。镇上居民以经营农场为主业，收入居该国前列，据初步估算每个家庭每天收入约 3 万元人民币（含税）。此外，玛塔玛塔还拥有着 5 000 平方米的蔬菜和花圃。

在玛塔玛塔，抬头可以看到散落在蓝天中大朵

图 1-30　玛塔玛塔小镇风景

图片来源：http://www.duitang.com/people/mblog/57966494/de-tail/?pre=57966484.

的白云，清澈碧绿的小溪依偎着村子静静地流淌。村里人非常淳朴，安静地生活着。《魔戒》中如仙境般美丽且带着梦幻气息的精灵王国的情节就是在新西兰北岛玛塔玛塔等地拍摄的。新西兰北岛绝美空灵的景色，相当符合精灵国度的形象。在北岛那低缓起伏的千里牧场，拥有至今仍保持原状的大自然：百分百纯净、原始，充满生命力。白雪皑皑的峰峦，金光灿灿的海滩，晶莹碧透的湖泊，苍翠茂密的原始森林，它如梦如幻的美景成就了《魔戒》，而影片的成功也使新西兰真正呈现在了世界眼前。

新西兰的村落建设强调保持风景的独特和人文特色。为了保护村落的风景，一般采用聚集住宅，也就是说新的居住组团作为一个小型社区紧密地排布在乡村的土地上，而不是在一大块土地上等距分隔肆意蔓延的独立住宅。因此，乡村开放空间及其特征得到了很大程度上的保留。此外，人们提倡保护植被，考虑建筑材料、色彩、形态和位置（避免破坏天际线），尽力减少建设道路、开挖土石和其他发展带来的影响。组团式开发、植被再造和滨水植物种植成为乡村风景的发展模式，这种模式与过去相比对当地环境的影响更小。新西兰的乡村风景是有生产功能的风景，风景的变化不仅有环境价值，而且还能促进经济的可持续发展。

（二）英国巴德里小镇：养牛场实现电脑化

（资料来源：新华社记者马桂花《英国农村印象》）

位于伦敦西南方的德文郡巴德里小镇"克林顿领地"，最早形成于1299年，是德文郡中最大的家族领地。目前，这块领地的管理机构管理着近1万公顷农村土地、1 900公顷林地，并为1 500人提供住房，包括为当地家庭提供经济住房。领地所得收入用于维护历史遗产，并从事各项环境保护计划。领地管理机构还投资商业房地产，目前已有120家企业入驻。这些企业又反过来为当地提供就业和财政收入。这些收

图 1-31　巴德里小镇养牛场
图片来源：http://blog.sina.com.cn/s/blog_50e14f2e0101b8k4.html.

入再被投入到领地中的农场、林地和当地的环境保护事业，形成一种有益的循环。农业是这片领地中的重要行业，这里共有40家租赁农场，3家合股农场和两家家庭农场。但所有农场的雇工加起来一共才只有76人。

平均一家养牛场饲养着150头奶牛和900头肉牛，每年可生产300万升牛奶和180吨牛肉。由于生产几乎全部由电脑控制，整个养牛场只有9名员工。所有挤奶工作全部由电脑控制完成，平时只需一个人管理。关于农业的未来，养牛场将专门从事"绿色"奶生产，一味追求产量的传统农业在市场化程度日益提高的今天越来越显得徒劳无益。农场就是要使产品位于市场高端，追求最好的回报。

四、传统庄园　厚重文化

（一）英国科姆堡：品味生活历史

（资料来源：《辽宁日报——英国的美丽乡村》2013年8月11日）

科姆堡（Castle Combe）位于科茨沃尔德（Cotswolds）地区的南端，是一个只有300多居民的小村，靠山面水，隐秘在茂密的树林中。小村以古风古貌保存完好而享誉英国，保留着自12世纪创建以来的风貌，连续50年被评为世界最美的小镇，曾十次在全英国古村保存

评比中获奖。中世纪以来，科姆堡曾经是兴旺的羊毛制品市场，每周都有一次集市，当地产的羊毛服装享有盛名。小镇上全部都是金色砂岩和褐色石头砌成的二层小楼房。小村的建筑属典型蜂蜜色石屋，据说从 15 世纪至今几乎没有改变。许多影视作品在科姆堡村拍摄，包括《医生杜立德》、《战马》、《星尘》和《狼人》。在这里，看不到任何现代化的痕迹，停车位全部藏在小酒吧周围或是还没有进镇的树林边，指引停车的路标都是用老橡木刻成的，旅游中心和纪念品店隐藏在民居中，门口用一个可爱的稻草人作标志。这里的每条小街，房子的每一块砖、窗户、门环，都散发着浓浓的历史气息。

图 1-32　科姆堡的古朴风貌

图片来源：http://www.zsnews.cn/zt/2006YiZhiTaiDu/showcontent.asp?id=2140693.

（二）法国孔克：中世纪的珍珠

（资料来源：羊城晚报 2013 年 4 月 8 日旅游周刊《法国南比利牛斯大区》）

洛特峡谷的陡峭山崖上藏着一个小村庄，它就是基督教的圣地——孔克，因其遗世独立的况味和保存完好的中世纪建筑被评为"法国最美丽的村庄"。从 12 世纪开始，它就是基督教徒前往西班牙圣地亚哥朝圣路上的重要一站。

孔克处在一个自然形成的冰斗里，四周生长着郁郁葱葱的林木。即便是今天，到达孔克的交通也是不便利的，从图卢兹或是罗德兹每周也只有有限的几班车过来。1838 年 6 月，梅里美曾从罗德兹出发，去探寻隐迹山间的孔克。低洼的溪谷伴随着青翠绵延的山峦，车行在蜿蜒崎岖的山径，偶尔也可以看到成群的牛羊和大片草地野花，依着地形凿辟出涵洞般的石壁屋舍就错落在山间峭壁旁。空间的盘旋，交通的不便，山林的清幽，更增添了小村遗世独立的况味，时间在此仿佛静止，村子和周边的景致和几个世纪前并没有两样。

孔克不只是法国"最美丽的小村庄"，更因为它最典型的罗马式教堂而进入了世界文化遗产名录。1120 年建成的圣福瓦教堂为早期罗曼式教堂的代表，教堂正门以《最后的审判》为主题的三角门楣上雕刻有 124 个人物，个个栩栩如生，其中有些雕像依稀可见 1 000 多年前的鲜亮颜色。基督圣徒的慈悲与威严，以及众生在天堂与地狱中的遭遇都通过一个门楣展示给了世人。教堂的彩绘玻璃窗是 1994 年新更换的，彩绘图案出自当代画家皮埃尔•苏拉热（Pierre Soulages）之手。当阳光穿过这些玻璃窗，会产生非常奇特的光影效果，这位画家是这样描述彩绘图案的："这是光的源泉，诞生于对罗曼艺术最高的敬仰以及罗曼艺术带给我们的感动。"

教堂内的珍宝馆号称世界上第一个博物馆，其藏品可称件件是精品，包括金、银、珐琅、浮雕、凹雕和宝石等有关宗教的东西。中世纪的基督教徒为了表示对上帝的虔诚，在朝圣路上将最贵重的东西存放在教堂内，让其代为保管，后来很多人死去了，东西也没有人来认领，教堂并未因此占为己有，而是将这些珍宝拿出来展示给路过的基督教徒们观赏，以增加信徒们的宗教信仰。"世界上第一个博物馆"由此诞生。村中的民居都是上百年的老房子了，它们很多都以低廉的房租（每晚住宿不超过 10 欧元）为朝圣者提供住宿，还提供免费的早餐。

图 1-33　孔克——法国最美丽的村庄

图片来源：http://travel.yoho.hk/2008/0920/article_1200_3.html.

第二章

政策指导：
美丽乡村建设的依据

第一节　生态文明打造乡村绿水青山

一、从崇拜自然到融入自然——生态文明的演进

回顾人类社会的发展历程，依次经历了原始文明、农业文明和工业文明三个阶段，目前正在向生态文明迈进。不同的阶段，人与自然关系也各不相同，从崇拜自然到依赖自然，再到掠夺自然，最终发展为融入自然。

原始文明时期，由于生产力水平极其低下，原始人群在生产中软弱乏力，只能通过采集野果、狩猎动物等方式来获取生活资料。人类在从自然界获取必需的生活资料的同时，也承受着来自自然的灾害。虽然人类想尽办法企图克服自然界带来的灾难，但受生产力水平的限制，效果极其有限。在这种背景下就产生了对自然界的崇拜，将大自然的日月星辰、风雨雷电、土地山河、凶禽猛兽等无不加以神化并对它们产生崇拜。

随着人口的不断增加和生产工具的日益改进，尤其是火的使用和农耕的发明，人类进入了农业文明时期。人类凭借发明的青铜器和铁器等工具，使得生产力水平有了质的飞跃，社会发展速度逐渐加快。在这段时期，人类对大自然的开发与改造能力不断增强，虽然对自然的平衡和原来的生态系统内部的稳定造成了一定的冲击，如旱涝灾害时有发生，但是由于当时的生产力水平并不高，人类使用的工具还仅仅是简单的铁制生产工具，使用的能源也仅仅是人力、畜力、风力等可再生资源，因此并没有从根本上破坏自然生态系统的平衡。人类的一切行为都要依赖于自然界，对自然的依赖程度不断加深。

随着生产力的发展，在 18 世纪以蒸汽机的发明和应用为标志爆发了第一次工业革命，从此人类进入了工业文明时期。经过三次工业革命，人类从蒸汽机时代进入电气化时代，继而又步入了以信息技术为代表的高科技时代，科学技术得到了巨大发展，生产力水平得到不断提高。但由于人类的贪婪以及对自身利益最大化的追求，无视大自然的承受能力与可持续发展，对自然界肆意掠夺、任意破坏。最终，科学技术在给人类带来前所未有的物质享受的同时，也给人类带来了前所未有的生态破坏以及与之相对应的自然灾害，如水土流失、土地沙漠化、旱涝频发、全球变暖、生物多样性锐减等。此时人与自然的关系发展成征服与被征服、

掠夺与被掠夺、奴役与被奴役的关系。

在人类面对全球气候变暖等自然环境问题束手无策时，人类对传统的工业文明进行了反思。工业文明虽然带给人类巨额的物质财富，但也带给了人类无尽的自然灾害，环境污染、生态破坏已经危及人类自身的生存与发展。人类也逐渐认识到，自然资源并非取之不尽、用之不竭，应该遵守自然界系统的内部规律，与自然和谐共生。人类的科技和经济社会的发展目标应当向协调人与自然界关系进行战略转移。只有合理地利用自然界，才能维持和发展人类所创造的文明。生态文明的思想在此过程中孕育而生，人类开始进入人与自然协调发展的新阶段。

国际上生态文明逐步从边缘走向世界中心的主要标志是联合国等组织发表的报告或宣言。1972 年联合国发表《人类环境宣言》，1987 年联合国发表《我们共同的未来》，1992 年巴西里约热内卢世界环境发展大会发表了《环境与发展宣言》、《21 世纪议程》，制定了《联合国气候变化框架公约》，1997 年在日本京都召开的联合国气候变化会议制定了《京都议定书》，2009 年哥本哈根联合国气候会议达成了《哥本哈根协议》。国内则是于 2007 年党的十七大首次提出，要"建设生态文明，基本形成节约能源资源和保护生态环境的产业结构、增长方式、消费模式"，这标志着生态文明建设国家发展战略的正式确立及其理论形态的初步形成。2009 年，党的十七届四中全会将生态文明建设与经济建设、政治建设、文化建设和社会建设并列。2010 年，党的十七届五中全会强调"要加快建设资源节约型、环境友好型社会，提高生态文明水平，积极应对全球气候变化，大力发展循环经济，加强资源节约和管理，加大环境保护力度，加强生态保护和防灾减灾体系建设，增强可持续发展能力"。2012 年，党的十八大报告从新的历史起点出发，提出了由生态文明建设与经济建设、政治建设、文化建设、社会建设共同组成的"五位一体"的建设中国特色社会主义总体布局，要求大力推进生态文明建设，加强生态文明制度建设，努力建设美丽中国，实现中华民族永续发展。

二、和谐是纲，人类、自然、社会共融共生——生态文明的内涵

（一）社会主义生态文明

党的十八大报告将"大力推进生态文明建设"作为全面建设小康社会的新要求，生态文明理念在全社会得以牢固树立。

社会主义生态文明连同社会主义物质文明、政治文明、精神文明一起，都是社会文明的重要组成部分，它要求人们在改造客观物质世界的同时，不断地克服其负面效应，积极改善

和优化人与自然、人与人的关系，建立有序的生态运行机制和良好的社会环境。建设社会主义生态文明要求按客观规律办事，建立人—社会—自然系统的和谐关系，实现生态系统的最优化，同时实现人类社会的可持续发展。社会主义生态文明是社会主义文明体系的基础，社会主义的物质文明、政治文明和精神文明离不开社会主义生态文明，没有良好的生态条件，人不可能有高度的物质享受、政治享受和精神享受。

社会主义生态文明作为一个工业文明之后的社会形态，是一个高度复杂的系统，它包含生态环境层面、物质层面、技术层面、机制和制度层面以及思想观念层面等的重大变革。它要求在"可持续发展"的大前提下，以"循环经济"为发展模式，以最小的资源和环境成本取得最大的经济社会效益，改变目前高消耗、高污染的生产方式，形成新型的生态产业，实现人与自然的和谐；它要求完善社会政治、经济、科学和文化体制，实现人与人、人与社会的公正、平等，消灭贫富不均；为了建立起和谐世界，要反对资源侵略和生态殖民；它还要求形成与社会主义生态文明相适应的价值观、伦理观、道德规范和行为准则，构建有助于丰富人的精神世界、促进人的全面发展的适度消费的生活方式。

总的来说，生态文明是人类文明的一种形态，它以尊重和维护自然为前提，以人与人、人与自然、人与社会和谐共生为宗旨，以建立可持续的生产方式和消费方式为内涵，以引导人们走上持续、和谐的发展道路为着眼点。生态文明强调人的自觉与自律，强调人与自然环境的相互依存、相互促进、共处共融，既追求人与生态的和谐，也追求人与人的和谐，而且人与人的和谐是人与自然和谐的前提。生态文明的本质就是人们在人化自然的过程中所形成的既有利于人的生存与发展，又有利于自然进化发展的生态环境成果。

（二）中国传统文化中的生态文明思想

中国传统文化是以儒家学说为主体，道家和佛家文化为补充的多元文化的综合体，而有关生态文明思想的学说也延续了这样的一种文化格局。人与自然的冲突使我国古代先哲们认识到"要先与自然做朋友，然后再伸手向自然索取人类生存所需要的一切"。

儒家生态文明思想的最大亮点就是"天人合一"理论。儒家思想以整体论为出发点，将人类社会的秩序提高到世间万物的高度来进行研究，并指出了其存在着的辩证统一关系，这体现了自然与人类道德相互协调、相互促进的特点。《易经》指出，代表天的"乾"是创造力之源，它规定并影响着其他事物的发展；代表地的"坤"则顺应"天"意，辅助万物发展，二者的种种变化演变成了人类社会与世间万物的变化，自然及人类社会的秩序也就由此产生。"有天地，然后有万物；有万物，然后有男女；有男女，然后有夫妇；有夫妇，然后有父子；有父子，然后有君臣；有君臣，然后有上下；有上下，然后礼仪有所错。""乾称父，坤称母；予兹藐焉，乃浑然中处。故天地之塞吾其体，天地之帅吾其性。民吾同胞，物吾与也。"所以，人类要承担起保护大自然的责任与义务。这就要求，人要发挥自己的主观能动性，使人具有道德责任和意识。不仅如此，人类还要通过积极的实践活动来改造自然并建立一种良性的互动关系，以实现二者的平衡。总之，儒家"天人合一"的思想将人置于整体自然环境中加以研究，其目的就在于通过对天与人的论述，告诫人们要尊重自然、保护自然，优化人类的生态环境。

道家生态文明思想的核心在于"万物一体、道法自然"。道家指出，"道"是世间一切事物的本源和共性所在，是世间万物相互联系的动力源泉。道家所说的"道"就是指天地形成之前就已经存在的一个一体的物质，它不以任何实体化的形式存在，却可以不停地运转并成为万物之源头。具体来讲，第一，道家认为自然是一个由世间万物组成的整体，各个生命组织都是相互联系着的。老子认为，"道"是天地万物产生的本源，并通过"气"的中介来说明万物之间连续且和谐的关系。"道生一，一生二，二生三，三生万物，万物负阴而抱阳，冲气以为和。"（《道德经》第四十二章）庄子认为，"天与人一也"，"天地与我并生，万物与我为一"。（《庄子·齐物论》）人处于天地之中，是自然的一部分，尊重自然是人生存和发展的必要条件。第二，道家提出了"道法自然"的观点。"大道泛兮，其可左右。万物恃之以生不辞，功成不名有。衣养万物而不为主，可名于小；万物归焉而不为主，可名为大。以其终不自为大，故能成其大。"（《道德经》第三十四章）"人法地，地法天，天法道，道法自然"（《道德经》第二十五章），即人以地为法，地以天为法，天以道为法。"万物皆种也，以不同形相禅，始卒若环，莫得其伦，是谓天均。天均者，天倪也。"（《庄子·寓言》）这说明联系与变化是万物间关系的重要特点。总之，道家的生态自然观要求我们不能人为地破坏自然的正常运转，人类的行为要考虑到对自然可能造成的影响，要尊重自然规律、善待万物，才能达到人与自然和谐统一的目的。

生态文明思想也同样蕴含于佛教文化中，它以独特的生态文化观为生态文明思想的不断发展作出了重大贡献。佛教生态文明思想以整体性的视角将个体生命与自然生态连接起来，指出天地万物是同源、同根的关系，一切生命都是相互制约和联系的统一体，任何个体的状况都决定着自然整体的状况。佛教生态伦理观将世间一切生命都看作具有平等的价值地位，尊重生命，强调众生平等，反对任意伤害生命。

作为世俗文化的代表，儒家生态文明思想以现实需要为立足点，主张"天人合一"、"兼爱万物"、"中庸之道"，这对后世产生了深远的影响；道家生态文明思想则在实践层面上投入了巨大的关注度，它主张"道法自然"、"尊道贵德"、"自然无为"，突出强调了顺应自然的重要性，以求达到人与万物同一的境界；佛教生态文明思想在精神层面对生态文明思想产生了重大的影响，其主张"佛性统一"、"万物平等"、"慈悲为怀"，这在净化人的心灵、善待万物等方面起到了非常重要的作用。虽然儒、释、道三家有关生态文明思想的学说不尽相同，但是它们都是从各自不同的角度阐述了人与自然和谐相处的价值理念，这共同构成了我国传统文化的精髓，并对社会主义生态文明建设具有重要的意义。

三、拯救生存环境的天经地义——生态文明的指导意义

（一）生态文明为美丽乡村建设设计了目标要求

党的十七大报告对生态文明建设目标做了说明，指出"建设生态文明，基本形成节约能源资源和保护生态环境的产业结构、增长方式、消费模式。循环经济形成较大规模，可再生能源比重显著上升。主要污染物排放得到有效控制，生态环境质量明显改善。生态文明观念在全社会牢固树立"。这为美丽乡村建设明确了目标。

（二）生态文明为美丽乡村建设提供了指导思想与原则

党的十八大报告则给出了指导思想与原则，提出包含生态文明建设在内的"五位一体"总体布局，指出"把生态文明建设放在突出地位，融入经济建设、政治建设、文化建设、社会建设各方面和全过程，努力建设美丽中国，实现中华民族永续发展"。在生态文明建设中，要"坚持节约资源和保护环境的基本国策，坚持节约优先、保护优先、自然恢复为主的方针，着力推进绿色发展、循环发展、低碳发展，形成节约资源和保护环境的空间格局、产业结构、生产方式、生活方式，从源头上扭转生态环境恶化趋势，为人民创造良好的生产生活环境，为全球生态安全作出贡献"。

（三）生态文明为美丽乡村建设指明了具体实施途径

党的十八大报告从"优化国土空间开发格局"、"全面促进资源节约"、"加大自然生

态系统和环境保护力度"、"加强生态文明制度建设"四方面推进生态文明建设，这也为美丽乡村建设指明了途径。

1. 优化国土空间开发

国土作为美丽乡村建设的空间载体，要按照人口资源环境相均衡、经济社会生态效益相统一的原则，控制开发强度，调整空间结构，促进生产空间集约高效、生活空间宜居适度、生态空间山清水秀，给自然留下更多的修复空间，给农业留下更多良田，给子孙后代留下天蓝、地绿、水净的美好家园。严格按照主体功能区战略中所规划的本地区主体功能定位发展，与其他地区共同构建科学合理的城市化格局、农业发展格局、生态安全格局。

2. 全面促进资源节约

节约资源是保护生态环境的根本之策。要节约集约利用资源，推动资源利用方式的根本转变，加强全过程节约管理，大幅降低能源、水、土地消耗强度，提高利用效率和效益。控制能源消费总量，加强节能降耗，支持节能低碳产业和新能源、可再生能源发展，确保能源安全。加强水源地保护和用水总量管理，推进水循环利用，建设节水型社会。严守耕地保护红线，严格土地用途管制。加强矿产资源勘查、保护、合理开发。发展循环经济，促进生产、流通、消费过程的减量化、再利用、资源化。

3. 加大自然生态系统和环境保护力度

良好的生态环境是人和社会持续发展的根本基础。要实施重大生态修复工程，增强生态产品生产能力，推进荒漠化、石漠化、水土流失综合治理，扩大森林、湖泊、湿地面积，保护生物多样性。加快水利建设，增强城乡防洪抗旱排涝能力。加强防灾减灾体系建设，提高气象、地质、地震灾害防御能力。坚持预防为主、综合治理，以解决损害群众健康的突出环境问题为重点，强化水、大气、土壤等污染防治。

4. 加强制度建设

美丽乡村建设需要完整的制度保障。要把资源消耗、环境损害、生态效益纳入经济社会发展评价体系，建立体现美丽乡村要求的目标体系、考核办法、奖惩机制。建立国土空间开发保护制度，完善最严格的耕地保护制度、水资源管理制度、环境保护制度。建立反映市场供求和资源稀缺程度、体现生态价值和代际补偿的资源有偿使用制度和生态补偿制度。积极开展节能、碳排放权、排污权、水权交易试点。加强环境监管，健全生态环境保护责任追究制度和环境损害赔偿制度。加强美丽乡村宣传教育，增强全民节约意识、环保意识、生态意识，形成合理消费的社会风尚，营造爱护生态环境的良好风气。

第二节　科学发展引领乡村美好未来

一、从经济增长到科学发展——科学发展观的演进

现代发展观经历了单纯经济增长理论、社会发展观、环境保护论、综合发展观四个阶段，最终形成了科学发展观。

单纯经济增长论以经济增长为追求目标，以工业化为主要内容，认为只要促进经济增长，发展中国家就能摆脱贫穷落后，实现现代化的目标。1956 年，刘易斯在出版的《经济增长理论》一书中认为"发展中国家经济落后的原因在于工业化程度不高，经济馅饼不大；而加快工业化的步伐，提高工业化的程度，把经济馅饼做大，就会导致经济增长和社会进步"。这种观点强调追求单纯片面的经济增长，认为国民生产总值的提高就是发展，就可以摆脱贫困。这种发展观没有把"发展"与"增长"这两个概念区分开，实际上是把发展、进步等同于经济增长。这种发展道路没有给发展中国家带来真正的经济增长，反而使其品尝到了"有增长无发展"和"没有发展的经济增长"的苦果。这些国家与发达国家的差距不但没有缩小反而日益扩大，出现了经济结构畸形、二元化结构突出、通货膨胀加剧、失业人数增加、分配不公、贫富悬殊、社会动荡、环境恶化等问题。

到了 20 世纪 60 年代末，人们开始对"发展就是经济增长"的发展观进行批判性反思，越来越多的学者清楚地认识到：按国民生产总值和人均国民生产总值衡量的"发展"并没有惠及普通老百姓的日常生活，就业问题、收入分配不平等和严重贫困状况并没有改善。于是就有了发展是建立在经济增长基础上的社会变革的发展观，强调经济增长与社会变革的统一。这既肯定了经济增长对于发展的基础性作用，又强调了发展中质的变化是社会变革。发展不只是国民生产总值的增长，而且包括整个经济、文化和社会发展过程的上升运动。这实质上指出发展是一个摆脱贫困、实现现代化的过程，即从传统农业社会向现代化社会转变的过程。社会发展观强调经济增长只是发展的手段，社会公正、增加就业、改善收入分配状况和消除贫困才是发展的终极目标。但这种发展观在发展中国家并没有引起积极响应，其原因一方面可能是某些观点和政策方案过于偏激，否认了经济增长的积极作用，与当时发展中国家极力

发展经济、改善贫困的状况不符；另一方面是因为发展中国家增长需求强烈，对经济发展所可能引起的代价问题重视不足或持有意宽容的态度。这种发展观还有待完善。

与此同时，针对经济增长论的缺陷以及工业文明带来的负效应，经济学家及环境学家纷纷对它提出批判，并提出了以"宇宙飞船经济"理论、增长极限论和循环经济发展观为代表的环境保护论。"宇宙飞船经济"的观点认为，我们人类唯一赖以生存的最大的生态系统是地球，而地球只不过是茫茫无垠的太空中的一艘小小的太空船（即宇宙飞船）。人口和经济不断发展，终将用完这个"小飞船"内有限的资源。而人类生产和生活所排放的废物最后会污染"飞船"舱内的一切。到那时，整个人类社会就会崩溃。因此，人类必须建立起能预防资源枯竭，防止环境污染、生态破坏，循环利用各种物质的循环式经济体系。增长极限论的中心论点是人口增长、粮食生产、投资增长、环境污染和资源消耗具有按指数增长的性质，但人类生活的空间、资源以及地球吸纳、消化污染的能力都是有限的，如果按目前的趋势继续增长下去，将使世界面临一场"灾难性的崩溃"，其解决问题的办法是停止增长即零增长。环境保护论最大的贡献是警醒人们重视资源环境对增长的制约，使人们认识到了资源环境问题的重要性。然而，这种观点过于悲观，解决环境问题的部分就是停止发展，是深受贫困和饥饿折磨的广大发展中国家根本无法接受的。环境保护论低估了科技进步的作用和速度，看不到人的主观能动性和对既成发展界限的突破性，缺乏认识发展的社会和政治维度。

从 20 世纪 70 年代末开始，人们对发展观的认识转向了"综合的发展"、"人"的发展。人们开始认识到发展不仅仅是经济发展，而且是社会全面发展和人与自然的和谐发展。根据对社会系统中各种元素的不同侧重，综合发展观包括"发展＝经济增长＋环境保护＋社会进步"的可持续发展观、"发展＝经济增长＋环境保护＋社会进步＋人的发展"的综合发展观、"以人为中心"的人类发展观。综合发展论的价值观首先表现在它由单纯经济增长论的以经济增长为价值取向转向以社会的整体发展为价值取向；其次，体现了以人为中心，注重人和社会、自然的和谐，扭转了以物为中心的发展观。可以说这一新发展观标志着西方发展理论开始走向成熟，因为它开始反思和批判自身发展及其发展理论，揭示了发展理论的核心和本质问题，强烈地冲击着传统的发展和发展理论，对以后的发展理论和现代化理论产生了深远影响。但它仍然过于强调发展中国家要走西方发达国家的发展老路，没有摆脱"西方中心论"的模式，忽视了发展中国家自身的发展特点和内在转型的需要，这恰恰正是第三世界国家发展滞缓，甚至是与发达国家差距拉大的原因之所在。

科学发展观是对党的三代中央领导集体关于发展的重要思想的继承和发展，是马克思主义关于发展的世界观和方法论的集中体现，是我国经济社会发展的重要指导方针，是发展中国特色社会主义必须坚持和贯彻的重大战略思想。科学发展观注重发展的和谐性、全局性与永续性，应时而变。其以科学发展为主题，以转变发展方式为主线，以以人为本为核心，以实现全面协调可持续为基本要求，以统筹兼顾为根本方法，通过调整社会系统各种要素之间的关系并协调其发展，坚持生产发展、生活富裕、生态良好的和谐文明发展道路。科学发展观的提出，既是对世界范围内发展观演化所体现的进步理念的继续，又是这种演化的最新成果。

二、以人为本，全面、协调、持续统筹兼顾
——科学发展观的内涵

科学发展观，第一要义是发展，核心是以人为本，基本要求是全面协调可持续，根本方法是统筹兼顾。

发展是科学发展观的第一要义。发展，对于全面建设小康社会、加快推进社会主义现代化具有决定性意义。要牢牢扭住经济建设这个中心，坚持聚精会神搞建设、一心一意谋发展，不断解放和发展社会生产力。实施科教兴国战略、人才强国战略、可持续发展战略，着力把握发展规律、创新发展理念、转变发展方式、破解发展难题，提高发展质量和效益，实现又好又快发展，为发展中国特色社会主义打下坚实基础。努力实现以人为本、全面协调可持续的科学发展，实现各方面事业有机统一、社会成员团结和睦的和谐发展。农村、农业和农民问题始终是中国现代化建设的根本问题，因此发展农村经济、增加农民收入成为美丽乡村建设的中心环节。只有农村经济发展了，农民收入增加了，才能真正提高农民的物质生活和文化生活水平，促进农村各项事业的全面发展，实现城乡经济社会的良性互动和和谐发展，才能为建设美丽乡村奠定物质基础。

以人为本是科学发展观的核心。全心全意为人民服务是党的根本宗旨，党的一切奋斗和工作都是为了造福人民。要始终把实现好、维护好、发展好最广泛人民的根本利益作为党和国家一切工作的出发点和落脚点，尊重人民主体地位，发挥人民首创精神，保障人民各项权益，走共同富裕道路，促进人的全面发展，做到发展为了人民、发展依靠人民、发展成果由人民共享。广大农民群众是推动生产力发展最活跃、最积极的因素。能否充分发挥广大农民群众的主体作用，是决定美丽乡村建设能否取得成功的关键。而把农民作为美丽乡村建设的主体，恰恰贯彻和落实了科学发展观的核心即以人为本的根本要求。只有把农民视为美丽乡村建设的基本依靠力量，才能最广泛、最充分地调动农民建设美丽乡村的积极性、主动性和创造性。美丽乡村建设的每一个目标，都紧紧围绕着农民群众的根本利益，以增加农民收入、保障农民权益、提高农民的生活水平和生活质量、改善农民生活条件和生活环境、提高农民综合素质、切实保障广大农民的合法权益为出发点，确保让农民真正成为美丽乡村建设的受益者。

全面协调可持续发展是科学发展观的基本要求。要按照中国特色社会主义事业总体布局，全面推进经济建设、政治建设、文化建设、社会建设和生态文明建设，促进现代化建设各个环节、各个方面相协调，促进生产关系与生产力、上层建筑与经济基础相协调。坚持生产发展、生活富裕、生态良好的文明发展道路，建设资源节约型、环境友好型社会，实现速度和结构质量效益相统一、经济发展与人口资源环境相协调，使人民在良好的生态环境中生产生活，实现经济社会的永续发展。因此，在建设美丽乡村的过程中，应通过发展和创新农村经济组织，把先进的生产方式、现代化的管理手段、可持续发展的理念运用于农业生产的各个环节，加速现代生产要素的积累，从而实现农业的经济效益、社会效益、生态效益的高度统一，促进传统农业向现代农业转变。

统筹兼顾是科学发展观的根本方法。要正确认识和妥善处理中国特色社会主义事业中的重大关系，统筹城乡发展、区域发展、经济社会发展、人与自然和谐发展、国内发展和对外开放，统筹中央和地方关系，统筹个人利益和集体利益、局部利益和整体利益、当前利益和长远利益，充分调动各方面积极性。在美丽乡村建设过程中，在统筹兼顾的基础上，各地应坚持从实际出发，在搞好科学规划和抓好试点示范的基础之上，因地制宜、分类指导、量力而行、循序渐进，摒弃强求一律、盲目攀比、急于求成等思想倾向，不搞形式主义，使美丽乡村建设取得实实在在的成效。

三、创造幸福生活的制胜法宝——科学发展观的指导意义

（一）科学发展观为美丽乡村建设指明了总的目标

党的十七大报告指出："必须坚持把发展作为党执政兴国的第一要务。发展，对于全面建设小康社会、加快推进社会主义现代化，具有决定性意义。要牢牢扭住经济建设这个中心，坚持聚精会神搞建设、一心一意谋发展，不断解放和发展生产力。""解决好农业、农村、农民问题，事关全面建设小康社会大局，必须始终作为全党工作的重中之重。"可见，根据科学发展观的精神实质，美丽乡村建设的总目标就是实现农业、农村和农民的发展，从而全面建成小康社会，而不是简单地改变村容、村貌或村风的形象工程。美丽乡村建设是一项长期而艰巨的历史任务，必须以此为总目标来确定不同地方、不同时期的具体目标，在实践中应避免盲目性、形式化、短期性的做法。

（二）科学发展观为美丽乡村建设提供了科学的价值判断标准

价值判断标准问题事关美丽乡村建设这项事业是否符合社会主义性质和中国共产党的根本

宗旨的问题，也是事关美丽乡村建设的成败问题。党的十七大报告指出："必须坚持以人为本。全心全意为人民服务是党的根本宗旨，党的一切奋斗和工作都是为了造福人民。要始终把实现好、维护好、发展好最广大人民的根本利益作为党和国家一切工作的出发点和落脚点，尊重人民主体地位，发挥人民首创精神，保障人民各项权益，走共同富裕道路，促进人的全面发展，做到发展为了人民、发展依靠人民、发展成果由人民共享。"这就给美丽乡村建设提供了基本的价值判断标准。根据科学发展观的内涵，美丽乡村建设一切工作得失成败的价值判断或者说检验标准，就是能否坚持发展为了广大农民，发展依靠广大农民，发展成果惠及广大农民；就是广大农民满意不满意、拥护不拥护、赞成不赞成。只有始终坚持这个标准，美丽乡村建设才有不竭的动力。

（三）科学发展观为美丽乡村建设明确了基本要求

科学发展观的基本要求是全面协调可持续，具体来说就是"要按照中国特色社会主义事业总体布局，全面推进经济建设、政治建设、文化建设、社会建设，促进现代化建设各个环节、各个方面相协调，促进生产关系与生产力、上层建筑与经济基础相协调。坚持生产发展、生活富裕、生态良好的文明发展道路，建设资源节约型、环境友好型社会，实现速度和结构质量效益相统一、经济发展与人口资源环境相协调，使人民在良好的生态环境中生产生活，实现经济社会的永续发展"。根据科学发展观的基本要求，美丽乡村建设既要按照生产发展、生活富裕、乡风文明、村容整洁、管理民主的总要求，全面推进农村经济建设、政治建设、文化建设和社会建设，又要注重节约资源、保护生态；既要注意统筹安排，又要主次有别，轻重分明，缓急有序，保证农村经济社会全面协调而永续发展。

（四）科学发展观为美丽乡村建设提供了科学的方法论指导

只有科学的方法论指导，美丽乡村建设才能实现其正确的目标。科学发展观的根本方法是统筹兼顾，也就是"要正确认识和妥善处理中国特色社会主义事业中的重大关系，统筹城乡发展、区域发展、经济社会发展、人与自然和谐发展、国内发展和对外开放，统筹中央和地方关系，统筹个人利益和集体利益、局部利益和整体利益、当前利益和长远利益，充分调动各方面积极性"，"既要总揽全局、统筹规划，又要抓住牵动全局的主要工作、事关群众利益的突出问题，着力推进、重点突破"，这就给美丽乡村建设提供了科学的方法论指导。以科学发展观指导美丽乡村建设，根本方法就是既要统筹城乡发展，正确处理好城乡关系、工农关系，真正建立以工促农、以城带乡长效机制，形成城乡经济社会发展一体化新格局，又要总揽美丽乡村建设的全局，避免片面发展，还要善于在纷繁复杂的矛盾中抓住主要矛盾，在千头万绪的工作中抓好主要工作，在错综复杂的问题中破解突出难题，解决关键问题。

第三节　四化同步推动乡村跨越发展

一、从"旧四化"渐进到"新四化"齐行
——新型城镇化的演进

（一）"旧四化"演变

自 1840 年 鸦片战争开始，中国长期处于外族入侵和国内的军伐割据的动荡状态，经历了艰苦的抗日战争和两次国内革命战争之后，刚刚建立的新中国百废待兴，与欧美等发达国家在科学、技术、经济水平、基础设施建设和生活水平

> 我国伟大的人民革命的根本目的，是在于从帝国主义、封建主义和官僚资本主义的压迫下面，最后也从资本主义的束缚和小生产的限制下面，解放我国的生产力，使我国国民经济能够沿着社会主义的道路而得到有计划的迅速的发展，以便提高人民的物质生活和文化生活的水平，并且巩固我们国家的独立和安全。我国的经济原来是很落后的；如果我们不建设起强大的现代化的工业、现代化的农业、现代化的交通运输业和现代化的国防，我们就不能摆脱落后和贫困，我们的革命就不能达到目的。
>
> ——摘自 1954 年《政府工作报告》

等方面有相当大的差距，发展科学技术、推动工业、农业和服务业的进步，提高生产力水平、完善基础设施、改善人民生活是新中国当时面临的首要任务。为此，在 1954 年的第一届全国人民代表大会上，周恩来总理在《政府工作报告》中首次提出建设强大的"现代化的工业、现代化的农业、现代化的交通运输和现代化的国防"的任务，这就是"旧四化"的最初说法。周恩来总理当时提出"四化"的根本目的是提高人民的物质生活和文化生活的水平，并且巩固我们国家的独立和安全。作为一个各项产业正待恢复的农业国家，农业是工业发展的基础，

工人的吃、穿、用都要靠农业供养才能正常运转。工业的发展成果反作用于农业，带动农业更好更快地发展。在农业现代化的过程中，农村的剩余人口不断被解放出来，为工业的发展输送了充足的劳动力，使全社会的产业结构走向协调，农业和工业相互协调发展的过程中，城镇化的进程逐渐有序地推进。所以在新中国的开局之年到第一次全国人民代表大会，城镇化踏上漫漫征程，开始了起步阶段。

1956 年底三大改造完成至 1960 年，尽管遭遇了自然灾害，中国仍然经历了大发展，1960 年以后，中国进入了一个调整、巩固、充实、提高的时期，但是由于中国与前苏联以对斯大林评价上的分歧为起因，两国关系逐渐恶化，前苏联支援中国的专家全部撤走，至使中国在许多领域的工程一度处于停滞状态。另一边，美帝国主义欲长期霸占台湾，力图阻挠恢复中国在联合国的合法权利和制造"两个中国"或"一个中国、一个台湾"的阴谋；日本佐藤政府追随美国也试图搞"两个中国"。苏、美、日与中国关系问题的恶化，使中国领导人认识到国家科学技术和经济实力的重要性，1964 年第三届全国人大一次会议上，根据毛泽东的提议，周恩来总理在政府工作报告中正式把"四个现代化"作为我国现代化建设的目标提了出来，此次把原来的"四个现代化"中的"现代化的交通运输"改为"现代科学技术"。1966 年"文化大革命"开始，两年后，由于运动导致政府机构瘫痪，工厂停工，学校停课，城市已经无法安置连续三届 2 000 多万的毕业生就业，因此，中央号召知识青年上山下乡，此后十年我国走的是"反城镇化"，在这十年里我国的城镇化发展处于倒退阶段。纵观这段历史，自 1958 年人民公社化开始到"文化大革命"结束，我国的城镇化处于倒退阶段，"四个现代化"建设基本搁浅。

在深入广泛开展社会主义教育运动的基础上，1965 年要大力组织工农业生产的新高潮，为 1966 年开始的第三个五年计划作好准备，争取在不太长的历史时期内，把我国建成一个具有现代农业、现代工业、现代国防和现代科学技术的社会主义强国。在国际方面，我们要继续贯彻我国对外政策的总路线，同全世界人民一起，坚决反对美帝国主义及其走狗，为争取世界和平、民族解放、人民民主和社会主义事业的新胜利而奋斗。

——摘自 1964 年《政府工作报告》

1975 年，周恩来在四届人大一次会议《政府工作报告》中重新提出维护"四个现代化"的建设大局。1978 年以后，在改革开放的春风吹拂之下，农业和工业现代化的发展速度一路飙升，城市化在各种有利因素的推动下迅速前进，我国城镇化发展处于快速发展阶段，但是由于曾经的错误思想，走了许多弯路，距世纪之末只有 20 年的时间，实现四个现代化已脱离了实际。鉴于此，邓小平提出到本世纪末国民生产总值人均达到 800～1 000 美元，实现"小康社会"，即把标准放低一点的中国式的现代化。

2001 年加入世贸组织，我国经济面向世界市场和其他国家的竞争，以世界的需求为着力点，不断调整自己的产业结构，城镇化的影响因素也已拓展到国际范围，这要求我们必须重新审视自己的城镇化道路。以世界发达国家的城镇化经验为借鉴，以发展中国家的城镇化为启示，从本国的基本国情出发，为我国城市化寻找到正确的道路，标志着我国城镇化发展进入改善阶段。

（二）"新四化"提出

进入新世纪，世界科技以超乎想象的速度不断向前发展，在经济市场化、生产自动化、全球信息化、需求个性化、文化多元化的新时期的国际环境下，包含时代色彩的"旧四化"目标已经不能反映当代的社会发展需求和国际竞争形势，因此

> 坚持走中国特色城镇化道路，科学制定城镇化发展规划，促进城镇化健康发展。新型城镇化开始全面指导全国城乡建设。
>
> ——摘自 2001 年《国民经济和社会发展第十二个五年规划纲要》

党的第十六次全国代表大会上提出：农村富余劳动力向非农产业和城镇转移，是工业化和现代化的必然趋势，逐步提高城镇化水平，坚持大中小城市和小城镇协调发展，走中国特色的城镇化道路。这是第一次将"中国特色型城镇化"展现在国人面前。在十六届五中全会上通过了《中共中央关于制定国民经济和社会发展第十一个五年规划的建议》第一次使用将"工业化、城镇化、市场化、国际化"，并在 2006 年的"十一五"规划中首次阐释"新城镇化"的理念。十七大报告中提出："立足社会主义初级阶段这个最大的实际，科学分析我国全面参与经济全球化的新机遇、新挑战，全面认识工业化、信息化、城镇化、市场化、国际化深入发展的新形势、新任务，深刻把握我国面临的新课题、新矛盾，更加自觉地走科学发展道路，奋力开拓中国特色社会主义更为广阔的发展前景。"推动新型城镇化被列入政府工作重点，全国新城镇化进入崭新阶段。十七大的召开明确了新型城镇化的内涵，提出了新型城镇化的指导思想与建设路径，在新型城镇化的提出与发展道路上达到了集大成。十八大报告中指出"坚持走中国特色新型工业化、信息化、城镇化、农业现代化道路，推动信息化和工业化深度融合，工业化和城镇化良性互动，城镇化和农业现代化相互协调，促进工业化、信息化、城镇化、农业现代化同步发展"，

明确提出了"新四化"。显然，无论在新或旧四化中都有"农业现代化"和"工业现代化"，城镇化也提上日程，被摆上了国家战略的地位。从 2003 年起，社会各界都不遗余力地在推动着新型城镇化的研究与推广，如今我国新型城镇化的发展正蒸蒸日上。

二、协同是髓，关联、互动、融合步调一致
——新型城镇化的内涵

新型城镇化是以城乡统筹、城乡一体、产城互动、节约集约、生态宜居、和谐发展为基本特征的城镇化，是大中小城市、小城镇、新型农村社区协调发展、互促共进的城镇化。新型城镇化的核心在于不以牺牲农业和粮食、生态和环境为代价，着眼农民，涵盖农村，实现城乡基础设施一体化和公共服务均等化，促进经济社会发展，实现共同富裕。

新型城镇化的指导思想是科学发展观，就是要坚持以人为本，以统筹兼顾为原则，走全面协调可持续的道路，推动城市现代化、农村城镇化、生态化、规范化，进一步地提升城镇化的质量和水平，使社会更加和谐，城镇功能更加完善，进一步突破城乡二元结构的模式。其中，新型城镇化的"新"就是相对于过去片面注重追求城市规模扩大、楼房增多增高，转变为以提升城镇的居住环境、公共服务等内涵为中心，真正提升城镇宜居程度。彻底扭转以"扩规模、建高楼"作为城镇化标志的病态认识，真正做到使人口从农村到城市安居乐业。

典型案例

辽宁省铁岭市凡河新城开创性地提出了单户城镇化，走出了一条以人为本、绿色低碳、三位一体、良性循环的新型城镇化之路。在这条科学发展的道路指引下凡河新城建设取得了令人瞩目的成就，创造了城镇建设的奇迹，改写了城镇发展的历史，成为新型城镇化、城乡一体化和生态文明建设的重要标志，为铁路未来的发展提供了强劲的支撑。深圳市龙岗区坪地街道致力于打造深圳国际低碳城，开启了"集约、智能、绿色、低碳"的新型城镇化的探索。

新型城镇化的重点是改变以前错误的城镇化发展模式及认识。以前，发展城镇化习惯大规模的扩张，如今必须从思想上坚定要走资源节约、环境友好之路；过去城镇化发展动力主要是来自中心城市的带动，现在要更注重城市群、大中小城市和小城镇协调配合发展。由于我国各地的地理环境千差万别，所以要改变盲目追求同一发展的思想，要因地制宜，找到适合自己的城镇化道路。

典型案例

　　湖北宜都根据本地的实际情况开创了天峡模式，在"公司＋协会＋农户"的农业产业化模式的基础上，以节约用地、少投入、多收入等为根本出发点，开创养鲟工厂在农村、车间在农户、农村办工业、农村变城镇的新型产业样本，打造"地上新城镇、地下鲟鱼城"的别致景观，将生态化工厂养殖、新型城镇化与农户生产经营特点相结合，开创了农村第一、第二、第三产业协同发展与新型城镇化建设同步推进的发展模式。

　　新型城镇化的要求是坚持与经济社会协调发展。新型城镇化的发展有利于扩大我国内需，要由偏重经济发展向注重经济社会协调发展转变，要由原来的城镇化过分依赖工业化，转变为同时结合农业现代化、现代服务业等多力支撑体系。加速新型城镇化，必须加强城市基础设施建设，从而完善城镇的功能。浙江省桐乡市洲泉镇新型城镇化的道路则是变"工业立城"为"产城人融合"之路，不断加强现代农业和服务业的快速发展，不断完善基础设施建设，逐步成为一个让农民"进得来、留得下、有尊严"的"宜居宜业"的幸福小城市。

典型案例

　　陕西省宝鸡市金台区陈仓镇东岭村坚持"村企合一、以企带村、共同发展"的创新体制；坚持"既要把人带富，更要把人带好"的精神文明建设思路，把一个贫穷落后，偷盗、吸毒、赌博现象严重的自然村发展建设成为"中国农村经济十强村"、"全国文明村"，并很快融入现代化的城市生活之中，走出了一条具有东岭特色的新型城镇化之路，被誉为"西部第一村"。

　　新型城镇化的特点是要城镇和乡村共同发展，和谐发展，使城市和乡村形成一个有机统一体，乡村和城市承担不同的功能，优势互补。新型城镇化要由只注重城市发展向注重城乡一体化发展转变，并要鼓励城市支持农村发展。积极推进城乡规划、产业布局、基础设施、生态环境、公共服务、组织建设等一体化，将城镇和农村看作一个整体去发展，促进城乡统筹发展，提升新城镇的整体水平，改变农村居民的生活方式、居住环境，从而达到新城镇化的水平。

典型案例

甘肃省金昌市坚持"创新体制机制，城乡融合发展"推进新型城镇化。

首先，按照工业向园区集中、农民向城镇集中、土地向规模经营集中的原则，先后编制了城乡总体规划、城乡一体化发展规划、农业与农村区域发展规划，分类编制了特色产业发展、城乡基础设施建设、公共服务配套、生态环境保护等专项规划。编制完成了所有行政村村庄和小康建设规划，实现了市、县（区）、乡镇、村（社区）和农民集中居住区和小康建设规划全覆盖。

其次，整合资源，探索城乡融合发展新模式，主要通过以下几种方式对不同的农村进行整治：① "以地换房产、以地建保障"改造城中村；② "集中新建、进滩增地"建设近郊村；③ "就地改造、综合整治"建设远郊村；④ "园区带动、城乡融合"发展小城镇。

最后，深化改革，健全城乡一体化保障机制。① 主要通过推进城乡一体的户籍制度改革，建立了一元化户籍管理制度，与城市居民同等享受"一元化"公共服务，政策叠加效应有力地促进了农村转移人口市民化；② 推进城乡一体的劳动就业和社保制度改革，建立了城乡一体的人力资源市场和居民医保、养老保险、社会救助制度，实现了城乡就业扶持、就业培训和劳动用工的统一管理，除低保外的城乡社保标准全部统一；③ 推进城乡一体的土地制度改革，鼓励农户以土地承包经营权入股、出租、转让等多种形式流转土地，加快土地确权登记发证工作，完善征地补偿机制，推动农村集体土地资本化；④ 推进城乡一体的社会管理体制改革，把城市社区管理服务模式嫁接到农村，全市所有行政村都成立 "三委一会"管理新模式，并结合"双联"行动成立驻村联合党支部；⑤ 推进城乡一体的公共财政体制改革，逐年加大公共财政覆盖农村的范围，市、县（区）本级财政新增财力的 60% 以上全部投向"三农"，形成了财政支农资金稳定增长机制；⑥ 推进城乡一体的规划管理体制改革，逐步形成"覆盖城乡、集中统一"的城乡规划管理制度。

三、指导乡村发展的奇招妙计——新型城镇化的指导意义

新型城镇化是促进中国经济社会健康、稳定、可持续发展的根本途径。在新四化推动下，新型城镇化的发展有利于加快我国现代化的步伐，促进农业现代化和工业现代化，更好地适

应经济全球化。新型城镇化对未来乡村发展的指导作用可以从以下几个方面体现：

（1）明确了农村发展的方向。新型城镇化要求城镇化不单是城区扩展、城市人口增加的城镇化，而是农村与城市共同发展，农村人口与城市人口保持合理比例的城镇化。农村与城乡应是一个有机的整体，承担着不同功能的彼此协作关系，共同发展，形成一个包括城市乡村在内的和谐的地域综合体。农村享有城市生活之便利，城市享有乡村的绿色环境，农村拥有健康的农业生产、整洁的生活环境、民主的社区管理、浓厚纯正的具有地域特色的乡土文化和充满幸福的乡村生活。

（2）确定了农村在经济发展中的角色。新型城镇化是城市和乡村共同发展的城镇化，城市和乡村承担着不同的角色。城市作为一个人口集中的聚落，主要承担着商业、居住、交通和工业生产的功能，而农村的主要发展目标是在发挥好自己的粮食生产功能的同时，根据自身的区域特点发展具有比较优势的农业类型，提高农户的收入。除生产功能外，农村还要发挥生态功能、旅游功能和文化功能，与城市功能形成一个整体。

（3）提出了农村发展目标。新型城镇化要求要打破城乡二元结构的差别，彻底改变农村脏、乱、破的景观面貌，贫穷、封闭、落后的社会面貌，以及文化低、陋习多、思想旧的精神面貌，将农村建设成一个规划合理、干净清洁、生态宜居、交通通达、基础设施完善、文化氛围浓厚、人口综合素质高、人民生活幸福的新社区，与城市无生活质量上的差异，只是生活环境不同的生产生活兼备的居住区。

第四节　美丽中国绘就乡村宏伟画卷

一、从"乡供城"的提出到"城带乡"的铺开
——新农村建设的演进

（一）新中国成立至 2003 年"乡供城"阶段

1949 年中国共产党带领中国人民夺取了革命的胜利，建立了社会主义新中国。刚刚成立的新中国社会生产关系还属于私有制，为此，中央政府开始了对私有性质的农业、手工业和资本主义工商业的社会主义改造，1956 年我国完成了三大改造正式进入社会主义。当时的主要矛盾是人民日益增长的物质文化需求与中国落后的生产力水平之间的矛盾，解决这一矛盾的根本途径就是发展经济。作为一个落后的农业大国，为了尽快实现国家富强、人民富裕，国家制定了工业化优先发展的战略，发展工业需要的资金主要来源于农业剩余，农民要为国家的工业化作出贡献。为了加快农业发展的速度，1956 年第一届人大第三次会议通过的《高级农业生产合作社示范章程》提出了"建设社会主义新农村"的奋斗目标。1957 年 10 月 27 日《人民日报》发表了《建设社会主义新农村的伟大纲领》，这是我国第一次正式提出社会主义新农村建设这一概念。当时以"楼上楼下，电灯电话，耕地不用牛，点灯不用油，饭前葡萄酒，饭后水果糖"来描绘新农村的前景。20 世纪 60 年代初，由于农业生产力水平低和 1959—1961 年三年自然灾害，中国出现了粮食危机，中央决定减少城镇人口，号召城市年轻人到农村去发展，以减少城镇粮食消费量。为了将城市人口转移到农村，1963 年 12 月，中央起草并下发了《中共中央、国务院关于动员和组织城市知识青年参加农村社会主义建设的决定（草案）》（以下简称《决定》），《决定》提出，在今后一个相当长的时期内，要动员和组织大批城市知识青年下乡参加农业生产，"建设社会主义的新农村"。建设社会主义新农村，在我国城市知识青年中逐渐形成一个革命浪潮。这一时期的社会主义新农村建设取得了一定的成绩，涌现了以大寨为代表的一批典型，农业和农村得到一定的发展，农民的生产生活条件得到一定的改善。国家提出了水利化、机械化、良种化、化学化等措施，毛泽东

还提出了"水利是农业的命脉"，"农业的根本出路在于机械化"以及农业"八字宪法"等思想，并在全国大修水利，兴建了很多水库和灌溉工程，这些工程很多到现在仍然在发挥着作用。在新农村建设中，中央逐步建立

> 党的十一届三中全会以来，我国农村发生了许多重大变化。其中，影响最深远的是，普遍实行了多种形式的农业生产责任制，而联产承包制又越来越成为主要形式。联产承包制采取了统一经营与分散经营相结合的原则，使集体优越性和个人积极性同时得到发挥。这一制度的进一步完善和发展，必将使农业社会主义合作化的具体道路更加符合我国的实际。这是在党的领导下我国农民的伟大创造，是马克思主义农业合作化理论在我国实践中的新发展。
>
> ——摘自《当前农村经济政策的若干问题》

了包括劳动保险、困难补助、生活补贴、社会救济和农村"五保"供养制度，1958 年以后在人民公社建立了敬老院、合作医疗等简易的社会保障组织，在一定程度上改善了农民的生产生活条件。在新农村建设中，一些地方发扬吃苦耐劳、自力更生、艰苦奋斗的拼搏精神，顽强地同自然作斗争，把不利条件改变成了有利条件，迅速地发展了生产，改善了人民生活。这一时期的社会主义新农村建设只是一种动员手段，没有实质性的资金、技术等物质投资，其目的是鼓励农村自身发展，然后支持工业、支持城市。这一时期的做法超越了发展阶段，因此，不可能建成真正的社会主义新农村。

> 要把调整农村生产关系和发展农村生产力很好地结合起来，合理地使用几亿农民的劳动投资，进行农田水利等基本建设，改善农业生产条件，促进农业经济全面发展，促进社会主义新农村的富裕繁荣。
>
> ——摘自《当前的经济形势和今后经济建设的方针》

改革开放以后，1981 年 11 月 30 日，国务院领导人在《当前的经济形势和今后经济建设的方针》的报告中提出了改善农业生产条件，发展农村经济，建设社会主义新农村。1982 年 1 月 1 日中央发布了第一个关于"三农"的"中央一号文件"，对前期的农村改革进行经验总结，并对以后的农村改革与发展做了工作部署。1983 年 1 月发布了第二个"中央一号文件"，正式从理论上确定了家庭联产承包责任制的合理性和政治地位，并号召广大农民和知识分子积极投身到新农村的建设中去，使农村的社会主义事业更加欣欣向荣。

20 世纪 90 年代，工业经济快速发展，为缩小农村与城市发展水平，中央高度重视农村

经济和建设，多次强调建设社会主义新农村的重要性和基层党组织的领导作用，以及新农村的精神文明建设。如 1994 年 5 月，胡锦涛在河南农村调查时提出，农村基层党组织要把团结带领农民群众奔小康，建设社会主义新农村，作为自

> 联产承包责任制和各项农村政策的推行，打破了我国农业生产长期停滞不前的局面，促进农业从自给半自给经济向着较大规模的商品生产转化，从传统农业向着现代农业转化。党和政府的各个部门，各级领导干部，都应力求做到：思想更解放一点，改革更大胆一点，工作更扎实一点，满腔热情地、积极主动地为人民服务，为基层服务，为生产服务，认真执行党的十二大确定的路线、方针和政策，依靠八亿农民和广大知识分子，为建设具有高度物质文明和高度精神文明的新农村贡献力量，使农村社会主义事业更加欣欣向荣，蒸蒸日上。
>
> ——摘自《当前农村经济政策的若干问题》

己的根本任务。党的十四届六中全会也提出："要以提高农民素质、奔小康和建设社会主义新农村为目标，开展创建文明村镇活动。"党的十五届三中全会上，中央提出要"建设有中国特色社会主义新农村"，党开始实施"多予、少取、放活"的政策，让农民得到更多的实惠，并规定了到2010 年的奋斗目标是：在经济上，不断解放和发展农村生产力；在政治上，加强农村社会主义民主政治建设；在文化上，坚持全面推进农村社会主义精神文明建设。

党中央对农村实施"多予、少取、放活"的农村经济政策，预示着中国从农业中索取为工业提供发展资金的"农促工"的阶段已接近尾声，"工业反哺农业，城市带动乡村"的新局面即将开始。

（二）"城带乡"阶段

2002 年 11 月，党的十六大提出了全面建设小康社会的宏伟目标，要求在 21 世纪头二十年集中力量建设惠及十几亿人口的更高水平的小康社会。由于在长期的农业为工业发展服务的政策下，农村发展已远远落后于工业，要实现惠及十几亿人口的更高水平的小康社会目标，重点和难点在农村。为了加快农村发展，必须打破城乡二元体制，树立科学发展观，坚持城乡统筹发展。为此，在 2003 年初召开的中央农村工作会议上，胡锦涛提出要把"三农"问题作为全党工作的重中之重，放在更加突出的位置。为了切实减轻农民负担，新一届政府上任后立刻把农村改革列入四项改革之首，并在部署近期工作时把农村税费改革工作列入第一项。2003 年 11 月，党的十六届三中全会提出了科学发展观和"统筹城乡发展"等"五个统筹"

的要求，明确了城乡的协调发展关系。2004年3月，温家宝总理宣布中国将在5年内取消农业税。2004年9月胡锦涛在党的十六届四中全会上明确提出，我国现在总体上已到了以工促农、以城带乡的发展阶段。2005年全国26个省、市、自治区免掉了农业税，2006年全国全部免除农业税，并对农村九年义务教育实行"两免一补"，标志着"城带乡"的实践正式开始。

2005年10月，党的十六届五中全会通过的《中共中央关于制定国民经济和社会发展第十一个五年规划的建议》，提出了"建设社会主义新农村"的时代命题。《建议》明确而全面地提出了"社会主义新农村"建设的总体目标和具体的建设措施。

2006年1月25日，胡锦涛主持中共中央政治局第二十八次集体学习时强调要"深刻认识建设社会主义新农村的重要性和紧迫性，切实增强做好建设社会主义新农村各项工作的自觉性和坚定性，积极、全面、扎实地把建设社会主义新农村的重大历史任务落到实处，使建设社会主义新农村成为惠及广大农民群众的民心工程"。2006年2月，中共中央举办了省部级主要领导干部建设社会主义新农村专题研讨班，使省部级主要领导干部不断提高认识，真正把思想统一到中央关于建设社会主义新农村的重大决策和部署上来，努力提高建设社会主义新农村的能力和水平。2月21日，中央下发了《中共中央国务院关于推进社会主义新农村建设的若干意见》，提出了建设社会主义新农村的重大历史任务。

十六届五中全会后，社会主义新农村建设逐步上升到中国发展战略地位，在"多予、少取、放活"的总体方针的指导下，新农村试点建设在全国逐步展开，并取得了一定的效果。国家加大了对农村的投入，并对农村合作医疗、义务教育、职业教育、社会保险等方面加大改革和投入力度，从体制和制度上解决了农民的后顾之忧。加快农村改革步伐，搞活农产品流通，促进生产要素在城乡之间自由流动。各地积极扶持农村非公有制经济发展，引

> 积极推进城乡统筹发展。建设社会主义新农村是我国现代化进程中的重大历史任务。要按照生产发展、生活宽裕、乡风文明、村容整洁、管理民主的要求，坚持从各地实际出发，尊重农民意愿，扎实稳步推进新农村建设。坚持"多予、少取、放活"，加大各级政府对农业和农村增加投入的力度，扩大公共财政覆盖农村的范围，强化政府对农村的公共服务，建立以工促农、以城带乡的长效机制。搞好乡村建设规划，节约和集约使用土地。培养有文化、懂技术、会经营的新型农民，提高农民的整体素质，通过农民辛勤劳动和国家政策扶持，明显改善广大农村的生产生活条件和整体面貌。
>
> ——摘自《中共中央关于制定国民经济和社会发展第十一个五年规划的建议》

导农民进入小城镇就业和定居，不断改善农民进城就业、创业环境，引导农村劳动力合理有序流动，使农民在农村和城镇也有很好的发展空间，社会主义新农村逐渐从概念走向实践。

综观"社会主义新农村建设"的发展历程，不同的时期有不同的含义和标准。新中国成立初期，从中央到地方、从领导人到人民大众对社会主义充满了憧憬，建设积极性十分高涨，比照西方的发展水平，有了"楼上楼下，电灯电话……"较为具体的目标。随后的40年当中，尽管一直提到"社会主义新农村建设"，但只是从整体上强调农村建设的重要性，并没有给出"社会主义新农村建设"的具体目标和实施方案。直到十六届五中全会，"社会主义新农村建设"上升到国家发展战略，并给出了具体的建设目标，才算进入理论成熟阶段。

二、经济是核，民主、文化、生态全面发展
——新农村建设的内涵

社会主义新农村建设的总体要求为"生产发展、生活宽裕、乡风文明、村容整洁、管理民主"。

（1）生产发展。社会主义新农村首先经济必须要得到充分的发展，振兴农村经济、加快农村经济发展、增加农民收入是新农村建设的首要任务。较先进的生产方式和较高的生产力是农民收入的源泉，是农民解决自身就业问题的最重要的方式，生产不发展，农民就无法安居乐业。农村生产是否发展直接影响到农村经济，而经济是新农村交通、住房、教育、医疗及其他基础设施建设的物质基础，是人民过上丰富的物质生活和享受愉悦的精神生活的保证，只有生产发展了，农民才能在家乡过上安居乐业的生活。没有产业，新农村建设就是海市蜃楼、美丽的泡沫。因此，发展生产、振兴农村经济是社会主义新农村建设的首要目标。

（2）生活宽裕。在生产发展的基础上，农村产业发展成果必须为农民享有，使农民的财富增加，过上相对宽裕的生活。"生产发展"和"生活宽裕"属物质文明建设，"生产发展"是新农村建设的物质基础，"生活宽裕"是新农村建设的成果、具体体现和最终目标。社会主义新农村的一个基本特征就是农民必须过上富裕的生活，农民生活宽裕了才能满足其物质上的需求，才能除掉农民背负的三大负担：教育支出、医疗支出、住房支出。农民才能有条件提高自身的文化素质和思想觉悟，发展自己的各项技能，提高适应社会发展和职业发展的能力。

（3）乡风文明。新农村除经济发展以外，精神文明生活也要提高，在农村形成良好的社会风气，摒弃如参与封建迷信、赌博、信奉邪教、迷信医疗偏方等有违科学的陋习，保留如尊老爱幼、孝敬父母等中国优良传统美德和特色的乡土文化。农民享有丰富多彩的文化生活、拥有多种多样的娱乐方式、生存在一个安定和谐的聚落环境里，人与人之间互帮互助、团结友爱、关系和

睦。农民既掌握着现代科技知识、学会现代文明的生活方式，又秉承中华民族健康的生活习惯。

（4）村容整洁。通过新农村建设改变农民的生存环境，让农民有新鲜的空气、洁净的水源、整洁的村庄、平整的道路、优美的农业和村落景观。过去 20 年的工业化和城镇化使农村人口大量流向城市，农村成为了发展的塌陷区，农村空心化现象十分普遍。许多农民打工挣了钱，盖了新房，但是由于缺乏整体规划，整个村落很散乱，没有道路，垃圾满地，民间流行的顺口溜夸张又形象地反映了乡村污染日趋严重的历史："六十年代淘米洗菜，七十年代饮水灌溉，八十年代水质变坏，九十年代鱼虾绝代，到了今天癌症灾害。""村容整洁"就是要把农村按照生态学原理、美学原理建设一个生态、健康、美丽的社会主义新农村面貌。

（5）管理民主。就是落实和完善村民自治、民主选举和民主监督机制，实现农民自己当家做主。让农民有法制观念，正确行使自己的权力，有维护自己应有的权益的意识，知道哪些事该做，哪些事不该做。有公正、公平的意识和辨别能力。村民自治的形式应该根据各地的不同情况而表现出多样性。评价村民自治的形式先进与否，应当以能否推动农村的社会和谐和经济进步为标准，应当以建设非农的先进村庄为方向，以"建设社会主义新农村"为目标。"管理民主"就是要建设政治文明，这是建设新农村的政治保证。

三、引领农村建设的秘籍宝典——新农村建设的指导意义

新农村建设的总体要求指明了新农村建设的总体方向。十六届五中全会提出的新农村建设的总要求，为未来新农村的建设点亮了前进的方向，从宏观上构想出了农村建设的目标，即社会主义新农村应该是农民的就业场所和生活之地，拥有丰富的文化活动形式和优美的环境，农民更加文明，能够行使民主权力，实现自我发展，自我管理。

新农村建设的总体要求勾勒了社会主义新农村的发展蓝图，为新农村建设提供一幅总体规划建设图纸，指导新农村应该从哪几个方面来建设。新农村建设理论用言简意赅的 20 字，描绘了包括了生产、生活、文化、景观和社会民主政治等未来农村的面貌，为农民建设自己的美丽家园展示了一幅可以比照的画卷，激励着农民积极地建设自己的家乡，提升着他们对家乡的热爱。

新农村建设的总体要求阐释了社会主义新农村建设的根本目标，即为谁而建，建设成一个什么样的农村，农民的生活如何。新农村建设理论阐明了新农村建设的根本目的是让农民安居乐业、自由地发展自己和表达自己的思想，自主地行使应有的权利，农村生活与城市生活相比，只是生活方式上的不同，而无生活质量上的差别。总之，社会主义新农村建设就是为了消除城乡差别，根本目的就是让农民过上幸福安康的生活。

第三章

理论基础：
美丽乡村建设的内涵

第一节 支撑美丽乡村之"富"的经济发展理论

一、优化配置提效率——资源经济理论

美丽乡村建设作为全面建设小康社会的一个方面，是建立在较高生产力水平之上的。随着经济的发展，人类对于资源的需求也会不断扩大。而工农业发展过程中因对自然资源的不恰当开发利用所造成的土壤污染、水土流失等问题，不仅破坏了人类的生存环境，也进一步对人类的生存发展构成了障碍。因此，人类在开发和利用不可再生的自然资源的时候，必须从长远利益考虑，既做到适度开发，又要着眼于提高资源的利用效率；在利用可再生的自然资源时，一定要避免掠夺性开发，以保证人类对可再生资源的可持续利用。资源经济学就是在人类不断思考人与自然的关系、认识和利用自然资源的过程中产生和发展起来的，可以为美丽乡村建设提供理论基础。

（一）土地报酬递减规律

土地报酬递减规律也被称为收益递减规律，它不仅适用于土地，也适用于工业生产。一般定义为：相对于其他不变的投入量而言，在一定的技术水平条件之下，增加某些投入量将使总产量增加，但是在某一点后，由于增加相同的投入量而增加的产出量会变得越来越少。随着投入的不断增加，增加的收益之所以逐渐减少，这是由于新增加的同一数量的变量资源只能和越来越少的不变资源在一起发生作用。

当人类利用土地这一自然资源时，就必须在土地上投入劳动和资本。在单位面积土地上所投劳动和资本的多少称为土地集约度。随着人口的增加和经济不断地发展，人类对农产品等物质的需求会越来越多，而土地和其他资源的稀缺性也就会更加突出地表现出来。因此，人类必须对土地进行集约化经营，也就是增加对单位土地资源的投入量，以提高土地利用的集约化程度。

对土地应采取何种集约度，主要取决于当时农产品的社会需求情况、农业的技术水平和农业的投资能力，同时也要考虑到土地资源本身的肥力状况和生产能力，这包括了土地的质

量、人地比例、土地的地理位置、周边的运输条件和利用土地可能获得的收益大小等。但从经济学的观点来看，土地的集约经营应有一定的限度，超过这一限度往往是不利的。集约度的最高限度被称为土地集约利用的集约边际，即某块土地在利用中的经济点，该点所用的资本和劳动的变量投入成本与其收益相等，超过这一点，新增的投入量得不到补偿；集约度的最高限度被称为土地集约利用的粗放边际，即在最佳条件下土地的产出只能补偿其生产成本，超过此点，再扩大生产用地也不能补偿其成本。因此，实施集约经营，要在这两个限度内选定合理的资源利用集约度。

我国是一个人多地少的国家，为了满足美丽乡村建设过程中对各种农产品及建设用地日益增长的需求，只能走集约利用的道路，依据土地报酬递减规律，优化土地资源配置，合理开发和利用土地资源，从而提高土地资源的利用效率。

（二）地租和地价理论

地租理论是资源经济学的一项重要的基础理论，它对于资源的综合经济评价和自然资源的合理开发利用具有重要的指导意义。

狭义的地租是指使用土地所获得的超额报酬或收益；广义的地租是指超额的利润、工资、利息及利用各种生产要素所获得的超额报酬或收益。地租是土地所有权的经济实现形式。土地所有权的形式不同，与此相联系的地租的性质、内容、形式及其所体现的生产关系也不尽相同。在土地私有制下，地租是直接生产者创造的剩余产品被土地所有者无偿占有的部分，是土地所有者对劳动者的一种剥削形式。在土地公有制下，地租既是国家从经济上管理土地的一种重要方法，也是国民收入的一个重要组成部分。在社会主义制度下，消灭了土地私有制和私人之间租佃土地的关系，因而也就消灭了原有意义上的地租。但在社会主义制度下的农业中，以土地好坏不同为条件的经济收益上的差别依然存在。耕种比较优等土地所获得的较多收益，形成土地级差收益。

地价是指土地所有者向土地需求者让渡土地所有权所获得的收入，是买卖土地的价格。我国目前通常所讲的地价是出让或者转让国有建设用地使用权的价格，是国家一次性出让若干年的国有建设用地使用权或者土地使用权人转让国有建设用地使用权所获得的收入，其本质是一次性收取的若干年的地租。

地租＝土地价格×银行利息率。土地资源价格由此制定出来，其他资源的价格亦是如此。这就是说，对作为商品的自然资源的经济评价，其估价和计价的数额即等于利用资源时每年按年利计算支付的地租，也就是资源的价格。所以土地所有者在确定土地价格时主要考虑的是土地每年能给他带来多少地租。也就是说，如果他要出售自己的土地，他必然会考虑到土地卖出所取得的这笔地价款存入银行的年利息收入不少于原来每年的地租收入。如果年息收入低于地租收入，那么他宁肯不卖这块土地。而一般来说，随着社会经济的发展，各种形式的地租日趋增长，银行利息则日趋下降，因此地价一般呈现上涨的趋势。

（三）最优化理论

资源经济学是研究人们对于不同类型的资源采取什么样的利用原则以求获得最大净收益的问题，这就决定了最优化理论在资源经济学中起着重要的作用。

最优化理论是指一套在某些约束条件下如何寻求某些因素，以使某一（或某些）指标达到最优的定理的总称。人们对资源的分类和对各类资源特点的分析，只是确定了目标函数的形式和约束条件的构成，最终要找出正确的资源利用原则来为制定资源政策提供依据，还需要用最优化理论来解决。

资源是指社会经济活动中人力、物力和财力的总和，是社会经济发展的基本物质条件。在社会经济发展的一定阶段上，相对于人们的需求而言，资源总是表现出相对的稀缺性，从而要求人们对有限的、相对稀缺的资源进行合理配置，以便用最少的资源耗费，生产出最适用的商品和劳务，获取最佳的效益。资源配置合理与否，对一个国家经济发展的成败有着极其重要的影响，对美丽乡村建设也具有极其重要的作用。一般来说，资源如果能够得到相对合理的配置，经济效益就显著提高，经济就能充满活力；否则，经济效益就明显低下，经济发展就会受到阻碍。美丽乡村建设应以资源经济理论为基础，优化资源配置，提高资源利用率。

二、绿色生产洁天地——环境经济理论

改革开放以来，我国经济快速发展，环境污染、能源紧张、资源耗竭、自然灾害等环境问题日益突出。资源经济理论可为优化资源配置提供指导，环境经济理论则可为绿色生产、从源头上解决环境问题提供理论支撑。

（一）双赢原理

双赢原理是指决策者所制定的环境经济政策必须取得环境规律与经济规律的协同才能实现环境与经济的双赢。规律是事物发展中本质的、必然的、稳定的联系，体现事物发展的基本趋势、基本秩序，是千变万化的现象世界相对静止的内容；它具有客观、隐蔽、普遍、稳定、强制和适应等特性。规则是人为规定的规范人类行为的伦理道德、规章制度、法律条例、标准规范等的总和。人类实践已反复证明，偏离规律的规则往往是事物发展的离心力，背离

规律的规则常常是发展的阻力，只有顺应规律的规则才是发展的动力。环境经济政策作为一种规则，同样适合这一结论：只有同时顺应环境规律与经济规律，才能成为发展的动力，取得环境与经济双赢的效果。

（二）状态转换原理

状态转换原理是指属于共有态的环境资源需要通过政府引导最大限度地进入市场态或公共态。总的来说，经济中的物品按人类对其管理的状态大致可分为三类：第一类是市场态物品，它们由市场进行配置，如粮食、衣服、电视机、汽车等；第二类是公共态物品，它们主要由政府提供，人们不必直接付费即可享用，如国防、教育等；第三类是共有态物品，由自然界提供（没有人主动提供），如海洋生物、矿藏、河流、森林、大气、土地等环境资源。市场态与公共态的物品由于具备可持续的供给与可持续的需求，运行效果良好。共有态的物品虽然具备了可持续的需求，但由于人类过度地利用往往缺乏可持续的供给能力，出现"共有地的悲剧"。因此，通过政府宏观调控政策的引导，改变环境资源的原有状态，将其最大限度地转入市场态，由市场进行配置，或者使之进入公共态，由政府协助配置，从而避免共有地的悲剧，这是解决环境问题的有效途径。

（三）内在化原理

内在化原理是指市场的环境外部性要最大可能地内在化。外部性是指市场双方交易产生的福利结果超出了原先的市场范围，给市场外的其他人带来了影响。

外部性多种多样，与环境有关的外部性特别是负外部性的存在是环境经济学产生的直接原因之一。在一些对环境产生外部性的市场中，经济活动产生的环境成本（或收益）却并没有在市场价格中体现出来，因此，某些产品和服务的价格其实是被低估（或高估）了。例如，煤的成本包括建造矿井、开采煤炭、运输煤炭的费用，但其实还存在没有被包括的成本，如煤炭燃烧过后所排放的二氧化碳对气候的破坏——破坏性更大的风暴、冰盖的融化、海平面的上升，热岛效应加剧等全球变暖带来的负面影响；燃煤过程中产生的硫氧化物导致酸雨、酸雾对淡水湖和森林的破坏以及煤燃烧产生的粉尘使人们患呼吸系统疾病所引起的医疗费用。因此，煤的市场价格，其实远远低于使用它的成本。而每个人、家庭或企业所做出的经济决策都以市场信号为指导。于是，人们便按照有误差的市场信号选择以价格低廉的煤作为燃料，导致环境变得越来越糟糕。还有另外一种情况，市场对环境产生正外部性，例如，无氟冰箱的兴起、世界银行对环境研究、教育及投资的加大……但市场对它们的评价却远小于它们对环境产生的益处，于是，人们生产的积极性降低，这些对环境很有好处的东西慢慢地变少。

为了对这种状况进行补救，就必须尽可能使市场产生的环境外部性最大可能地内在化，从而使企业、组织及个人生产或消费更少的对环境有负外部性的产品，提供更多的对环境有正外部性的产品。办法是将外部费用引进到价格之中。例如，可以在计算全球变暖、酸雨和空气污染的成本后，将其作为燃煤的一种税负，加入到现行的价格中去；也可以对生产无氟冰箱的企业，进行环境研究、教育的单位进行补贴。这些经济措施将激励市场中的买卖双方改变理性选择，生产或购买更接近社会最优的量，纠正外部性的效率偏差，给环境带来益处。

（四）环境生产力原理

环境生产力原理是指环境也是生产力。生产力是推动人类文明、社会进步和经济发展的根本动力，而环境正成为一种新兴的生产力。随着人们对环境质量要求的提高，环境不仅是支撑经济系统发展的物质基础，而且正成为扩大对外贸易、促进经济发展的重要因素。

目前，我国的区域经济发展已进入一个以创造良好环境为中心的新的竞争阶段。区域的竞争主要是环境的竞争。作为区域对外的"名片"，环境不仅是"引凤求凰"——吸引各种经济主体前来的生存和发展的载体，也是区域竞争力的重要体现，它所产生的环境效益、品牌效益和经济效益可以转换为促进区域发展的直接成分和重要因素。所以，就某一区域，尤其是致力于发展外向型经济的区域而言，环境是品牌，环境是效益，环境是竞争力，环境是实现可持续发展的持久动力，一言以蔽之，环境也是生产力。

三、变废为宝再利用——循环经济理论

农村各项事业迅速发展的过程中，因受传统观念和生产生活习惯的影响，加上为了尽快脱贫致富而产生的急功近利思想的作祟，伴随经济建设出现了许多破坏环境、浪费资源的生产和生活现象，而这种状况还呈现出逐步蔓延的趋势，这些现象的存在和蔓延与美丽乡村建设的基本要求是不相协调的。当前迫切需要用正确的理论和相应的技术进行必要的指导和支持，以确保农村经济科学、持续环保地发展，真正达到美丽乡村建设"让居民望得见山、看得见水、记得住乡愁"的要求，而循环经济理论和相应的技术则恰恰可以满足这一要求。

循环经济是对物质闭环流动型经济的简称，以物质、能量梯次和闭路循环使用为特征，在环境方面表现为污染低排放，甚至污染零排放。循环经济把清洁生产、资源综合利益、生态设计和可持续消费等融为一体，运用生态学规律来指导人类社会的经济活动，因此，循环经济本质上是一种生态经济，是相对于传统的线性经济而言的，旨在建立一种以物质循环流

动为特征的经济，从而实现可持续发展所要求的环境与经济双赢。

在技术层次上，循环经济倡导的是一种建立在物质不断循环利用基础上的经济发展模式，它要求把经济活动按照自然生态系统的模式，组织成一个"资源—产品—再生资源"的物质反复循环流动的过程，其特征是自然资源的低投入、高利用和废弃物的低排放，使得整个经济系统以及生产和消费过程基本上不产生或者只产生很少的废弃物。循环经济倡导的是一种与资源环境和谐共生的经济发展模式，是一个"资源—产品—再生资源"的闭环反馈式循环过程，资源在这个不断进行的循环过程中得到持久的利用，从而把经济活动对环境的影响降低到尽可能小的程度，从根本上解决长期以来困扰我们的环境与发展之间的尖锐矛盾，实现经济与环境的双赢。

循环经济以"减量化（Reduce）、再利用（Reuse）、再循环（Recycle）"为经济活动的行为准则，又称为 3R 原则。减量化原则是循环经济的第一原则，它针对的是输入端，要求用较少的原料和能源投入达到既定的生产和消费目的，在经济活动的源头就控制资源使用和减少污染排放。再利用原则属于过程性方法，要求产品和包装容器能够以初始的形式被多次重复使用，而不是用过一次就了结，以抵制当今世界一次性用品的泛滥。再循环原则是输出端方法，要求生产出来的物品在完成其使用功能后，能重新变成可以利用的资源而不是无用的垃圾，也就是把废弃物再次变成资源以减少最终处置量。

循环经济具有以下四个主要特征：

（1）循环经济可以有效消除外部不经济现象。从运行机理看，循环经济要求系统内部以互联的方式进行物质与能量的交换，以最大限度地利用那些进入系统的物质和能量，它是一种功能型经济，强调资源的循环利用。

（2）生态工业是循环经济的重要形式。循环经济主要有三个层次，即单个企业的清洁生产、企业间共生形成的生态工业园区以及产品消费后的资源再生回收。其中，生态工业是循环经济实践的重要形态。

（3）清洁生产是发展循环经济的重要手段。清洁生产在组织层次上是将环境保护延伸到生产的这个过程，通过采用清洁生产设计、环境管理体系、生态设计、生命周期评价、环境标志和环境管理会计等工具，渗透到生产、营销、财务和环保等各个领域，将环境保护与生产技术、产品和服务的全部生命周期紧密结合。

（4）环境无害化或环境优化技术是循环经济的技术载体。环境无害化或环境优化技术主要包括预防污染的减废或无废的工艺技术和产品技术，同时也包括治理污染的末端技术。主要类型包括污染治理技术、废物利用技术、清洁生产技术，这是环境无害化技术体系的核心。这些技术在经济活动中的运用，可导致物质资源在经济过程中的有效循环，对循环经济的实现与发展提供技术上的支持。

因此，可以把农村循环经济定义为：在农业生产经营、农村工业发展和农村基础设施建设过程中，在资源开发、生产活动、产品消费和废弃物处理的全过程中，通过相关技术推广、财税政策鼓励、市场机制推动、优化产业组织，使资源得到节约使用和循环利用、生态建设得以持续推进、农村环境卫生得到改善、农村自然景观得到保护、农村经济得到快速发展、农村社会人与自然的关系不断得到协调的经济发展模式。

美丽乡村建设过程中经济建设应避免走以环境污染、生态破坏、资源浪费为代价的发展道路，通过发展循环经济，保持资源的可持续利用和保护环境，解决我国经济高速增长与生态环境日益恶化的矛盾，最终实现农村经济发展和环境保护两者的共赢。

四、比较优势推先锋——区域经济理论

美丽乡村建设是与新型城镇化建设同步推进的，同时不同地区的美丽乡村建设也有着不同的模式，这就需要各地区根据其自然资源状况、人口分布状况、交通状况、教育水平、技术水平、工农业发展水平、消费水平等，因地制宜地制定合理的政策与规划，使得本区域的

经济发展达到整体最优效果。这正是区域经济学所研究的内容。

区域经济学作为研究和揭示区域与经济相互作用规律的一门学科，主要研究市场经济条件下生产力的空间分布及发展规律，探索促进特定区域而不是某一企业经济增长的途径和措施，以及如何在发挥各地区优势的基础上实现资源优化配置和提高区域整体经济效益，为政府公共决策提供理论依据和科学指导。

区域经济学中的不平衡发展理论、点轴开发理论和网络开发理论因其操作性强而被许多国家和地区所采纳。

（1）不平衡理论强调经济部门或产业的不平衡发展，认为发展中国家应集中有限的资源和资本，优先发展少数"主导部门"，尤其是"直接生产性活动"部门。

（2）点轴开发理论也认为区域经济的发展主要依靠条件较好的少数地区和少数产业带动，应通过政府的作用来集中投资等手段把少数区位条件好的地区和少数条件好的产业培育成经济增长极，然后通过增长极的极化和扩散效应，影响和带动周边地区和其他产业发展。增长极的极化效应主要表现为资金、技术、人才等生产要素向极点聚集；扩散效应主要表现为生产要素向外围转移。在发展的初级阶段，极化效应是主要的，当增长极发展到一定程度后，极化效应削弱，扩散效应加强。点轴开发理论还强调这些增长极（即点轴开发理论中的"点"）之间的"轴"即交通干线的作用，认为随着重要交通干线如铁路、公路、河流航线的建立，连接地区的人流和物流迅速增加，生产和运输成本降低，形成了有利的区位条件和投资环境。产业和人口向交通干线聚集，使交通干线连接地区成为经济增长点，沿线成为经济增长轴。在国家或区域发展过程中，大部分生产要素在"点"上集聚，并由线状基础设施联系在一起而形成"轴"。

网络开发理论是点轴开发理论的延伸。该理论认为在经济发展到一定阶段后，一个地区形成了增长极—各类中心城镇和增长轴—交通沿线，增长极和增长轴的影响范围不断扩大，在较大的区域内形成商品、资金、技术、信息、劳动力等生产要素的流动网及交通、通讯网。在此基础上，加强增长极与整个区域之间生产要素交流的广度和密度，促进地区经济一体化，特别是城乡一体化；同时，通过网络的外延，加强与区外其他区域经济网络的联系，在更大的空间范围内，将更多的生产要素进行合理配置和优化组合，促进更大区域内经济的发展。该理论适宜在经济较发达地区应用。由于该理论注重于推进城乡一体化，因此它的应用更有利于逐步缩小城乡差别，促进城乡经济协调发展。

美丽乡村建设应以不平衡发展理论、点轴开发理论和网络开发理论为指导，在突出本区域比较优势的基础上，优先发展主导产业；同时，充分利用新型城镇化和城乡一体化等政策，实现区域经济的全面协调可持续发展。

第二节　创造美丽乡村之"美"的生态环境理论

一、慎置要素调结构——景观生态学理论

景观指某地的人造或自然景色，景观生态学是研究在一个相当大的区域内，由许多不同生态系统所组成的整体（即景观）的空间结构、相互作用、协调功能及动态变化的一门生态学新分支。景观生态学所研究的内容主要包括景观结构、景观功能和景观动态等方面。农村作为一种综合的景观，是乡村地域范围内不同土地单元镶嵌而成的嵌块体，如村落、道路、农田、森林、草地、河流、农埂、水塘、湖泊等镶嵌成一个景观综合体。乡村景观既受自然环境条件的制约，又受人类经营活动和经营策略的影响，兼具经济、社会、生态和美学价值，嵌块体的大小、形状和如何配置其功能具有较大差异性。不同的景观结构决定了景观具有不同的功能，农村景观种类是否多样（景观的多样性），不同组成块体的空间排列组合（景观空间格局）和乡村地区的狭长地块，如河流、防护林带、道路对整个农村景观的美学和生态系统的影响（景观廊道效应）都会影响到农田生态系统健康、村落系统生活的便利性和农村系统综合体的美感和经济效益。

景观多样性指的是景观单元在结构和功能方面的多样性，其研究内容包括斑块多样性、类型多样性和格局多样性三个方面。

（1）斑块多样性指景观中斑块的数量、大小和斑块的形状的多样性和复杂性。斑块数量越多表明景观越破碎，系统生物的灭绝可能性越大，生态系统的功能越不稳定；斑块面积越大，物种的种类和数量也越多、生产力水平也越高，反之，则越少和越低；斑块形状对生物的扩散和动物的觅食以及物质能量的迁移具有重要影响，不同的生物对斑块边缘的宽度反应不同。

（2）类型多样性指景观中类型的丰富度和复杂度。类型多样性可增加物种多样性，也可减少物种多样性，如在农田景观中增加森林斑块，可引入一些森林生境的物种，但一定面积的地区，景观类型过于多样往往又会破坏物种的生境。

（3）景观格局多样性指景观类型空间分布的多样性及各类型之间以及斑块与斑块之间的空间关系和功能联系。景观类型的空间结构对生态过程有重要影响，它会影响区域生态系

统的水循环、大气循环、碳氮循环，从而影响整个农村生态系统的功能。如连通性好的道路网对物质和能量的传递起到促进作用，但对生物的迁移和栖息却起到消极作用。

美丽乡村建设过程中，乡村景观要素的配置，应遵循景观多样性理论，使乡村景观成为一个良性的生态系统，保证其他子系统的稳定。

典型案例

黄龙新村位于长沙市东郊 20 公里，黄花镇中心，区域面积 8.7 平方公里，21 个村民组，966 家农户，3 400 人，曾先后被授予"全国精神文明建设先进村"等荣誉称号，2006 年起被定为省、市、县三级共建的社会主义新农村示范村。按照区域整体化的生态学观点，遵循"生态环境"的设计原理，考虑本地特点与现状，黄龙新村通过科学合理规划，整治村容村貌，搞好新村整体规划，对山、水、田、林、路、电进行综合考虑、统一规划、整体布局，在村场建设中保护好现存的古树名木、古建筑及原生态的地形地貌。同时还加强基础设施建设，净化庭院、绿化村庄、硬化道路，彻底改变脏、乱、差的现象，优化村民人居环境，达到示范性乡村景观规划模式。

二、熟虑章法创祥和——人居环境科学理论

人居环境科学不同于传统的建筑学和城市规划学，考虑的是小到三家村大到城市带、不同尺度、不同层次的整个人类的聚居环境，而非单纯的建筑或城市问题。人类聚居环境泛指人类集聚或居住的生存环境，特别是指建筑、城市、风景园林等人为建成的环境，其由五大部分组成，包括自然系统、人类系统、社会系统、居住系统、支撑系统。① 自然系统，是聚居产生并发挥其功能的基础，是人类安身立命之所，侧重于人居环境有关的自然系统机制、运行原理及理论和事件分析；② 人类系统，侧重于对物质的需求和与人的生理、心理、行为等有关的机制原理、理论的分析；③ 社会系统，强调人居环境是人与人共处的居住环境，人居环境在地域和空间结构上要适应人与人的关系特点，最终的目标是促进整个社会的和谐幸福；④ 居住系统，强调住房不能仅当做是一种使用商品来看待，必须要把它看成促进社会发展的一种强有力的工具；⑤ 支撑系统，主要指人类居住区的基础设施，包括公共服务体系、交通系统以及通讯系统和物资规划等。

人居环境科学是以自然环境为基础，利用本来的自然条件，以人类居住需要为根本目的，创造一个与自然和谐统一，人与人方便、快捷、舒适地进行各种各样社会活动的人居环境，

并且该环境对人的行为产生深远影响的科学。

人居环境科学研究的范围大到全球或一个国家，小到一个城市、一个社区或村落，甚至一座建筑。人居环境科学强调系统的整体性，由自然、人类、社会、建筑和网络等要素构成一个有机和谐的系统。人居环境科学研究以正视生态的困境、提高生态意识，人居环境建设与经济发展良性互动，发展科学技术、推动经济发展和社会繁荣，关怀广大人民群众、重视社会发展整体利益，强调科学的追求与艺术的创造相结合为基本原则，构建适宜人类生活的居住环境。人居环境科学的这些原理和基本观点正与美丽乡村建设的基本思想相契合，是美丽乡村建设的重要理论依据。

典型案例

浙江省江山市大陈村始建于明永乐年间，地处浙西南山区和48省道沿线，距江山市区北部约10公里。其北部、西北和南部三面环山，东部开阔，有状如腰带之溪流环绕山谷，是上乘的"藏风、聚气"之地。村落选址于山谷之中，村落具有"形局完整、山环水绕、负阴抱阳"之传统风水格局。数百年来，大陈村自身延续着严谨的宗族聚居的聚落形式，沿山谷所限定的空间中逐步建设。村落依山就势、街巷狭长通幽、院落规整有序、村野相互交融，形成有机生长、和谐共生的村落布局形态。

然而，随着工业化、城市化发展，大陈村面临着"塌陷"的危机，历史建筑得不到有效保护，有濒临损毁之趋势；旧村落空宅率较高，土地利用率低；传统空间格局遭到破坏，地方特色风貌逐步丧失；村庄公用设施缺乏，环境质量较差。

面对这些问题，村落整治规划者以人居环境科学的基本理念为指导，采取整治为主、有机更新、控制引导、和谐发展的方针，整合村庄现状建设用地，在保护并延续村落格局和地方传统风貌的基础上，对村落内部的街巷空间、建筑、道路、水系以及村庄环境进行综合整治及适当合理的有机更新。同时还考虑到下山脱贫点和部分村民的住房需求，分析村庄原有空间机理的有机生长和村庄发展脉络，在村落的东南部坡地选址建设新区，既节约耕地，又体现"负阴抱阳"的风水理念，与原有村落共同构成了"藏风、聚气"、形制完整的风水格局。加强对新区建筑的形式、色彩、立面、材质等进行控制引导，继续保持"粉墙、坡顶、黛瓦"等徽派民居的基本元素，对马头墙形式可以在提炼要素的基础上有所简化创新，保护徽派民居建筑传统风貌，实现新区与原有村落的和谐发展。

三、精挑种质防灾害——生态系统及服务功能理论

生态系统是指在一定空间内，生物成分和非生物成分通过物质的循环和能量的流动互相作用、互相依存而构成的一个生态学功能单位，是由生产者、消费者和分解者三大功能类群，以及非生物成分所组成的一个功能系统。生态平衡是指某一生态系统的生物与环境在长期适应过程中，生物与生物、生物与环境之间建立的相对稳定结构，有其相应功能的状态。生态平衡通常表现在：生态系统物质与能量输出、输入相互间保持着平衡；生物与生物、生物与环境间在结构上保持相对稳定与协调的比例关系；食物链物质循环和能量转化保持正常运行。这三方面的平衡即为生态系统物质与能量输出、输入平衡，结构平衡与功能平衡。当生态系统达到动态平衡最稳定状态的时候，它能够自动调节并维持自己的正常功能，并能够在很大程度上克服和消除外来的干扰，保持自身的稳定性。但是，生态系统的这种自我调节功能是有一定限度的。当外来干扰因素如地震、火山喷发、火烧、人类活动的过度干扰等超过一定限度的时候，生态系统自我调节功能的本身就会受到损害，从而引起生态失调。

农业生态系统作为一种人工生态系统，其结构和功能受人类活动的影响很大，种植什么作物、养殖什么动物由人类决定，因此，人类对生态系统原理的认知和对生态系统健康的意识程度直接决定了美丽乡村的农业生态系统的良性发展。根据生态学原理，挑选抗病虫害能力强的种质，或将多种农作物间作套种使它们形成一个系统内生物自互制约的农业生态系统，可以有效提高农业的产量和降低生产成本。人为引进外来物种，如果本地自然环境十分适合其生长繁殖且没有天敌，那么，该物种就会大量繁殖，与本地种形成竞争，破坏本地生态系统的内部平衡，引起生态灾难。典型的例子是人为将外来物种带入本地导致的物种入侵灾难——哈尼梯田"小龙虾引发的灾难"和中国东南海岸带互花米草的入侵。如果懂得生态学原理，就可以避免这物种入侵等生态问题。生态系统理论是指导人类科学的建设自己美丽的家园、防止生态灾难发生的重要理论。

典型案例

山东省平邑县卞桥镇蒋家庄弘毅生态农场充分利用生态学和生物多样性原理，而非单一技术提高农业生态系统生产力，实现农业可持续发展，创建"低投入、高产出、零排放"农业。

弘毅生态农场先后完全告别了化肥、农药、农膜、除草剂、添加剂，坚持不使用转基因技术。目前，农场年养牛 103 头（其中基础母畜 11 头），养鸡 2 000 只、养鹅 1 200 只，种植有机粮食 16 亩、有机蔬菜 5 亩。弘毅生态农场的主要技术如下：

通过堆肥、深翻、人工＋生物除草、物理＋生物法防治病虫害、保墒等措施，实现粮食增产，利用生物多样性与生态平衡原理，4 年来效果十分明显，成功将低产田改造成了高产田。2010 年度夏玉米产量为 547.9 千克／亩，2011 年度冬小麦产量为 480.5 千克／亩。

在有机肥腐熟过程中，增施磷矿石、草木灰、甲壳素、腐烂秸秆、杂草、豆科灌木、自然土壤等多种物质，提高肥效，增加微生物多样性，并有利于蚯蚓等土壤动物生长。通过"杂草—家禽（鸡、鹅）—禽粪—农田"生态循环链，实现种养有机结合，即在玉米生长的小喇叭口期放养鸡，或在大喇叭口期放养鹅，玉米地的杂草被禽类控制，同时起到流动施肥、捕食害虫的功效。

通过脉冲式杀虫灯、鸭、鸡、鹅、天敌昆虫、野生鸟类、人工除草等多项病虫草害防治措施，有效控制有机农田虫害。在完全摆脱化肥、农药、除草剂、农膜污染的情况下，由于作物生长环境健康、露天种植的作物病害很轻，对产量影响非常小。

四、疏通阻塞畅运转——复合生态系统理论

1981 年，中国生态学家马世骏初次较系统地论述了社会 - 经济和自然生态系统的相互关系，并提出了"社会 - 经济 - 生态系统"一词，1984 年马世骏、王如松在《生态学报》上发表题为《社会 - 经济 - 自然复合生态系统》的文章，全面论述了"社会 - 经济 - 自然复合生态系统"的内涵。后来中国生态学家王如松，又对"社会 - 经济 - 自然复合生态系统"进行全面、系统的阐述，深入浅出地解释了自然 - 经济 - 社会三个子系统之间的关系。

自然 - 经济 - 社会复合生态系统由自然系统、经济系统和社会系统三个次一级系统组成，通俗地说，即一个机器由三个大部组成。

（1）自然子系统：它是人的生存环境，可以用水、土、气、生、矿及其间的相互关系来描述，是人类赖以生存繁衍的基础。水，主要表现为水资源、水环境、水生境、水景观和水安全、有利有弊，既能成灾也能造福；土，主要包括土壤、土地、地形、地景、区位等，提供食物纤维，支持社会经济活动，是人类的生存之本；气和能，人类活动需要利用太阳能以及太阳能转化成的化石能，由于能的驱动导致了一系列空气流动和气候变化，提供了生命生存的气候条件，也造成了各种气象灾害和环境灾害；生物，即植物、动物、微生物，特别是我们赖以生存的农作物，还有灾害性生物，比如病虫害，甚至流行病毒，与我们的生产和生活都息息相关；矿，即人类活动从地下、山里、海洋开采大量的建材、冶金、化工原料，以及对生

命活动至关重要的各种微量元素，但我们在开采、加工、使用的过程中只用了其中很少的一部分，大多数以废弃物的形式出现，产品用完了又都返回自然中造成污染，这些生态因子数量的过多或过少都会发生问题，比如水多、水少、水浑、水脏就会发生水旱灾害和环境事故。

（2）经济生态子系统：它以人类的物质能量代谢活动为主体。人类能主动地为自身生存和发展组织有目的的生产、流通、消费、还原和调控活动，人们将自然界的物质和能量变成人类所需要的产品，满足眼前和长远发展的需要，就形成了生产系统；生产规模大了就会出现交换和流通，包括金融流通、商贸物质流通以及信息和人员流通，形成流通系统；接下来是消费系统，包括物质的消费、精神的享受以及固定资产的耗费；再就是还原系统，城市和人类社会的物质总是不断地从有用的东西变成没用的东西，再还原到自然生态系统中进入生态循环，也包括我们生命的循环以及人的康复；最后是调控系统，调控有几种途径，包括政府的行政调控、市场的经济调控、自然调节以及人的行为调控。

（3）社会生态子系统：人是社会的核心，人的观念、体制和文化构成复合生态系统。① 人的认知系统包括哲学、科学、技术等；② 体制是由社会组织、法规政策等形成的；③ 文化是人在长期进化过程中形成的观念、伦理、信仰和文脉等。三足鼎立构成了社会生态子系统中的核心控制系统。

（4）自然、经济、社会三个子系统相互之间是相生相克、相辅相成的。农村亦是由农田、森林、河流等自然系统，农业经济、手工业经济、商业等经济系统，村中农民组成的社会系统组成的一个综合生态系统。美丽乡村建设的实质就是将这三个子系统联结起来，使自然系统内部的物质和能量自由畅通，经济系统有序运转和收支达到平衡，社会系统达到和平共处、相辅相成、相得益彰、良性互动的和谐状态。

典型案例

白沙村位于浙江省临安市太湖源镇最北端、太湖水系南苕溪源头，是距临安市区36公里，距杭州70公里的一个偏僻的小山村。全村面积801.93公顷，其中森林面积764.6公顷，占95.3%，森林覆盖率高达97%，耕地面积只有10.2公顷，占1.2%。全村地形以陡坡为主，平均海拔600米，平均坡度大于30°，几乎看不到平地，是典型的山区村。白沙村曾是远近闻名的贫困山村。民谣"白沙村，石头多，出门就爬坡，吃的六谷糊，住的箸竹屋"是该村贫困生活的真实写照。20世纪90年代以前，村民80%的收入来自"三木"，即木材、木柴、木炭。1987年，村民人均纯收入仅为814元，年采伐量500立方米，陷入了"山光人穷"的恶性循环。

1998年开始，白沙村以协调发展（区域PRED系统，即人口、资源、环境、经济和社会系统中诸要素的和谐、合理、使总效益最优的发展）为原则，把整个村庄的自然、经济、社会看作一个系统，利用本地自然环境的优势，招商引资，开发旅游，并通过一系列的发展措施，最终使村子的经济发展水平提高，生态环境得到改善，人民生活质量提高，人们对生活的满意度提高。白沙村的发展属于一种自然、经济、社会三个子系统协调发展的典型。

经济发展水平显著提高，人民生活质量明显改善。1998—2006年，白沙村村民人均收入从3 804元增长到9 526元，增加了1倍多。到2006年包括水电、有线电视、固定电话、手机信号、合作医疗在内的多个基础设施项目和社区服务都已建设完成。

生态环境明显改善。白沙村从20世纪90年代初开始护林种树，山林得到了休养生息。2006年白沙村的森林覆盖率达到97%，比1987年的90.4%增长了6.6个百分点。农业生产也主要转移到了非木质资源的利用上，笋干、山核桃等非木质林产品的种植面积大大增加。伴随着森林资源保护的进行，白沙村的空气和水质得到改善，山上的野生动物数量也增多了。

人们生活满意度上升。据调查，白沙村村民对生活水平、治安状况、卫生状况三个方面的满意度在84%，幸福程度的满意度达到100%。

第三节　传承美丽乡村之"魂"的多元文化理论

一、多元一体：文化的整体论与相对论

　　文化整体论与文化相对论的演化最好地诠释了文化人类学的发展进程。文化整体论强调在研究一种人类行为时，必须研究与该行为有关的其他方面的行为，多角度、多方位地研究人类文化的整体特质，更注重将文化现象作为一个有内部联系的整体加以探讨。半个世纪前，林耀华到福建玉田县黄村，面对黄村两个农人家庭的兴衰，探究了20世纪初到抗日战争时期中国乡村县、镇的农业、商业、航运、法律、教育、宗族和家族关系、婚丧礼仪、民俗节庆、宗教信仰等多方面的生活，并以小说《金翼》的形式回答了人类学的问题，描述了黄村人群的存在聚集和分离，从整体论的视角用黄村人们的生存解释了整个人类的生存。

　　文化相对论的基本论点是认为每一种文化都具有其独创性和充分的价值，因此，在比较各民族的文化时，必须抛弃以西方文化为中心的"我族文化中心主义"观念。他们认为，每个民族的文化时常会有象征该民族文化中最主要特征的"文化核心"。任何一种行为（例如信仰或风格）只能用它本身所从属的价值体系来评价，没有一个对一切社会都适用的绝对价值标准。作为一种哲学，文化相对论认为，每一种文化都会产生自己的价值体系，即是说人们的信仰和行为准则来自特定的社会环境。在文化相对论者看来，社会学和人类学用民族自我中心的偏见解释行为的理由（即以调查者自己群体的价值标准来评价其他民族的行为方式）是站不住脚的。不过，许多人都已认识到，完全中立和超然的观察也是不可能的，如现代欧美文化中的技术、中世纪欧洲的宗教统治、现代大洋洲的美拉尼西亚人中的社会威望、印度托达人的水牛、大洋洲加罗林群岛的波纳佩岛的薯蓣等。文化相对论认为，尽管各民族文化特征的表现形式有所不同，但它们的本质是共同的，其价值是相同的，即它们都能起到对内团结本民族、对外表现为一个整体的作用。大洋洲土著居民的文化在为大洋洲土著居民服务时，就像欧洲文化为欧洲人服务那样好。因此，他们也像功能学派的领导人、人类学家马利诺夫斯基一样，主张保存落后民族的固有文化，而不要用先进的文化去使他们发生变化。文化相对论对于指导乡村文化建设、保护农村原生态文化具有重要意义。

二、结构主义：文化是一种符号的构建

结构主义者对政治和社会制度长期保有兴趣，他们探讨制度背景下的行动者之间的关系，追求因果解释和普遍理论。因此，他们对案例群的研究较多，关注的核心是"关系"。结构主义范式主要有这样的特点：以制度和政治本身为研究对象，追求因果解释，追求普适性的结论；以群体为研究对象，坚持整体主义传统；采用静态研究或者比较静态研究的方法。结构主义研究在中国乡村治理中是最繁荣的领域，导致这一现象的原因有两个：① 社会学的结构功能主义对中国学界的持续影响；② 国家和社会分析框架的引入以及在国家和社会分析框架中延伸出的国家建构理论的影响。中国乡村治理在结构主义传统下的研究可以分为三类。

① 乡村治理结构本身的研究。如徐勇的《中国农村村民自治》、白钢和赵寿星的《选举与治理》等就是以乡村政治和制度为研究对象的。

② 以国家与社会为分析框架的研究。如黄宗智、舒绣文、萧凤霞、杜赞奇、弗里曼等学者对中国乡村政治的研究就使用了国家与社会分析框架，将小村庄与大国家联系起来并分析国家对村庄的影响、村庄对国家的作用和功能。国内学者运用国家与社会分析框架主要集中在 20 世纪 90 年代以后，如徐勇的《非均衡的中国政治：城市与乡村比较》、王铭铭的《村落视野中的文化与权力》、张静的《国家与社会》、于建嵘的《岳村政治》、吴毅的《村治变迁中的权威与秩序》等。③ 国家建构理论。国家建构理论又可以分为国家政权建设理论和国家整合理论，前者如杜赞奇的《文化、权力与国家》、弗里德曼的《中国东南的宗族组织》、弗里曼等学者的《中国乡村，社会主义国家》以及徐勇的《现代国家乡土社会与制度建构》、王绍光等人的《国家制度建设——第二次转型》、杨雪冬的《市场发育、社会生长和国家构建》等；后者如徐勇、黄辉祥、张兆曙、程美东、朱力、李强等对政治整合的研究。结构主义研究传统将中国乡村治理结构或模式的决定因素归结为结构，包括制度结构、政治结构、权力结构、文化结构等，陷入了"结构决定论"的泥淖，忽视行动者的主观能动性以及偶然因素的作用。结构主义范式只见群体，不见个人；只见共性，不见个性，因此，我们也必须对在结构主义范式下所做研究的不足保持足够的警惕。可以弥补解构主义不足与缺陷的是人力资本理论。美国诺贝尔经济学奖获得

者舒尔茨在《改造传统农业》的著作中，强调了人力资本开发的重要性与功能。我国也有许多学者弥补了农村人力资本研究的空白，如窦鹏辉在《中国农村青年人力资源开发的研究》中完整分析了中国乡村治理中青年人力资源开发的一系列问题，系统研究并提出了一系列的政策思路与对策措施。

三、功能主义：文化具有积极的现实意义

功能主义是 20 世纪 20 年代出现的一种人类学方法论主张。它认为认识事物的实质、本质或第一原因是不可能的，只能认识事物的现象和属性；主张排除实体概念，在相互依存构成整体的诸因素和诸事物的联系中把握对象，而对事物的现象和属性的认识在于了解其功能。结构 - 功能主义认为社会是具有一定结构或组织化手段的系统，社会的各组成部分以有序的方式相互关联，并对社会整体发挥着必要的功能。整体是以平衡的状态存在着，任何部分的变化都会趋于新的平衡。在理论上不重视行动个体，而是强调社会制度，大多数社会和文化现象都可以被认为是具有功能的，因为它们为维持整个社会结构作出了贡献。

综观人类社会发展的历史，文化既表现在对社会发展的导向作用上，又表现在对社会的规范、调控作用上，还表现在对社会的凝聚作用和社会经济发展的驱动作用上。

文化是社会变革的内燃机。任何社会形态的文化，本质上不只是对现行社会的肯定和支

持，而且包含着对现行社会的评价与批判，它不仅包含着这个社会"是什么"的价值支撑，而且也蕴含着这个社会"应如何"的价值判断。人类社会发展的历史表明，当一种旧的制度、旧的体制无法进一步运转下去的时候，文化对新的制度、新的体制建立的先导作用十分明显。蕴藏在新制度、新体制中的文化精神，一方面为批判、否定和超越旧制度、旧体制提供锐利武器，另一方面又以一种新的价值理念以及由此而建立的新的价值世界为蓝图，给人们以理想、信念的支撑。因此，人类历史上新的制度战胜旧的制度，文化起到了内燃机的作用。

文化是社会常态的调控器。如果说新的制度代替旧的制度、新的体制代替旧的体制的过程是社会处于非常状态的表现，那么，新的制度、体制建立后，社会在一定秩序中运行发展就是社会常态的表现。由于社会是人的社会，而每个人所处的环境、自身素质和精神物质需求又不尽相同，所以常态中的社会仍然会存在人与自然、人与人、人与社会等矛盾，而且还存在人自身的情感欲望和理智的矛盾。如果这些矛盾不能妥善解决，这个社会的常态就会被打破。从人类社会发展的历史看，人们解决这些矛盾常常采取多种手段，而依靠文化的力量去化解这些矛盾就是其中不可或缺的方面。这是因为，法律、理想、道德、礼俗、情操等文化因子，内含着社会主体可以"做什么"和"哪些不可以做"，应该"怎样做"和"不应该那样做"的意蕴。所以，要化解人与自然、人与人、人与社会等种种矛盾，就必须依靠文化的熏陶、教化、激励的作用，发挥先进文化的凝聚、润滑、整合作用，通过有说服力的贴近民众的方式，将真诚、正义、公正等文化因子潜移默化地植入民众的心田。只有这样，一个社会才能健康、有序、和谐和可持续发展。

文化是凝聚社会的黏合剂。文化虽然说是属于精神范畴，但它可以依附于语言和其他文化载体，形成一种社会文化环境，对生活于其中的人们产生同化作用，为他们的价值观、审美观、是非观、善恶观涂上基本相同的"底色"，也为他们认识、分析、处理问题提供大致相同的基本点，进而化作维系社会、民族生生不息的巨大力量。

文化是经济发展的助推器。文化对经济的支撑作用主要表现在：① 文化的导向赋予经济发展以价值意义，经济制度的选择、经济战略的提出、经济政策的制定，无不受到社会文化背景的影响以及决策者文化水平的制约，文化给物质生产、交换、分配、消费以思想、理论、舆论的引导，在一定程度上规定了经济发展的方向和方式；② 文化赋予经济发展以极高的组织效能，人作为文化的单元，不仅受文化熏陶，而且也依一定的原理相互感通、相互认同，从而形成社会整体，文化的这种渗透力是人的社会性的体现，它能够促进社会主体之间相互沟通，保证经济生活与社会生活在一定的组织内有序开展；③ 文化赋予经济发展以更强的竞争力，经济活动所包含的先进文化因子越厚重，其产品的文化含量以及由此带来的附加值也就越高，在市场中实现的经济价值也就越大。

四、涵化和濡化：文化的传承与相互影响

涵化是文化变迁理论中的重要概念。最早使用"涵化"一词的是美国民族学局首任局长鲍威尔，他在 1880 年写下的《印第安语言研究导论》中谈到，在百万文明人的压倒之势的情况下，涵化的力量造成土著文化巨大的变迁。到 20 世纪上半叶，涵化的概念变得越来越宽泛，是"由两个或多个自立的文化系统相连接而发生的文化变迁"，是"不同民族接触引起原有文化的变迁，涵化研究是研究不同民族的接触而产生的文化变迁过程及其结果"。

尽管"涵化"可被用以描述任何一个文化接触与变迁的例子，但这个词最常用以指称西方化——西方扩张对原住民人群及其文化的影响。因此，涵化可能是自愿的，也可能是被迫的，而且人们对整个过程可能有相当程度的反抗，通常表现为接触、毁灭、宰制、抗拒、存续、适应与改变等状态。顺此逻辑，尽管当下全球化、现代化对地方文化或民族文化的接触与侵蚀并没有伴随"殖民化"这一过程，但事实上，基于前者的高科技含量及其在改造世界方面的强势，地方性面对全球化所做出的文化反应，仍透出"殖民主义"的影子，故这一过程同样适用于"文化涵化"的理论分析。不过也要看到，"保护人类文化的多样性"、"传承乡土文化"等新的文化理念已成为人类的共识，与殖民时代"掠夺般的涵化"不同，现时代的涵化是民族文化与外来文化在相对平等条件下的文化反应，实质上是乡土文化的"自觉"建构、"吐故纳新"的过程，结果形成了乡村文化的传播与扩展、传承与创新。

濡化是发生在同一文化内部的纵向的传播过程，表示在特定文化中个体或群体继承和延续传统的过程，即文化的习得与传承，是文化保护的最为有效的途径。当然，群体内要继承的文化因素很多，如语言、制度、习俗等，有些可以通过日常生活中的潜移默化来完成，有些则要借助专门化的教育途径。

但在全球化、现代化和城市化浪潮的强势冲击之下，原有的传承体系被打破，新的尚未形成，乡土文化越来越显得后继乏人。基于此，从联合国到每个国家、从政府到民间都纷纷行动起来，出台了一系列保护、传承乡土文化的措施和制度，并努力将其付诸实施。在这一过程中，当地人也顺时而上，以开放的心态，既"温故"又"知新"，实现乡土文化的"自觉"创新。新的乡土文化融传统与现代于一体，有着广泛和较强的传播力，不仅赢得了一定的市场和经济利益，而且吸引了社会的关注，如人们常常在乡村旅游点中所看到的文化事象，对于当地人来说以前只是他们自己司空见惯的常有的行为，但现在则成为"文化"，可以吸引外来者来参观、体验、消费。这反过来促使当地人充分认识到了本地文化的价值，使他们能够自觉地参与到文化的保护与传承行动中。

第四节　维系美丽乡村之"情"的和谐社会理论

一、礼俗社会：乡村人际关系的变迁

社会犹如一个机器，每个人相当于一个零件，这些零部件按照一定的规则组装起来，形成一个正常运转的机器。随着零部件的不断改进，这种联结关系也必然要发生变化。关于这种维持社会大机器正常运转的联结关系，社会学家将其分为不同类型，最经典的分类莫过于中国著名的社会学家费孝通先生从维持社会秩序的角度上把社会分成两个类别，即礼俗社会和法理社会。礼俗社会通常也被称为"人治社会"，费孝通先生认为"人治"易误解，故将其称为"礼治"，礼治社会是以礼俗作为维持社会秩序的一种方式。法理社会即通常说的"法治"，即社会上人和人的关系是根据法律来维持的一种治世方式。

礼是社会公认的行为规范。合于礼的就是说这些行为是做得对的，对是合适的意思。如果单从行为规范这一点来说，和法律无异，法律也是一种行为规范。礼和法不相同的地方是维持规范的力量：法律是靠国家的权力来推行的，"国家"是指政治的权力，在现代国家没有形成前，部落也是政治权力；礼却不需要这种有形的权力机构来维持，维持礼这种规范的是传统。

传统是社会所累积的经验。行为规范的目的是配合人们的行为以完成社会的任务，社会的任务是满足社会中各份子的生活需要。人们要满足需要必须相互合作，并且采取有效技术向环境获取资源。这套方法并不是由每个人自行设计或临时聚集了若干人加以规划的。人们有学习的能力，上一代所试验出来有效的结果可以教给下一代，这样一代一代地累积出一套帮助人们生活的方法。前人所用来解决生活问题的方案，尽可抄袭来作自己生活的指南。越是经过前代生活中证明有效的，也越值得保守。这种传统就是一种文化，任何时期、任何地点都有传统，只不过是传统在不同的环境下作用和效力不同。在人口很少流动的农业社会中，传统的重要性比现代社会要大很多。

礼治的可能必须以传统可以有效地应付生活问题为前提。乡土社会满足了这个前提，因为它的秩序可以以礼来维持。在一个变迁很快的社会中，传统的效力是无法保证的。尽管一种生活的方法在过去十分有效，如果环境一旦改变，老办法便难以应付新的问题。应付问题如果要由团体合作的时候，就需要一个大家都接受的办法，保证大家在规定的办法下合作应付共同的问题，就得有个力量来控制每个人了。这其实就是法律，也就是所谓的"法治"。法治和礼治是发生在两种不同的社会情态中。礼是传统，是整个社会历史在维持这种秩序。礼治社会并不能在变迁很快的时代中出现的，这是农业文明时期乡土社会的特色。

农村城镇化不断推进，人口在城乡之间反复地流动，使传统的中国农村在发生急剧的变化，传统的礼俗社会在减弱，用法律来维护社会秩序的时代已经来临，由于礼俗维持农村社会秩序根深蒂固，尽管农民的法治意识在不断增强，但农村的乡土礼俗在农村社会关系的维系中仍起重要的作用。礼和法成为美丽乡村"软件"建设的重要内容。

二、社会分层：流动与社会结构的重塑

社会分层是指社会成员、社会群体因社会资源占有不同而产生的层化或差异现象，尤其是指建立在法律规范基础上的制度化的社会差异体系。社会分层研究在社会学领域占据着极为重要的地位，其中最有影响力的社会分层研究是马克思主义传统和韦伯主义传统，它们对社会分层研究具有奠基性贡献。马克思从阶级对立的角度出发，将整个社会成员分为两大类，统治阶级（剥削阶级）——资产阶级与被统治阶级（被剥削阶级）——无产阶级，阐释了最基本的社会地位和社会不平等形式。韦伯从多角度思考开创了社会分层研究的多元分层观，他主张从经济标准、政治标准和社会标准三项标准综合起来进行社会分层，主要讨论共同体内部的权力分配，区分了三种共同体形式，即阶级、身份群体和政党。

"二战"以后，西方社会学中对社会分层的研究主要表现为对职业声望的测量。此外，西方马克思主义者认为，现代资本主义社会的阶级结构呈现出多元化趋势，出现了一个庞大的中间阶级，即所谓的管理者阶层。这个阶层没有资本，以从事脑力劳动为生，在社会发展中日益发挥着举足轻重的作用。他们研究的趣旨在于这个阶层的定义和归属问题。

社会分层关注的核心问题是社会资源及其分配规则，社会分层实际上代表了一种社会不平等。人类社会自古以来都存在着分层现象。社会分层是社会不平等的具体体现，社会分层理论家研究的重要内容是通过何种方法来表征社会群体的收入差距和社会的不公平程度，然后制定一系列措施减少社会的不平等，使得人类社会更加平等和公正。

改革开放以后，随着政治、经济和其他相关政策的调整，中国社会分层结构发生了很大的变化。户籍身份限制的突破、单位性质的多样化、档案身份的不断改变、后天努力改变身份的渠道增多等，使从以"社会身份指标"来区分社会地位向以"非身份指标"来区分社会

地位的方向转化；从计划经济时期的社会分层以政治分层转向了以经济分层；贫富差距的拉大使社会分层发生了新的变化，出现了明显的"社会断裂"，如城乡结构的断裂、生产与消费之间的断裂、文化的断裂、贫富分层断裂等。社会阶层出现分化，新阶层开始出现，改革开放以前中国阶级阶层的特征是"整体型社会聚合体"，主要是四个大的"社会聚合体"：农民、工人、干部和知识分子。改革开放以后，随着体制改革和城市化，中国工人阶层已分化为三类——城市工人、农村工人和城市农民工；知识分子阶层地位发生变化；出现了个体户、私人企业主和受聘于外资、外企的管理技术人员等。中国社会阶层的多层次化，使收入分配制度和社会管理更加困难，也要求中国政府在制定相关制度和发展政策等方面更加精细化。

　　社会分层是发展过程中社会群体收入分化的重要表现，是社会分层理论是对社会不平衡发展的抽象概括，社会分层理论可阐释社会不同阶层的特点，对国家和地方经济发展战略的制定、收入分配和调节政策的制定有着重要的指导意义。社会分层理论可以指导美丽乡村的社会文化事业建设，如对不同社会阶层的人群给予不同的就业机会和创业扶持政策；指导产业发展战略制定和保障制度建设，如对低收入水平的家庭给予技能培训，对贫困户子女就学给予资金支持等；社会分层是美丽乡村建设的重要理论指导。

三、后工业化：突破乡村"内卷化"的桎梏

农业内卷化是美国人类文化学家利福德·格尔茨在他的著作《农业的内卷化：印度尼西亚生态变迁的过程》一书中借用美国人类学家戈登威泽描述一类文化模式时用"内卷化"来描述爪哇岛农业而首次提出的新词"农业内卷化"。农业的内卷化是指一定面积的农业种植，由于能够稳定地维持边际劳动生产率，即更多劳动力的投入也并不导致明显

> 爪哇人自己不可能转变成为资本经济的一部分，也不可能把已经普遍存在的集约化农业，转变为外延性的农业。因为他们缺乏资本，没有能力剥离多余的劳动力，外加行政性的障碍，使他们不能跨越他们的边界（因为其余的土地上种满了咖啡树）。就这样，慢慢地、稳定地、无情地形成了 1920 年 Sawash 的劳动力填充型 (labor-stuffed) 的农业模式：无数的劳动力集中在有限的水稻生产中，特别是在因甘蔗种植业而改善了灌溉条件、单位面积产量有所提高的地区。1900 年以后，即使旱作农业有所发展，人们的生活水平也只有非常小的提高。水稻种植，由于能够稳定地维持边际劳动生产率，即更多劳动力的投入并不导致明显的人均收入的下降，至少是间接地吸收了西方人进入以后所产生的几乎所有多余人口。

的人均收入的下降，是一个自我发展、自我战胜的过程。农业内卷化实际上是农村自我发展和提高的过程，通过自我发展使农村具有更高的承载力，容纳更多的人口。

中国传统农业实质上是典型的内卷化农业，由于交通信息技术落后，农民世世代代生活在一片土地上，年复一年地经营属于自己的有限土地，通过不断改进种植技术、改善田间管理、培育优良品种、精耕细作来提高农田单位面积产量，以养活不断增多的人口。工业化以前的农业内卷化现象是与当时的社会生产力相适应的，长期稳定地生活在一个地方，劳动人民创造出了一整套与环境相适应的耕作技术和社会文化。然而，工业革命以后，尤其是交通通信技术的发展和农业现代化以后，开放状态的农村农业环境条件下，农村、农业和农民面临更大范围的各种竞争，传统的内卷化农业和农村发展模式已不能适应工业化时代的发展要求，突破乡村内卷化的桎梏，克服保守、故步自封的思想，是打破美丽乡村建设瓶颈的关键所在。

在城市化过程中，流向城市的农村人口也表现出一系列的"内卷化"现象。① 社会交往的"内卷化"，农民工交往的对象多为同亲身份的人群，如同乡及从其他地区来的农村务工

人员，与城市居民的交往一般只涉及业缘关系，而没有情感上的交流，这就形成了一个隔离。② 社会流动的"内卷化"，农民工垂直流动的机会很小，往往局限于其所在阶层的各类职业之间的水平流动。怀着对城市生活的向往的农民工，向往和羡慕城里人的行为方式和生活方式而进城，希望过上与城市人一样的生活，然而城里人根深蒂固的偏见和歧视使农民工在城市缺乏归属感。新生代农民工除在城市缺乏归属感，对自己的故乡也缺乏浓郁的依恋情结，而不愿在农村发展，导致农村的劳动力出现断层而形成农村发展陷阱。逃离新形式的城镇化过程中的农村内卷化，是城市和农村良性发展的重要环节。

典型案例

　　哈尔滨市香坊区朝阳镇前进村地处哈市南郊，位于京哈公路零公里和哈平路五公里之间，全村总面积 2 050 亩，其中耕地面积 980 亩，工业用地 450 亩，宅基地面积 620 亩。全村总人口 1580 人，其中农业人口 1053 人，总户数 580 户，其中农业人口 420 户。

　　该村利用城乡结合部的有利位置，结合本村实际，坚持走自己的路，确立了以工业园区建设为突破口、稳定种植业、开发畜牧业为主的多种经营和第三产业、大力发展立村企业、不断壮大集体经济实力的发展思路，使全村的经济及社会事业全面发展。2010 年，全村社会总产值 8.1 亿元，其中，工业产值 7.95 亿元，工业利润 859 万元，人均收入 8 120 元，全村现有固定资产 2 400 万元。

　　为了加强农民的收入，壮大集体经济，前进村努力调整产业结构转变发展观念，集中自身优势，在种植、养殖、商业、服务业、运输业等方面发挥各自特长，着眼于集体经济发展，凭借紧靠市区的优越地理位置加大投入、加快步伐，加强基础设施建设，加强服务，加大投入，为创建文明村奠定稳定的物质基础。为了给村办企业创造良好的发展环境，共规划了 30 万平方米乡镇企业工业发展用地，先后投资近千万元用于村企的基础设施建设，村工业园区建有厂房 85 000 平方米，园区内修水泥、油漆路 15 000 平方米，安装动力电源 6 850 千瓦，安装上下水管线 3 000 米，打电井 6 眼，安装国内直拨电话 500 多部。

第四章

战略构想：
美丽乡村建设的蓝图

建设美丽乡村，是适应城乡发展一体化新形势和广大农民过上美好生活的新期待，以促进现代农业发展、人居环境改善、生态文化传承、文明新风培育为目标，从全面、协调、可持续发展的角度，通过各级政府的努力，建设一大批天蓝、地绿、水净，安居、乐业、增收的"美丽乡村"，形成一大批风景优美、独具特色的山水田园，让人民群众看得见山、望得见水、记得住乡愁，促进农业生产方式、农民生活方式与农村发展方式相互协调，加快我国农村生态文明建设进程，推动形成人与自然和谐发展的新格局。

按照农业部的统一部署与要求，建设美丽乡村要坚持以下原则。一是坚持政府推动、农民主体。积极发挥地方政府在美丽乡村建设中的作用，通过制度建设和政策支持，营造美丽乡村建设的良好氛围。发挥农民的主体作用，尊重农民群众的首创精神，激发农民群众建设美丽家园的积极性和主动性，保障农民群众的民主权利。发挥市场机制的作用，建立健全城乡要素平等交换机制，引导资金、技术、管理、人才向农村聚集。二是坚持规划先行、制度保障。立足农村经济社会发展实际，依托自然地理条件，适应资源禀赋和民俗文化差异，突出地域特色，因地制宜，因势利导，科学编制美丽乡村建设试点规划，形成形式多样、模式多元的建设格局。加强制度建设，从资金、项目、人才、技术等多个方面，构建美丽乡村建设的政策保障体系。三是坚持生态优先、产业带动。注重生态文明，大力发展节水、节地、节肥、节药技术，建立健全农业资源保护政策和农业生态补偿机制，促进农业环境和生态改善。依托资源优势，发展区域主导产业，带动相关产业发展和农民增收致富。四是坚持示范引领、全面推进。在不同区位、不同产业、不同民族之间总结、宣传、推介一批美丽乡村建设的典型，形成可学、可看、可推广的样板区。加强对不同模式的总结，发挥以点带面的作用，在条件成熟的地区以县为单位整体推进。

建设美丽乡村是一个系统工程，涉及农业农村的方方面面。当前，应从生产发展、生活富裕、生态良好、民生保障、文化繁荣"五位一体"的思路，为乡村可持续发展筑牢根基。我们相信，不久的将来，乡村将向我们展现一幅集持续的产业发展、舒适的生活条件、良好的生态环境、和谐的社会民生、繁荣的乡村文化于一体的美丽画卷。

第一节　持续的产业发展

产业发展是美丽乡村建设的基础，也是美丽乡村建设的题中应有之义。"仓廪足而知礼仪，衣食足而知荣辱。"贫穷落后不是美丽乡村，没有相关的产业支撑，美丽乡村就成了无源之水、无本之木。然而，这里强调的产业发展，并不仅仅指经济总量，更加注重经济发展的质量和结构，强调内涵式、集约型、可持续的产业发展方式。具体来讲，持续的产业发展应包括以下四种要素。

一、产业结构合理

（一）发展和培育主导产业

建设美丽乡村，必须依托主导产业来进行。要结合当地产业发展特点，在现代农业、农产品加工、休闲旅游、生产性服务业、制造业等产业中培育出地区主导产业。我国地域辽阔，不同地区经济发展水平差距较大，资源要素状况也都不一样。因此，选取主导产业要立足于当地的资源禀赋和区位优势。一般来说，在传统农区，应主要发展现代农业和农产品加工、销售等产业，注重开发新奇、优势、特色的农产品；在自然资源比较丰富的地区，应主要发展资源的保护性开发和利用，发展相关的生产性服务业，提升附加值；在城市郊区，应主要发展生活性服务业和休闲观光农业，拓展农业在传承农耕文明、保护生态环境、农事体验娱乐等方面的功能。"一村一品"的成功经验表明，建设美丽乡村，一个村至少要有 1～2 个主导产业，能够为当地经济发展和农民增收提供有效的产业支撑。

（二）延长农业产业链条

从当前和今后一个时期看，农业仍是农村发展中最重要的产业，而延长产业链条、发展农业产业化经营是提高农产品附加值和促进农民增收的关键。产业化经营的关键是要有"龙头"的带动，让农民共享产业化增值收益。"龙头"的形式是多种多样的，既可以是农产品加工流通企业或科技服务公司，也可以是农民合作社、专业大户和家庭农场，还可以是农村集体经济。通过龙头企业与农户建立产销协议和利益联结关系，形成利益共享、风险共担的利益共同体，发展农产品加工和产后流通，进而形成从生产、贮运、加工到流通的产业链条。从农村区域看，通过产业链的延伸，形成上下游协作配套的产业集群，能够提高产业的辐射带动能力和市场竞争能力，还将逐步带动餐饮、住宿、日用百货等各种服务业的发展以及小城镇的建设。我们认为，建设美丽乡村，必须要依靠龙头企业、农民专业合作社等新型农业经营主体，辐射带动当地农户，初步形成农业产业化集群。

（三）领先经济社会发展水平

美丽乡村要在区域内具有引领作用、示范效果和扩散效应，就要求其经济社会发展水平应在本地区内处于领先地位，能为周边地区的发展提供典型示范。我们认为，建设美丽乡村，当地经济和社会发展水平较高，产业定位符合资源节约、环境友好、科技驱动的发展方向，较好体现人文、科技、绿色特征，生产、生活、生态功能得到充分拓展，第一、第二、第三产业相互融合；第二、第三产业产值的比重要明显高于本县域内和条件类似地区的水平；农民就业比较充分，农民收入比较靠前，当地农民从主导产业中获得的收入占总收入的80%以上，农民人均纯收入超过本县当年农民人均纯收入的10%以上。

二、生产方式创新

（一）生产技术现代化

这里说的现代化，并不是片面地强调使用最先进的生产技术，而是要注重生产技术与当地的地理条件、产业特点相符合，在农业生产经营管理中采用先进适用的技术、装备和投入。比如，在大田作物上，要更多地注重使用良种、环保农药和肥料以及适用机械设备；在体验农业上，要更多地注重传统农艺与现代投入品的结合，既做到传统农耕文明的传承，又能实现经济效益；在生态农业上，要减少化学投入品的使用，增加有机肥料和农药的使用，加强农业生产废弃物的综合利用，发展循环经济，注重生态环境保护。此外，还要引进和采用现代的组织管理制度，提高农业生产信息化水平，增强生产经营决策能力和管理水平。我们认为，建设美丽乡村，在适宜机械化操作的地区机械化综合作业率达到90%以上，良种使用率达到90%以上，农业和畜牧业生产环保达标率为100%。

（二）生产经营集约化

长期以来，农业经营规模小、投入不足是制约现代农业发展的关键因素，导致农业粗放经营，发展水平较低。要改变细碎化的发展方式，积极引导土地向专业大户、家庭农场、农民合作社以及农业企业等新型农业经营主体流转，开展多种形式的适度规模经营，提高土地使用效率和劳动生产效率；改变粗放式的经营方式，在单位面积上集中投入生产要素，使生产要素投入达到合理配置水平，促进当地农业增产和农民增收。我们认为，建设美丽乡村，土地流转比率应达到 30% 以上，土地规模经营的比重要高于当地的平均水平；现代农业发展状况良好，农产品单产水平和经营效益高于同类地区的发展水平；专业大户、家庭农场、农民专业合作社等新型农业经营主体应成为商品化农产品的重要供给主体，生产的农产品占全部农产品的 1/3 以上。

（三）生产过程标准化

标准化生产是保障农产品质量安全的重要前提，也是提高农产品品质和效益的重要途径。要在农产品生产、加工和销售中，按照严格的标准进行产业经营和科学管理，使现代农业生产、加工和销售规范化、系统化和程序化，提高农产品质量和竞争力。按照"增产增效并重、良种良法配套、农机农艺结合、生产生态协调"的要求，稳步推进农业技术集成化、劳动过程机械化、生产经营信息化，实现农业基础设施配套完善，标准化生产技术广泛推广。我们认为，建设美丽乡村，标准化基地面积要占全部基地面积的 80% 以上，标准化技术普及率达到 90% 以上，开展无公害农产品、绿色食品、有机食品和地理标志农产品等质量安全认证的产品有 2 个以上，产品无公害率达 100%，没有发生过农产品质量安全事件。

三、资源利用高效

（一）注重资源节约利用和高效利用

这是通过提高外部资源投入的使用效率或质量，促进农业生产中投入物的绝对或相对减少，实现节地、节水、节肥、节药、节电、节油。在集约高效利用土地方面，通过加强标准农田的建设、土地整理和中低产田改造，改革和创新传统农作制度，提高土地利用率；在发展节水型农业方面，通过加强农田水利基础建设，完善农田沟渠排灌系统，推广喷灌、滴灌等农业节水灌溉技术，有效节约水资源；在提高农业投入品利用效率方面，推广测土配方施肥，推广高效、低毒、低残留农药，科学使用良种，推广使用可降解农膜和加强农膜回收，促进肥料、农药、种子和农膜的节约高效利用；在发展节能型农业上，推广应用节能增效农机设备、技术，扩大太阳能在农村生活中的应用，集约、节约使用能源。我们认为，建设美丽乡村，土地产出率、水资源利用率、农药化肥利用率和农膜回收率要高于本县域平均水平，建成农业资源节约利用和高效利用的样板区域。

（二）注重资源循环利用和综合利用

这是指在农业生产中通过中间农业生产系统的改造，采取高效循环运作模式提高农业内部的生产效率，从而实现单位产出所依赖的投入物的减少。资源循环利用和综合利用，重点是加强各类农、林、水产品及其初加工后的副产品及有机废弃物进行系列开发、反复加工、深加工，对农作物秸秆、养殖业废弃物和农产品加工业边角料的再利用；推广"猪—沼—作物"以及生物发电等生态模式，将农业废弃物吃干榨净、变废为宝，促进种养业和加工业废弃物的减量化、无害化处理和资源化，提高资源利用效率和改善生态环境。我们认为，建设美丽乡村，当地资源综合利用率较高，秸秆综合利用率达到95%以上，农业投入品包装回收率达到95%以上，人畜粪便处理利用率达到95%以上，病死畜禽无害化处理率达到100%，没有发生秸秆焚烧以及畜禽废弃物直接排放等面源污染事件。

四、经营服务到位

（一）农业社会化服务体系比较健全

覆盖全程、综合配套、便捷高效的农业社会化服务体系是建设现代农业的有效支撑，这既要求公共服务机构在公益性领域有效发挥职能作用，又要求积极培育经营性服务组织发展，发挥市场在资源配置中的决定性作用。一般地讲，公共服务机构要在新品种和新技术示范推广、农作物统防统治、区域疫病防控、产品质量监管等具有较强公益性、外部性、基础性的领域发挥核心作用，同时，要鼓励和引导农资经销企业、农机服务队、农技服务公司、龙头企业、专业合作社等经营性服务组织发展，发挥它们在农资供应、农机作业、产品收购、技术指导等方面的骨干作用。我们认为，建设美丽乡村，当地农业社会化服务覆盖全体农户，有三家以上的社会化服务组织，能够为农业生产提供专业化、便利化、系列化的服务。

（二）各类生产性服务业快速发展

产业的发展，不仅要求农业社会化服务要跟上，还应为农村中小企业以及农民创业提供比较便利的技术研发、仓储物流、市场营销、土地流转、信息、金融、会计、法律等生产性服务。我们认为，建设美丽乡村，当地政府应积极搭建技术研发推广平台、产品营销平台、土地流转平台，具有完善的农村金融服务体系，提供适合农村产业发展的金融产品，农村信用体系比较健全，贷款担保抵押机制比较灵活，村级能享受便利的金融服务，农民贷款可得率较高，咨询、审计、会计、法律等专业服务队伍比较完善，农村产业发展具有良好的外部环境。

第二节　舒适的生活条件

建设美丽乡村，归根结底是让农民过上比较富足、舒适、体面的生活，这也是美丽乡村建设的出发点和落脚点。实现这一目标，离不开收入水平的提高、生活环境的改善以及成熟配套的综合服务。

一、经济收入多元

中国要富，农民必须富。发挥农民群众的主体作用，尊重农民群众意志，着力解决群众最关心、最直接、最现实的利益问题，引导他们自觉参与到美丽乡村建设工作中。农民经济宽裕，积极性调动起来，才能放大美丽乡村建设的实际效应。党的十八届三中全会《中共中央关于全面深化改革若干重大问题的决定》中提到，"赋予农民更多财产权利"，让农民对未来的好日子有更多期待。建设"美丽乡村"就是要千方百计地增加农民收入，就是要打造生态家园，彰显农耕文化，展示乡土风情，推进城乡融合，大力发展乡村休闲旅游业，增加农民增收的重要渠道。农民增收的途径主要集中在以下四个方面：

一是家庭经营收入。当地农业生产水平较高，市场前景广阔，农业经营规模化、集约式、标准化发展情况较好，农民务农收入稳步提高；能依托资源禀赋和区位优势，发展特色种养殖和商品化生产，积极调整农业产业结构，建设"一村一品"和"一镇一业"，形成一大批专业镇、专业村和专业户；打造区域农产品优势品牌，形成一批社会认知度和美誉度都比较高的优势农产品；改良种养品种，增加农产品科技含量，农产品附加值较高；农民家庭经营收入高于县域平均水平，改善生产、生活的愿望强烈且具备一定的投入能力。

二是工资性收入。通过组织开展农村劳动力职业教育和技能培训，围绕社会需求有针对性地提高农民人力资本水平，让农民具有较高的知识水平和技术水平，实现较高的工资性收入，接受培训的农村劳动力占劳动力总量的 70% 以上，农民就业创业的能力较强；引导农民外出就业和在本地就业或创业，为农民提供就业指导和服务，为农民创业提高良好的政策环境，工资性收入在农民人均纯收入中的比重达 60% 以上；发展规模农业、农产品加工业、休闲农业、观光旅游业等本地特色优势产业，为本地农民提供运输、经纪、导游、餐饮服务、住宿服务等更多就业岗位，吸收劳动力留在当地就近工作，基本实现农村劳动力充分就业。

三是财产性收入。农村集体经济实力较强，发育良好，具有比较稳定的物业收入和其他收入；农村集体资产产权股份化改造基本完成，农民成为农村集体经济组织的股东，享有对集体资产股份占有、收益、有偿退出及抵押、担保、继承的权利，能从集体经济收益中得到比较稳定的红利收入，使农民拥有更多的财产权利；农村产权流转市场比较完善，农村土地承包经营权、集体经济股权、农民住房财产权流转交易顺畅、规范，能够激活农村沉睡的资产，让资产变成资本，进而提高农民的财产性收入；增加农民在土地征用后的增值收益分配比例，提高失地农民的生活水平和社会保障水平，让农民共享工业化、城镇化的成果；农民可以方便、安全地享受到金融机构的理财服务，让农民的资金保值增值。

四是转移性收入。各级财政特别是地方财政支农力度较大，农民获得的直接补贴较多，农村医疗保险、养老保险水平较高，村级成为财政资金项目的重要承担主体，能够充分体现工业反哺农业、城市支持农村的城乡发展一体化目标，城乡收入差距控制在 2.5:1 以内。

二、生活质量较高

巷道纵横错落有致，房前屋后干净整洁，绿树成荫河水清澈……这就是美丽乡村居民居住环境的美好愿景。建设美丽乡村，改善农村人居条件，主要应该实现建设规划、供排水系统和清洁工程三方面的完善。

（一）有科学合理的人居环境建设规划

关注并帮助解决农民最关心的问题、考虑农村特色的长远发展是农村进行科学合理的建设规划必须要考虑的课题。政府要在尊重农民意愿的前提下积极搞好科学的发展规划，着眼于改善农民居住环境，在充分考虑如何有效利用有限的土地资源，立足于已有的设施、房屋和自然资源条件的基础上，以政府帮助和农民自主参与相结合的形式，对公共设施进行分批、分期、有序地进行整治及改造，充分考虑农民的实际情况，不增加农民的任何负担，大力提高农村生活条件和水平。另外，要开发适合农村情况的住宅节能技术以及建材生产技术，着力改变农村居住条件。在新农村住房建设方面要结合整个农村地区的经济发展水平和自然地理环境，进行科学合理的规划。

一是根据不同区位、地貌和规模进行改造。农村地区的布局优化可以通过建设中心村、迁并自然村、消除空心村等方式方法进行分类改造，并依托旧村整治，对用地结构进行优化、调整，同时对村庄道路、商业、文教、医疗等公共设施建设用地进行合理布局。

二是基础设施的建设要同住宅建设结合。基础设施建设要和居住环境一起进行整体布局、综合配套，这就要求我们对农村住宅设计、规划加强指导；在建设规划中，要把严格控制农户住房占地和控制庭院用地界线结合起来，要把非农建设用地审批指标纳入土地利用审批程序中来，严格执行《土地管理法》中"村民一户只能拥有一个宅基地"的规定，并对农村宅基地的面积进行严格限制。对废弃的宅基地进行复垦还耕，避免造成土地资源的浪费，以此来提高村庄土地利用率。当然，以上的规划行为都要让村民了解批准规划是具有法律效力的，依法制止违反规划的行为、乱建乱拆的行为，以法律为准绳，以事实为依据坚持改善农民居住环境。

（二）有先进的供、排水系统

在广大的农村地区，水源污染一般来自农家的臭水沟、废水沟，解决农民饮用水问题，切实提高农民饮用水安全已迫在眉睫，而这个问题的关键在于统一的供水、排水系统的建立。但是在我国众多农村地区，村里都是使用小水沟排除废水的，根本没有相关的排水管道，普遍存在无完善的下水系统，甚至是根本无下水系统，图方便的村民们也早已习惯于将废水、废物倒入水沟里。而这些生产生活废水未经过处理大都直接排入附近水系，村民往往不会考虑到随意倾倒污水的做法对人体健康的危害，也没有考虑到这种行为对农村的人居环境和自然环境的不利影响。污水处理问题的解决首先应遵循的原则就是生态化和资源化，建立统一的给、排水系统是解决污水污染的较好办法，在相对落后的农村，建立自来水供水系统和排水通道时，政府应该加大补贴支持，并进行统一规划。

一是采用分流或合流的排放体制。经济条件较好的地区以及新建农村，污水可以依据污染程度不同采用分流排放的方式进行处理，其中的废水可作为污水资源化的对象，经过处理后排入大自然；在经济条件较差的地区可以通过合流排放的方式进行。

二是集中或分散式污水处理。各地要根据具体情况，因地制宜。以城乡污水一体化为目标，可以将城郊农村的污水收集到城镇进行统一集中处理。村庄集中、经济条件好的地区也可以通过铺设管道来集中处理；而村庄分散、山区农村以及经济条件较差的地区，则可分散收集、分散处理。

三是采用形式多样的污水处理方法。自行处理一般采用家庭生活污水净化器，与沼气工程结合，实现污水应用于沼气而资源化的目的。在地表水系较丰富的地区，可采用化粪池—人工湿地的方法，每户修建简易化粪池或沼气形式的化粪池。这不仅保证了饮用水的安全，也可以把供、排水系统进行分离，这对农村污水管理是非常有利的。

四是建设农村安全饮用水工程。对于饮水工程建设方式，应考虑各地区的水源、村庄分布、经济条件等具体情况。经济条件好、分布集中的村庄尽量发展集中供水工程，有适宜地表水源的地区可采用地表水作为水源，其他地区可以采用地下水源。水质达到生活饮用水标准才能作为生活用水；经济条件较差、分布分散、水质良好的村庄可以打筒井，通过压井或水泵达到取水的目的。周边确实没有好水源的村庄，不管采用何种供水工程，各用户均应采取家用净化处理设备。

（三）保持清洁的农村环境卫生

一是发展农村循环经济，进行清洁工程建设。农村垃圾的综合治理需要以清洁、沼气能源等项目工程为依托，对农村生产生活污水的处理可以通过沼气技术的利用进行分散或集中的处理，也可通过太阳能热水器的安装加强能源的利用。沼气池净化技术可以对生活污水和垃圾进行分解，并且沼气等清洁能源可以广泛用于农民做饭、烧热水等生活活动中。要始终坚持执行垃圾的转化利用，使农村粪便、腐烂果蔬、剩饭剩菜等得到妥善处理，并转化成可利用的能源。对无法回收处理的固形物则可在建筑道路时充当材料进行铺垫与填埋处理。通过以上的措施最大限度地回收可利用资源，尽量提高农民的生活质量，对农村生活环境实行有力的保护和改善。

二是垃圾综合处理，加强卫生管理。根据农村地区自身的经济实力，在借鉴城市垃圾分类处理办法的基础上，在农村采取物业管理结合有偿包干的方式，最终促进农村生态环境保护向多样化发展。治理垃圾可以通过成立义务保洁队以及房前房后"三包"卫生等形式进行，即要求农民做好包卫生（无垃圾污物、无果皮纸屑）、包秩序（无乱搭乱建、无乱设摊点、无乱停车辆、无乱堆杂物）、包绿化（门前绿化、保证花木不受损害）三个方面。在三包的同时对卫生管理情况进行定期检查和及时公布，通过延伸城市垃圾处理网络对农村的影响，着力改善城乡共用的垃圾分类体系、垃圾处理体系以及可回收资源回收体系，以此来提高农村垃圾有效的清运率、收集率和处理率。

三、居住环境优良

一是人居环境清新自然。农民居住小区的生态绿化设计符合人们远观、近赏并能融入到"绿"的氛围中，能体验"绿"的清、静、凉爽、舒适的感受；小区与周边生态环境和谐共荣，自然生态植被作用于小区避暑微环境；公共建筑及居住建筑设施配套完善，建筑风格简洁大方，体现地方及民族特色；传统风貌区、历史街区得到有效保护，新建建筑与原有风貌协调统一。

二是住宅整洁舒适。无论选址、布局、形式和用材、做法，都要按照当地农村生活的需要，以求适用、经济，保持和发扬地方特色。农村住宅美观舒适，院落设计功能完备，符合农村生产生活特点，建筑设计应解决好日照、通风、防潮等问题，以及农业生产用房如农机具存放、家禽家畜饲养场所和其他副业生产设施等；农民居住宜分散则分散，宜集中则集中，不宜全部"上楼"，防止大拆大建，要充分尊重农民意愿；加强规划引导，注重各户住宅整体风格的一致性。完善农村环境卫生设施，主要包括村中生活污水收集与处理系统、生活垃圾收集装置、生活垃圾储运处理系统等，开展改水、改厕、改厨等行动。有条件的地方可以结合当地农村的生态环境特点，建设人工生态湿地的生活污水处理系统，依靠水生植物净化生活污水。

三是居住节能环保。推广应用农村节能建筑，通过科学规划布局、合理功能分区、优化建筑设计、使用新型材料等途径，实现农房建设节能、节地、节水和节材；生态绿化、建筑设计、建材使用、环境通风、户型设计等方面能起到区域降温的效果，惠及社区人居避暑需要；清洁能源普及，农村沼气、太阳能、小风电、微水电等可再生能源在适宜地区得到普遍推广应用；省柴节煤炉灶炕等生活节能产品广泛使用；农家厕所、农家厨房清洁卫生化改造到位，全部村民完成改厕、改厨。

四是实现"清洁田园"。首先要采用乡镇企业及集约化畜禽养殖场污染的集中治理，来防止农村周边生产企业对农村环境的不利影响。其次要防止现代农业生产活动对农村环境的不利影响。一方面，通过以农业面源污染削减为主要目标的农业结构优化调整，能够有效提高农业生产环境质量，如通过发展绿色有机生态农业，形成观光休闲农业产业，采用立体式生态饲养畜禽模式等；另一方面，通过有效的教育与宣传，提高农民农业生产的技术水平，推广使用先进技术和产品，大力推广测土配方施肥技术，指导鼓励农民使用有机肥、生物农药或高效、低毒、低残留农药，推广病虫草害综合防治、生物防治、精准施肥和缓释、控释化肥等技术，减少有害化学物质在农业环境中的残留与扩散。引导农村接受和推行农业清洁生产，发展生态农业和循环经济，最大限度地实现农业生产资源的循环与综合利用。

四、综合服务到位

农业综合服务在西方农业发达国家已经走过了诞生、成长的阶段，目前已经形成成熟体系。我国实践也证明，农业服务的社会化、综合化可促进经济效益的提升，同时自身也构成了经济发展的一部分，是经济发展到一定阶段的产物。提供物流、资金流、信息流、商流、技术流五大方面的服务，是构建农业综合服务体系的基本点。农业综合服务体系（也称为农业社会化服务体系、农业服务体系）是依据广大农村比较落后、农业产品生命期特点、农民市场意识淡薄、农村市场发育不足以及农业文明传统等诸多因素探索出的连接农产品与市场、农业生产中的市场化服务以及综合性解决"三农"问题的一种机制。在信息化的条件下，加快现代信息技术改造、提升传统农业综合服务体系，是增强我国农业综合竞争力、应对农业竞争全球化挑战的迫切需要。

服务主体社会化、多元化，并依托现代信息技术不断健全服务组织、创新服务模式、拓展服务内容、搞活服务机制，建立起适应"三农"发展需求的农村现代新型服务业，是信息化条件下农业综合服务体系建设的基本趋势。信息化条件下的农业综合性服务体系将是覆盖在农村社会之中的一张大网，既有自上而下的传递，也有自下而上的反馈。依托快速发展的信息网络系统，改革传统的服务组织和方式，拓展服务内容，搞活服务机制，建立起服务于"三农"发展的现代新型服务业。

根据传统的农业综合服务体系存在的一系列问题，以及现代信息技术的发展趋势及其对重建农业综合服务体系的影响，建立新型农业综合服务体系可以解决五方面的问题。

（一）谁来做？

是由政府包打天下，还是在政府主导下的社会多元参与？这主要取决于服务成本和成效。信息技术的发展，极大地促进了农业生产分工的发展，与之相适应，农村综合服务是一个由多元需求构成的体系，其中既有纯公共产品，也有准公共产品，还有市场性产品。按照公共产品供给理论，有的领域应该由政府充当服务主体，有的则由市场充当服务主体，或由政府和市场共同充当服务主体，即总体上应由过去政府主导变为政府推动、社会参与、多元推动的格局，走公益性服务和商业性服务相结合的路子。

（二）为谁做？

服务对象的重点是农户还是种养大户或龙头企业？这既是信息化条件重构农业综合服务体系最有条件解决的问题，也是信息化条件下重构农业综合服务体系成败的关键。对此，要改变过去"对上负责，对下应付"的心态，真正树立为农民服务的心态。同时，提供服务要充分考虑农业生产的季节性、农民居住的地域性、信息需求的层次性，为农户提供多层次、多样性的服务。

（三）怎么做？

依托现代信息技术改造提升传统农业综合服务体系，相对传统的部门体系来说，最大的潜在优势在于有最大程度的覆盖面。但由于受社会经济发展条件的限制，目前农村信息服务中解决信息入户的瓶颈问题、切实提高服务信息的通达能力，仍是信息化条件下重构农业综合服务体系的重点。

（四）做得好不好？

鉴于农业综合服务体系涉及的服务对象是农民这一特殊群体，在体系建设上必须要充分考虑农民获取科技、法律和市场服务信息的意识、能力。目前政府的"村村通工程"只是重点完成了信息高速公路的建设，但作为获取服务信息的终端设备——电脑，要使广大农户掌握，光靠政府的投入是远远不够的，需要在体系建设中积极引入社会力量，通过培训等努力提高农民获得服务信息的能力，才能最大限度地发挥服务体系的经济社会效益。

（五）如何维持？

信息化条件下的农业综合服务体系需要多元化的社会主体共同参与，相关利益主体的参与动力、体系设计合理与否的一个重要衡量标准，就是在不增加农民服务支出的前提下，能够充分考虑参与服务体系有效运作各方的合理利益诉求，既要使政府的投入有所值、市场参与主体在运营服务网络体系有所赚，又要使农民在支付尽可能低的成本的情况下，却能获得比以往更多、更优质的服务。

第三节　良好的生态环境

一、自然环境破坏较小

自然环境在农村包含水资源、土壤、空气和生态等方面，良好的自然环境是美丽乡村建设的"底图"。因此在建设中，要尽量减小对自然资源的破坏，具体指农村能源的节约与开发、农业水利建设、生态修复、农村饮用水源地保护、生活污水和垃圾治理、农村地区工业污染防治、规模化畜禽和水产养殖污染防治、农村自然生态保护等方面的重点内容。

（一）农村能源得以节约与开发

推进农业和农村节能减排，有利于优化能源结构，减轻环境压力。这就需要培育农村新型产业，增加农村清洁能源供应。重点推进农村沼气工程、生物质能科技支撑工程、农作物秸秆能源化利用示范基地建设工程、能源作物品种选育和种植示范基地建设工程四大重点工程。积极推广沼气、太阳能、风能、生物质能等清洁能源，控制散煤和劣质煤的使用，减少大气污染物的排放。同时，推动农业废弃物能源化利用，适度发展甘蔗、甜高粱、木薯、甘薯、油菜等能源作物。

（二）完善的农业水利建设

完成了大中型灌区及其末级渠系节水改造，农田节水设施进一步完善和建设。在灌溉区开展田间微型节水工程建设；在旱作农业区修建和完善微型抗旱和坡面防洪工程。种植结构合理，深化小型农田水利工程产权制度改革，探索非经营性农村水利工程管理体制改革办法，明确建设主体和管护责任。开展农村水能资源规划试点，实现水能资源开发使用权的有偿出让，促进农村水能资源丰富地区贫困农民的稳定增收。

（三）农村生态得以修复

深入实施天然林保护、退耕还林等重点生态工程。建立了健全的森林、草原和水土保持生态效益补偿制度，多渠道筹集补偿资金，生态功能得以增强。山区综合开发，林业产业健康发展。草畜平衡制度得以落实，退牧还草成果显著。加大革命老区、贫困地区和少数民族地区水土流失治理力度，继续推动生态清洁型小流域建设，加强封育保护，遏制人为新增水土流失。资源、能源富集地区建立了较为完善的水土保持生态补偿机制。

（四）农村工业和农业面源污染受到控制

能够采取有效措施，禁止工业和城市污染向农村转移。严格执行环境准入规定，禁止不符合区域功能定位和发展方向、不符合国家产业政策的项目在农村地区立项，限制高污染、高能耗、高物耗产业的发展。同时，执行国家产业政策和环保标准，淘汰污染严重的落后的生产能力、工艺、设备，强化限期治理制度，对不能稳定达标或超总量的排污单位实行限期治理，治理期间应予限产、限排。严格查处小造纸、小化工、小冶炼、小水泥等高污染行业的违法排污行为。对长期超标排污的生产单位进行停产整治，关闭取缔治理无望的企业。对未批先建、未经验收擅自投产的建设项目进行停产停建。推行秸秆还田，提高秸秆综合利用率。采取综合措施控制农业面源污染，指导农民科学施用化肥、农药，推广测土配方施肥，鼓励使用农家肥和新型有机肥。

（五）农村饮用水源地得以保护

农村饮水安全工程能够解决饮用水高氟、高砷、苦咸、污染等严重影响身体健康的水质问题，以及局部地区的严重缺水问题，也能够使人口较少民族、水库移民和农村学校的饮水安全问题得以解决。

（六）畜禽和水产养殖污染防治

科学划定禁养、限养区域，改善农民生产和生活环境。限期关闭、搬迁禁养区内的畜禽养殖场。新建、改建、扩建规模化畜禽养殖场必须严格执行环境影响评价和"三同时"制度（即建设项目中防止污染的设施必须与主题工程同时设计、同时施工、同时投产使用），确保污染物达标排放。对现有不能达标排放的规模化畜禽养殖场实行限期治理。实施乡村清洁工程，根据区域环境承载能力确立畜禽养殖规模。鼓励生态养殖场和养殖小区建设，通过发展沼气、生产有机肥等综合利用方式，实现养殖废弃物的减量化、资源化、无害化。依据土地消纳能力，进行畜禽粪便还田。根据水质要求和水体承载能力，确定水产养殖的种类和数量，合理控制水库、湖泊网箱养殖规模。

（七）农村自然生态受到保护

注重自然资源的保护，重点控制不合理的资源开发活动。优先保护天然植被，重视自然恢复。保护和整治村庄现有水体，恢复河沟池塘生态功能，提高水体自净能力。做好转基因生物安全、外来有害入侵物种和病原微生物的环境安全管理，严格控制外来物种在农村的引进与推广，保护农村生物多样性。加强生态功能保护，合理引导资源和环境可承载的产业发展，严格限制损害生态功能的产业扩张。依据资源禀赋的差异，发展生态农业、生态林业、生态旅游业。结合已实施或规划实施的生态保护工程，加大区域自然生态系统的保护力度，以改善和提高区域环境质量。

（八）农村生活污染得以治理

加快农村生活污水和垃圾处理等技术的研发和推广。按照农村环境保护规划的要求，采取分散与集中处理相结合的方式，处理农村生活污水。居住比较分散、不具备条件的地区可采取分散处理方式处理生活污水；人口比较集中、有条件的地区要推进生活污水集中处理。加强农村污水处理设施建设，完善污水处理收费政策，提高农村污水处理水平。新村庄建设规划要有环境保护的内容，配套建设生活污水和垃圾污染防治设施。逐步推广"组保洁、村收集、镇转运、县处置"的城乡统筹的垃圾处理模式，提高农村生活垃圾收集率、清运率和处理率，达到规模化消纳农村固体废弃物的目的。

二、生物资源丰富多样

生物多样性，包括基因多样性、物种多样性、群落与生态系统多样性、生境多样性几个层次。农业生物多样性，是指与食物及农业生产相关的所有生物的总称。农业生物多样性也可分为农业产业结构多样性、农业利用景观多样性、农田生物多样性、农业种质资源与基因的多样性几个尺度水平。农业产业结构多样性，用以描述包括农、林、牧、副、渔各业的组成比例与结构变化。它反映着某一区域农业生产的总体状况；农业利用景观多样性包括农业土地利用景观类型及其分布格局的变异性，以及农业生态系统类型的多样性；农田物种多样性，主要指农田生态系统中的农作物、杂草、害虫、天敌等生物多样性；农业种质资源与基因多样性，主要包括栽培作物及其野生亲缘动植物的遗传基因与种质资源的多样性等。

在不同的生境下，农业耕作制度是多样的，它们是经过人类长期栽培、选择和适应过程而形成发展起来的。水稻、旱作物、蔬菜、牧草、绿肥、果树、经济林木、水产、畜禽和野生生物，及其遗传多样性彼此之间的巧妙组合，构成了多种多样的农业生态系统与栽培景观。它们与区域环境相适应，自我维持能力强，所提供的产品数量虽不一定达到最高水平，但质量是上乘的，如果管理水平得到改善，产品的数量和质量都有提高的潜力。这里的作物常常由于与野生亲缘种和杂草亲缘种进行基因交换而具有丰富的物种资源，成为作物就地保护的最佳场所，有利于生物多样性的保护和保持农民与土地之间的密切关系。它们的存在并不是孤立的，它们的持续性和所处流域从表面看来毫无关系的天然植被或冰川，有着密切的关系。

农田、果园、宅旁的生态经济园、树林、牧场、水库和鱼塘等须得到合理配置、协调发展，要从整个流域或区域规划的角度来考虑与它们密切相关的生存条件以规划农田本身，应用现代科学技术，促进传统农业的发展。运用景观生态原理，对农田面积分布格局、道路和防护林机构、水利设施等进行合理的布局和设计，做到山、水、田、林、路的全面规划与综合治理。合理的农田景观格局将会对生物多样性和生态学过程起到积极的影响。应开展农业生物多样性的综合调查，加强野外定位监测网络站点的建设，进行对农业生物种类的分类与编目，建立农业生物多样性数据库和管理信息系统，为农业生物多样性的研究提供基础数据。同时，在一些关键区域，适当建立一批各具特色的农业生物多样性保护区，以保护稀有或濒危的农业生物物种（包括野生亲缘物种）及生态系统，并加强对农业生物种质资源库与基因库的建设，以保护农业生物遗传的多样性。

三、生态景观结构合理

对于农村人来说，对某些景观要素和景观空间的深刻印象，或由于强烈对比而造成的景观体验形成的"农村记忆"，将根植于每个人的"心理空间"。农村的聚落形态由分散的农舍到能够提供生产和生活服务功能的集镇，所代表的地区是土地利用粗放、人口密度较少、具有明显的田园特征，其中有别于其他景观的最突出的特点是，以农业为主的生产景观和粗放的土地利用景观以及农村特有的田园文化和田园生活。此外，农村景观是农村资源体系中具有宜人价值的特殊类型，具有资源保护、开发、利用的产业化过程，是一种可以开发利用的综合资源，是农村经济、社会发展与景观环境保护的宝贵资产。农村景观主要有自然景观、聚落景观、农业景观、文化景观几个方面。

自然景观主要由地形地貌、气候、土壤、水文、动植物等要素组成，它们共同形成了不同的乡村地域的景观谷底。作为农村景观意象的基底和依托，任何其他景观都是在自然景观的基础之上产生发展而来的，其中地形地貌是农村地域景观的宏观面貌，形成农村景观的空间特征，如海拔高度破坏了自然景观的地带性规律，出现了山地垂直地带，气候，植被、土壤都随着海拔高度的变化而变化。在地形地貌影响下的村镇聚落景观、农田景观以及生活景观都有十分明显的差异，比如在山区，中国传统村落的选址和居民建设都与山地有机结合布局，农田则因地制宜地选择梯田的形式。聚落景观村落形态是由住宅用地、耕地、林木及河川、道路等共同构成的景观表现。诸如耕地与住宅的关系、住宅与住宅之间的配置关系、耕地的区块划分、道路网及水系构成、地形特点及林木种植等因素，都直接影响着村落形态的构成。一个完整的村落形态概念是上述综合因素及其关系的集合。农业景观是人类长期社会经济活动干扰的产物。我国的农业景观的发展演变经历了三个阶段：原始农业景观阶段、传统的农业景观阶段和现代农业景观阶段。现代农业的发展使农业呈现多元化的景观。由于不同历史时期的生产力状况不同，导致劳动工具、土地利用方式、自然化程度、景观规模、景观多样性、物种多样性以及生态环境都不相同，农业景观也表现出不同的特征。农村文化景观是人类在与自然之间长期的相互作用过程中，逐渐形成的民俗、社会道德观、价值观和审美观等，具体来说包括道德观念、生活习惯、风土人情、生产观念、行为方式、宗教信仰和社会制度等多个方面。文化景观深受自然景观和人为景观的影响和制约，表达了一个地域的人文地理特征，其表达形式一般物化在农业生产方式、作物种类、农村居民点的形式和结构、聚落布局、庭院以及绿化树种等方面。

随着城市化建设步伐的加快，乡村发展也面临着更加严重的挑战。由于片面追求单纯的经济利益，缺乏对乡村景观生态资源的合理利用和生态环境的保护，乡村特有的景观日渐消失，资源和环境问题也日益突出。目前农村的盲目建设已经导致了农村面貌的丢失，自然资源被无情的掠夺、开垦导致生态链条的脱节，致使原本脆弱的自然生态环境进一步遭到破坏。美丽乡村建设应以营造良好的乡村人居环境、保护维持生态环境和农业经济的可持续性为目标，并根据自己的景观资源优势进行拓展。

能够保留村落肌理，更新表达形式。老的农村景观只是在存在形式或表达方式上显得陈旧、老套，但不等于说是没有价值的。新农村景观规划的目标只是改变旧的农村秩序和落后的生产生活观念。因此原有的乡村自然肌理、原有的生态群落格局、原有的村落风貌等在我们的规划中恰恰成了宝贵的资源，对于这些我们只要通过整合设计的手法，把它们有序地贯穿起来，就能既做到更新又保留了特色。

能够保留乡土元素，更新利用方式。新农村的景观规划应当是可持续的规划，我们的规划应当是节能、节材、节工的规划，充分利用乡土材料、乡土元素，甚至变废为宝，既节约成本又符合当地的风格特色。

能够保留农田肌理，更新农业景观格局。农村是不同于城市的另一种复杂的社会，其存在的经济基础是农业产业经济。我们的景观规划是建立在农业产业发展良好之上的，因此景观规划中应当结合原有的农业产业活动，并积极发展其他产业形式，在可能的条件下变成景观素材提高景观价值的同时，提高其经济价值，从而为农村发展带来新的契机。

能够保留乡土文化，更新景观品质。农村原有的风土人情、民间信仰等是长久以来农村文明发展的衍生物，是农民惯有的生活情趣之一，保留着地方传统意义的文化内涵，是农民心灵寄托的精神场所，景观规划中保留这些元素是以人为本的体现，也是地方文化传承的要求。但是，其中已有很多不能满足现代生活的要求，规划中可以通过特殊景观营造，使其成为历史记忆的场所空间，以不同的方式为村民所享有。

四、生态灾害规避及时

生态灾害指由于人类对大自然认识缺乏全面性和系统性，习惯于依靠片面的、某些单向的技术来"征服"大自然，常常采取一些顾此失彼的行为措施，在第一步取得某些预期效果以后，第二步、第三步却出现了意料之外的不良影响，常常抵消了第一步的效果甚至摧毁了再发展的基础条件。人们总是由于专心顾及当前的直接利益而忽视了环境在人的作用下的长期缓慢的不良变化，不自觉地忍受了一个又一个这样的"自然报复"。比如我国农村许多地方曾是植被繁茂的好地方，历代战火和不适当垦殖导致了水土流失极其严重，甚至出现沙漠化。任意排放污水、堆积废物、使用生化物质灭蚊除藻、筑坝与开挖河流、施用淤泥等都有可能对水源和土壤进行破坏。于是人和大自然作为一个有机整体进行系统研究的环境科学逐渐兴起，全面研究人类各种活动的正反两方面的效应、注意防止生态灾难或自然报复成为人类协调人与自然关系的新的指导原则。

保护和改善生态环境、实现可持续发展，是中国现代化建设中必须坚持的一项基本方针。搞好农村环境保护工作，对于改善占国土面积 90% 以上的农村生态环境和提高占人口 80% 以上的农民的身体素质都具有重要的意义。因此，美丽乡村就是通过促进农业持续发展、保障农民生命财产安全和维护农村稳定，建设一个景色秀美、环境和谐的社会主义新农村，有效规避生态灾害。具体来说，要有科学合理的环境规划，把农村环境保护纳入法制化轨道，建立起有效的生态环境建设补偿机制，加大对农村环境保护的财政投入，发展循环经济，以及环保意识明确。

第四节 和谐的社会民生

一、农民权益维护

（一）城镇化率的概念需要淡化

农村城镇化是农民就地逐渐市民化的过程，必须把维护和保障农民的各种权益放在重要位置。无论是城市化还是城镇化，都是为了让更多的人特别是农民享受城市居民那样的生活质量和城市文明。因此，在加快推进城镇化的过程中，要淡化城镇化率的概念，不要过分追求农民身份的转变，把农民的农村户口变为城市户口。实际上，在实现城乡一体的新户籍制度下，户口在农村还是在城镇已经不重要了，重要的是小城镇的能级得以提高，农民收入稳定增长的机制得以建立，农民改变了传统落后的生活方式，农民生活城市化，农民变市民。

城镇化不等于"消灭"农民，即使大部分农民完成市民化的转换，仍然会有一部分农民从事农业。但这不再是传统意义上的农民，而是住在小城镇上享受城市文明的新型农民。白天下地从事现代农业生产，晚上回到城镇过城市生活。另外，集体土地的产权制度改革得以积极慎重地推进，农民土地权益得以保障。

首先，要进一步明确农村土地不是国家所有，也不是乡村集体所有，主要是组（自然村）农民集体所有。无论从农村土地所有权的历史演变，还是现实状况，90% 的土地所有权是村民小组作为权利主体，村民小组（自然村）变动最小，最接近和最能代表农民利益。把农村集体土地明晰为"组集体所有"具有重要意义。组基本上是自然村，范围较小，相对固定，边界容易明确，农户数不多，容易集中议事；在数次并村的过程中，组的基本架构没有多大改变；也只有把土地所有权确认给组集体经济组织，才有可能让土地承包经营权做到长久不变。

其次，界定和确认农民集体土地的范围和数量是明晰土地产权的基础。农民集体土地应该包括农民承包经营的土地、没有发包的集体土地（机动地）、发包给本集体组织以外个人或组织经营的土地、乡（镇）或村办企事业单位使用的集体土地、村组范围内的未利用土地（包括池塘、水面等）。要明确规定，土地调整、流转、农民住房拆迁，乃至社区（村组）整体搬迁，均不得改变土地的集体所有性质。

最后，明确了农民不仅有承包土地的经营权，而且具有集体土地的所有权。土地集体所有就是集体经济组织成员共同所有，每一个成员都有集体土地的一份同等的权利。为此，要改革和创新农村土地制度。第一步，搞好土地的确权、登记、领证工作，要依法将农村集体土地的所有权确权到组；第二步，建立具有土地所有权的新型农民集体经济组织。成都市农村改革实验区的做法是以组为单位对土地进行股份股权量化，建立组级土地股份合作社，即以村民小组为基本单元，对集体土地收益权按每股 0.01 亩量化到人，然后由农民持股组建土地股份合作社，并建立健全土地股份合作社的法人治理结构，从制度上保障农民对集体土地的所有权。

（二）尊重农民意愿、实现土地的市场化流转

承包土地的流转必须尊重农民意愿，流转收益全额返还给流出土地的农户。我国农村土地的农民集体所有和农地的农户家庭承包经营的制度，规定了农民是土地流转的主体，是否流转、以什么方式流转都由农民说了算。乡村组织不得强迫农民流转土地或无理阻碍农民依法自主流转土地，更不得收购农民的土地承包经营权，让农民沦为失地农民。在承包土地流转过程中，对于暂时不同意流转的农户，可以通过调整土地位置的方式加以保留。农民承包土地的流转租金要考虑农产品价格的涨价因素，应以农产品产量和当年价格为依据。地方政府和乡村组织要让利于民，把农民承包土地的流转收益全额返还给流出土地的农户。

由于现阶段农村土地同时承担着农民的生存保障、就业保障，甚至创业的资本保障，因此，土地流转必须考虑农民的长远生计，把集体建设用地和集体公用非农土地的流转收益以一定比例分配给农民，切实保障农民的土地权益。

可以运用市场机制来实现。中共十八届三中全会通过的《中共中央关于全面深化改革若干重大问题的决定》为农村土地的进一步物权化、资本化、市场化开启了闸门。建立土地交易平台是促进土地流转、实现土地资源资本化的中心环节。为此，一是尝试建立农村土地产权交易所；二是建立健全土地价值评估、产权流转、产权收储、流转担保、纠纷调处机制；三是完善县、乡（镇）、村三级土地流转服务平台。

（三）完善"双置换"机制，建立农民的基本生活、就业和创业的保障机制

降低农民的离土代价。地方政府在推进农业规模经营的过程中，必须尊重农民的意愿，在农民没有获得稳定的非农收入来源前，不要给农民施加压力让他们转出耕地；政府不能以购买的方式让农民丢失具有物权属性的土地承包经营权，尤其不能大范围地把农民的耕地整村地永久流转到"工商企业"手里。即使进入城市的农民，也允许保留土地承包权。

　　将承包地换社保改变成土地换保障。这里的"土地"不仅包括农民的承包土地，还包括全部集体建设用地和集体公用地；这里的"保障"不仅仅是保障离土农民基本生活的"社保"，还要为离土农民提供就业、创业的保障。要让农民以入股方式流转土地承包经营权，农民作为股东，采取土地股份合作形式参与农业开发经营。农民在流转土地后，仍然可以获得地租收入、农业政策性贴补收入、务农工资收入以及股权分红收入。合作社实行保底收益和分红收益的办法维护农民利益。

　　将农民宅基地换城镇住房变成农民宅基地换城镇商品住房，让农民获得和城里人一样的完全的房屋财产权。要降低农民集中居住后的生活成本。农民离土集中居住后，物业费、水电费、蔬菜等食品消费支出会有较大幅度增加，地方政府必须采取相应政策措施，妥善解决农民因离土进镇集中居住带来的生活成本增加问题。

二、生产生活安全

　　生产生活安全指的是在农村地区遵纪守法蔚然成风，社会治安良好有序，无刑事犯罪和群体性事件，无生产和火灾安全隐患，防灾减灾措施到位，居民安全感强。

　　农村社会治安的全面好转，将为实现新农村"生产发展、生活宽裕、乡风文明、村容整洁、管理民主"的整体目标提供和谐稳定的治安环境。具体包含以下几方面：

（一）宣传引导有力

　　以基层治保组织为主体，采取送法下乡、以案说点、法律服务等多种形式，提高农民的法律意识，积极引导，努力解决关系农民切身利益的安全问题。坚持"法理"、"道理"、"情理"、"风俗人情"相结合，充分运用宣传、教育等多种手段，综合采取行政、法律、经济等多种措施，耐心做好宣传教育工作，切实提高广大农民的法律意识，使农民自觉守法、遇事寻法，既要正确行使法律赋予的权利，同时也要严格履行法律规定的义务，做具有较高法律素质的社会主义新农民。

（二）社会治安良好

　　大多数农民群众的安全感是评判一个地方社会治安状况的重要参照系数。"路不拾遗、夜不闭户"是老百姓最向往的安全生活状态。要坚持信息主导警务，在认真分析研判农村治安形势的基础上，突出重点，分类施谋。一是要扎实开展打黑除恶专项斗争。按照"什么犯罪严重就重点打击什么犯罪，什么问题突出就重点解决什么问题"和"打早打小、露头就打、除恶务尽"的原则，有黑打黑，无黑除恶。重点对农村乡霸、村霸等恶势力祸害乡里、寻衅滋事的行为进行重点打击。二是要坚持严打方针，始终保持对严重刑事犯罪的高压态势，增强严打的针对性和实效性。重点打击暴力犯罪、"两抢一盗"等侵财性犯罪，制假贩假等侵害群众生命财产安全的犯罪以及黄赌毒等社会丑恶现象，最大限度地控制重大恶性案件的发生。对破坏农田基本设施建设、销售假冒伪劣农用物资、毁坏林木以及扰乱农村经济秩序的违法犯罪行为要坚决予以打击。三是要集中整治突出的治安问题，在解决群众反映强烈的突出治安问题上下工夫，使广大农村群众不断增强安全感，要坚持打防控并举，标本兼治，把农村治安防控机制建设与打击犯罪机制有机结合起来，特别要针对发案暴露出的防范工作中的漏洞和薄弱环节，结合农村治安时空变化的规律特点，把更多防控力量放在案件多发时段、多发地区和多发部位，把更多的精力放在犯罪多发人群的教育管理控制上，切实提高农村治安状况的稳定程度。

三、基础教育普及

作为农村教育重要组成部分的农村基础教育，对加强农业科技创新、应用能力建设和提高农业综合生产能力起着重要的作用。农村基础教育的健康发展对解决当今围绕我国社会的"三农"问题具有十分重大的战略意义。提高农村人口基本素质，是实现"全民教育"目标的重点和难点所在。从某种意义上说，没有农村基础教育的普及，培养高素质的农村劳动者、农村人口的脱贫致富、农业和农村经济的可持续发展，乃至我国现代化目标的实现，都是不可想象的。在这个时候，借鉴已有的经验教训，冷静分析我们的形势和任务，探索出一条符合我国农村基础教育发展方向、符合国情、符合社会发展要求的道路，无疑具有很强的现实意义。

（一）解决我国农村基础教育问题

改革开放以来，我国农村基础教育在普及义务教育、增加教育投入、改革办学模式等方面取得了令人瞩目的成就。但是，随着我国"地方负责、分级管理、以县为主"的基础教育管理体制的确立以及农村税费改革的实施，我国的农村基础教育在教育观念、教育经费、保学控流、师资队伍、教学内容等方面仍然存在着不容忽视的问题。

出台有关教育投资的法规，使教育经费的筹措、支出有法可依，充分显示法律的权威性，以法约束和惩治地方政府在教育经费使用上的不规范行为。同时在法规中，应规定各级政府应承担的比例。

调动多方投资办学的积极性。积极运用财政、金融和税收政策，鼓励社会、个人和企业投资办学和捐资助学，不断完善多渠道筹措教育经费的体制。建议国家财政拨款主要用于义务教育，对于非义务教育的高中教育，逐步建立符合社会主义市场经济体制以及政府公共财政体制的财政教育拨款政策和成本分担机制。同时，继续实施"东部地区学校对口支援西部贫困地区学校工程"、大中城市学校对口支援本地贫困地区学校工程，采取切实措施，加大对贫困地区和少数民族地区基础教育的支持力度，提高适龄儿童入学率。

（二）完善农村基础教育管理体制

政府采取有力措施，将农村基础教育的"三级办学，两级管理"体制过渡为"实行国务院领导下，由地方政府负责，分级管理，以县为主的体制"。各级政府按照《国务院关于基础教育改革与发展的决定》，切实担负起领导建设和管理、教育经费筹措、统筹发放教职工工资、中小学校长和教师队伍管理、组织管理指导学校教育教学工作的职责，明确规定并落实有关部门在实施九年义务教育中应承担的责任同时，现行基础教育投资体制得以完善，建立相对集中的基础教育资源投入的管理体制。

（二）提高教育资源的管理水平

一是在人员管理上，中小学真正落实"校长负责制"，给校长真正的用人权，同时校长也要不断强化自身民主管理的水平。知人善任，合理用人。二是在财务管理上，要明确各项经费开支使用的范围，既要坚持专款专用，又要给学校一定的调剂使用教育经费的自主权，严格执行财政政策，遵守财经纪律，控制不合理的开支，禁止违反政策的一切开支，并要做好教育成本核算，讲求花钱的效果，精打细算，减少无关费用的支出。三是在学校物质资源建设方面，要增强计划性和管理使用的科学性，要从学校自身的经济状况和教育发展的实际需要出发，选择最能发挥使用效益的物质资源配置方案。四是建立了一套科学的物质资源管理规章制度，提高物质资源管理人员的素质，实现学校教学、行政、财务、设备、图书资料等各项管理的自动化，做到物尽其用。

（四） 调整学校布局

中小学要合理布局，改变办学过分分散的状况，撤销某些规模过小的中小学，以达到扩大学校规模、提高教育资源使用效率的目的。按照小学就近入学、初中相对集中、优化教育资源配置的原则，合理规划和调整学校布局，农村小学和教学点在方便学生就近入学的前提下适当合并，在交通不便的地区仍需要保留必要的教学点，防止因布局调整造成学生辍学。调整后的校舍等资产要保证用于发展教育事业，在有需要又有条件的地方可举办寄宿制学校。

老少边穷人口稀少地区也可举办复式教学。此外，还要尽量避免学校大跨度的搬迁或盲目增建新校，以减少不必要的资源浪费。

（五）合理配置教师资源

实现政府及行业在教师资源配置中的主体地位的转变，将教师资源配置的具体任务交给教育行政部门或学校。政府的主要职责是保证教育投资的公平，通过教育投资促使教师资源的公平配置。建立合理的基础教育资源的流动机制，以实现教师资源在地区之间的平衡。如为调剂城乡教师余缺，充分、合理、高效地利用和保护现有教师资源，要通过加大政策倾斜，鼓励城镇地区优秀教师到边远山区和贫困地区任教；采取支教、轮教或交流的办法，以自愿和组织派遣相结合的形式，打破教师资源配置上的传统框架，实现教师资源在系统内的合理流动。农村现有教师资源的管理、培训制度得以加强，能够建立一支高素质的教师资源梯队，如通过调整劳动分配政策，加强教师考核管理，进行学校内部人事制度改革，建立一种流动的激励的竞争机制，盘活教师资源，实现教师队伍的优化组合和整体素质的提高，使现有的人力资源发挥出更大的效益。能够有计划地提高农村学校教师的学历层次，实现小学教师大专以上学历、中学教师本科以上学历的要求。

四、医疗养老机制健全

我国现行农村医疗保险制度就是新农合制度（新型农村合作医疗制度）。新农合自 2003 年开始，在全国范围内进行试点，并逐步推行。目前为止，新农合的实行已经取得一定成果，但在实践过程中也有一些问题凸显出来。具体来说，健全的医疗养老机制包括以下几方面。

（一）多方拓宽筹资渠道，建立稳定的筹资增长机制

新农合基金的筹集，要坚持民办公助的原则，建立政府引导支持、集体扶持、个人投入为主的筹资机制。因此各级政府应当运用的财政政策，增加对新型农村合作医疗的财政补贴。根据各县（市）的不同标准，对当地实际情况做评估，制定合理的费用方案，可以在发达地区适当提高个人的缴费标准，然后由政府统筹和调配资金。在确保财政投入的同时应当拓宽新农合的筹资渠道，例如选择与商业保险合作的项目。由于商业保险公司有丰富的保险经验、专业的人才、完善的管理制度等优势，合作对于新农合的实施运作有着很大的作用。同时，应通过经济手段鼓励企业投资新农合，并在集体经济比较发达的地区，鼓励其对新农合经费的支持能力。

（二）政府支持力度加大，监管制度得以完善

政府在新农合实施运作中起着不可替代的主导作用，所以新农合的改善离不开政府的支持。除了财政支持，提高政府的负担比例外，政府应针对现状积极且及时调整制度来配合新农合的发展步伐。重点之一就是监管制度的完善，首先要提高监管人员的专业度，保证保险信息的严格检查和流程的认真监督，不再只是流于表面形式。可以让农民参与到监督管理中来，由于与自己的利益息息相关，相信农民会以很高的积极性参与其中，同时借此加深他们对新农合的了解，进一步提高农民群众参与新农合的积极性。贴近受益群体，还可以及时发现新农合制度运行中的问题及其根本原因，更利于制度的完善与发展。

（三）能够有效实现定点医疗机构管理

医疗卫生管理部门及保险机构应当加强对医疗卫生机构的监督，规范新农合保险的运作，提高资金的使用效率，以减轻农民医疗开销的负担，保护农民应有的权利。可以允许、鼓励、引导民营、私营医疗服务机构从事医疗保险与服务，将其引入市场，在医疗机构之间形成竞争，避免一方垄断等现象，从而促进医疗服务与水平的整体提高。对医疗服务机构监管的通常方法是要求医疗机构公开收费标准、药物价格、诊疗项目等，同时加强有关部门对其进行检查。对医务人员的检查项目、开药种类和开药数量进行严格控制，杜绝乱开处方、乱收费的问题。同时，加强医疗人员的职业道德教育，制定相关奖惩政策，提高医疗人员的工作积极性。办好新农合的根本是加强管理，紧扣"基本医疗"，让有限的资金使用得有效益。

（四）农民受益度增加，补偿机制能够适当优化

提高报销比例、增加农民受益度是农民们一直的希望。最终受益了多少是农民选择是否参与新农合的重要标准，也是制度完善的重点之一。在确定省、市、县财政补助比例时，根据各地区发展水平设置合理的分配标准，充分考虑到不同层次的人群，进一步扩大农民的受益面。将报销手续流程简单化、合理化。现在大多数基础工作模式比较传统，政府有关部门应当加强网络信息联通共享，方便结报。克服人为因素的干扰，做到随看随报，不需要由农民东奔西跑，自己垫付过多费用，以提高工作效率。深入了解各地农民的健康状况，因地制宜地制定大病统筹的范围。在治疗疾病的同时也要做好预防保健工作，从源头上抑制疾病的发生。

第五节　繁荣的乡村文化

一、传统文化得以继承

我国各地的自然环境和人文条件千差万别，立足各地域文化的历史和现状，从实际出发，扬长避短，因地制宜，是科学决策民俗文化创新的重要依据。作为完成意义上的地域文化，它积淀于地域文化深层的文化个性和遗传基因，持久地发挥作用，影响和规范该地域人民的价值观念、性格特征、风俗习惯等，在与其他文化的交融中，较长时间保留了以下这些基本特征。

（1）鲜明的地域性。它在相对稳定的地域环境下形成，受地理环境制约。在各个历史时期的发展中，一定的地域难免会出现整合或分化，以及地缘性的进退，但是特定地域范围所反映的文化特征是基本稳定和延续的。它不一定是以今天的行政区域划分的，而是以历史上人们生产、生活的过程中众多地域共同性所形成的人文状态为依据的。

（2）外观上的独特性。它的构成是全面的比较完整的体系，涵盖于该地域的各个层面，而不是个别特殊的文化现象。

（3）内涵上的特殊性。它的形成和发展是众多要素综合作用的结果，但起决定作用的是地域的自然环境和社会人文因素，因而各区域间的乡土文化有明显的区别。

（4）传承上的稳定性。经过长期的孕育、发展、完善，其文化特征一经形成，就具有较强的稳定性和传承性。

我国各具特色的乡土民俗是中华民族文化多样性发展的载体，挖掘和研究各地域文化的深刻内涵和优秀成分，是民族精神的内在积淀、个性解剖和继承发扬，为弘扬和培育民族精神提供了丰富的素材。加强乡土民俗的挖掘、研究，继承和发扬其优秀传统，是弘扬民族精神，推动区域经济发展，建设社会主义先进文化所不可缺少的内容，文化的民族性和地域性包含了人类文化的共同性；对乡土文化的研究在促进政治文明、精神文明建设中都有着不可替代的作用。

二、农耕文化受到重视

中国，是世界上三大农业起源中心之一。早在远古时期，中国就有了农业文明的萌芽，"神农尝百草"的传说就是那段历史留下的印迹。在我国辽阔的土地上，已发现了成千上万处新石器时代原始农业遗址，最早的当在一万年以前。考古证明，距今七八千年的时候，我国的原始农业已经相当发达了。在漫长的传统农业经济社会里，我们的祖先用他们的勤劳和智慧，创造了灿烂的农耕文化。源远流长的农耕文化，不但铸造了中华民族光辉灿烂的历史，书写了中国人的伟大与自豪，而且今天仍然渗透在我们的生活中，特别是乡村生活的方方面面。以渔樵耕读为代表的农耕文明是千百年来中华民族生产生活的实践总结，是华夏儿女以不同形式延续下来的精华浓缩并传承至今的一种文化形态，"应时"、"取宜"、"守则"、"和谐"的理念已广播人心，所体现的哲学精髓正是传统文化核心价值观的重要精神资源。从思想观念方面来看，农耕文明所蕴含的精华思想和文化品格都是十分优秀的，例如培养和孕育出爱国主义、团结统一、独立自主、爱好和平、自强不息、集体至上、尊老爱幼、勤劳勇敢、吃苦耐劳、艰苦奋斗、勤俭节约、邻里相帮等文化传统和核心价值理念，值得充分肯定和借鉴。中国传统文化中理想的家庭模式是"耕读传家"，即既要有"耕"来维持家庭生活，又要有"读"来提高家庭的文化水平。这种培养式的农耕文明推崇自然和谐，契合中华文化对于人生最高修养的"乐天知命"原则，"乐天"是知晓宇宙的法则和规律，"知命"则是懂得生命的价值和真谛。崇尚耕读生涯，提倡合作包容，而不是掠夺式利用自然资源，这符合今天的和谐发展理念。

农耕文化的根本思想是人与自然平等共处、和谐发展，通过正确对待人与自然的伦理关系，合理利用自然资源，才能真正实现农业生产的可持续。中国上万年可持续发展的农业历史，创造了发达持久和长盛不衰的传统文化。同时，灿烂辉煌的中华文化又丰富了农业的内涵。两者相互依存，相互作用，相互影响。在有文字记载的几千年的中华文明的发展历程中，虽经无数次大大小小天灾人祸的考验，仍然一直蓬勃兴旺、绵延不断。事实证明这一技术知识体系具有可持续发展的特征。开发利用好丰富多彩的农耕文明与自然遗产资源，作为我国"三农"工作的重要组成部分，不仅对增进民族团结、维护国家统一、建设美好家园、激发爱国热情和丰富人民群众的文化生活具有春风化雨润物无声的重要作用，而且对经济全球化背景下维护和保护世界文化多样性，促进世界经济安全稳定增长、协调平衡增长、持续包容增长具有重要意义。

传承农耕文化，是发展现代农业的需要。现代农业是指充分运用现代化科学技术、现代化工业装备和现代化管理理念，以促进农产品安全、生态安全、资源安全和提高农业综合经济效益的协调统一为目标，而农耕文化运用本土的、独特的、独创的耕作技术和实践经验传承下来的生态平衡系统，是可持续发展的智慧和理念。借鉴和吸纳传统农业生产的遵循自然规律、重视生态环境、注重增长速度与质量安全协调，将助推现代农业发展进程。

传承农耕文化，是保障民族健康生活的源泉。农耕文化讲求"天人合一、药食同源"，传统饮食结构不仅由传统农业文明所决定，也是中华民族几千年生活实践及食疗保健经验的结晶。在发展绿色农业中吸取传统农业精华，以科学、安全、健康、环保的消费为理念，以倡导农产品标准化为手段，这既是农耕文化的一种传承，也是创新低碳农业、循环农业、高效农业发展的一个切入点。

传承农耕文化，也是繁荣农村文化的基石。随着经济社会发展和人们生活节奏的加快，人们渴望从喧嚣、污染的城市环境中解脱出来，回归到空气清新、环境幽静的乡村中，享受生态文化的田园情趣。发展休闲农业，也有利于农民增收、农村受益、促进农村文化的繁荣。

三、文体活动繁荣活跃

"繁荣农村文化事业，是全面建设小康社会和构建社会主义和谐社会的重要内容，是建设社会主义新农村、满足广大农民群众多层次多方面精神文化需求的有效途径，对于提高党的执政能力和巩固党的执政基础，促进农村经济发展和社会进步，实现农村物质文明、政治文明和精神文明协调发展，具有重大意义。"党的十七大首次明确提出要促进农村文化大繁荣、大发展。

美丽乡村建设不仅包含经济的发展、设施建设等硬件方面的建设，更包含农村精神风貌的改善、农民素质的提高和文化水平发展等软件的建设，两者之间相互协调、相互促进。

丰富的文体活动的具体含义有以下几方面：

（一）提高农民生活质量，促进农村社区发展

村民开始摆脱创业的疲惫，用文体活动去寻求生活的乐趣，用健康的娱乐转移压力、调整心态，生活变得有滋有味，活动搞得有声有色。通过开展全民运动会、艺术节以及各类文化活动，使政府、学校、企业、农村等社区教育活动资源得到多次的统筹和整合，干部和群众、教师和居民、社区各成员之间得到更多的交流和沟通。享受高质量精神文化生活是广大群众多元需求的一部分，社区教育为人们提供了开展文体活动的平台和满足精神需求的载体，广大群众身心得到锻炼和调节，在健康规范的文体活动中受到正确人生观和方法论的指导。人们通过文体活动追求健康、寻找快乐并终身学习，远离了暴力和犯罪，从而推进社区的和谐稳定。

（二）继承与发扬民俗文化，丰富新农村文化

目前，传统民俗文化在逐渐消退，甚至消亡。新时期农村文化现象虽不断涌现，但是普遍缺乏生命力。所以，要处理好民俗文化与新时期农村文化之间继承与发扬的关系。农民不是没有文化的人群，他们中间卧虎藏龙。培养和激励"乡土艺术家"，激发农村自身的文化活力，在新农村文化建设中显得尤为重要。新时期，农村文化发展较快，其中最明显的是一些广场舞、交谊舞、武术队发展较好，队伍越来越庞大，一些经营性的民间文体团队不断涌现，为农村群众操办大事提供了方便，也丰富了农村文化体育生活。但是，这些文化体育活动缺乏一种时代精神，缺乏一种恒久的影响。新时期农村文化和体育需要创新，在继承的基础上不断创新，创造出有生命力、影响力的新农村文化，这需要一批有力的文化团队担当重任，需要培养一批好的文体团队。

（三）群众自发自愿，政府重视引导

2010年，《中共中央办公厅　国务院办公厅　关于进一步加强农村文化建设的意见》中提出"开展多种形式的群众文化活动。农村文化活动要贴近群众生产生活实际，坚持业余自愿、形式多样、健康有益、便捷长效的原则，丰富和活跃农民群众的精神文化生活。充分利用农闲、节日和集市，组织花会、灯会、赛歌会、灶火、文艺演出、劳动技能比赛等活动。"农村文

体活动的开展需要政府的正确引导，从而使更多的群众自觉自愿加入文体团队，有利于农村文体事业的发展。政府不引导，或者不正确引导，将导致群众不愿参加或者被迫参加文体活动，不利于文体活动的持续开展。群众自发自愿参加文体活动，是文体事业繁荣发展的前奏，政府要重视和引导，要抓住有利时机，因势利导，推动农村文体事业的发展。

（四）公益性文体活动与经营性文体活动相互结合

公益性文体团队是指非营利性的文体团队，主要是开展群众文体活动，以锻炼身体、陶冶性情为目的，这类团队是需要我们大力提倡的。经营性文体团队是指具有营利性的文体团队，主要开展文艺演出，带有盈利的目的，这类团体是需要我们不断规范的。公益性文体团队在条件适当的时候会演变成经营性文体团队。

经营性文体团队一般不会发展成公益性文体团队，但是经营性文体团队的队员在没有演出的时候，经常以个人身份参加公益性文体团队活动，对公益性文体活动的开展起到重要作用。经营性文体团队要考虑经济收入，团队中的部分文化人靠此谋生，甚至靠此增收致富，政府主要是规范其经营行为，维护文化市场的正常秩序。但是，目前对农村经营性文体团队的管理几乎是空白，政府对其既缺乏管理，又缺乏监督。从长远来看，政府要对经营性文体团队的管理和监督给予重视。

政府对于公益性文化事业主要是加大投入，对于经营性文化事业主要是加强监管。投入必须根据实际情况，围绕群众的需求，因地制宜，有针对性地投入，避免搞"一刀切"。城乡一体化建设的区域，农民集中还建的社区必须规划建设适当规模的群众文体广场，完善配备文体活动设施，免费培训文艺骨干、文艺带头人，定期开展文化下乡活动，适时组织大型群众文艺演出活动，鼓励和支持群众开展丰富多彩的传统民俗表演活动。适当减少与当前群众文化需求不相适应的文化投入。

四、乡村休闲适度开发

传统的乡村休闲旅游出现在工业革命以后，主要源于一些来自农村的城市居民以"回老家"度假的形式出现。虽然传统乡村休闲旅游对当地会产生一些有价值的经济影响，并增加了城乡交流的机会，但它与现代乡村休闲旅游有很大的区别，主要体现在：传统乡村休闲旅游活动主要在假日进行，没有有效地促进当地经济的发展，没有给当地增加就业机会和改善当地的金融环境。实际上，传统的乡村休闲旅游在世界许多发达国家和发展中国家目前都广泛存在，在中国常常把这种传统的乡村休闲旅游归类于探亲旅游。现代乡村休闲旅游是在 20

世纪 80 年代出现在农村区域的一种新型的旅游模式，尤其是在 20 世纪 90 年代以后发展迅速，旅游者的旅游动机明显区别于回老家的传统旅游者。现代乡村休闲旅游的特征主要表现为：旅游的时间不仅仅局限于假期；旅游者充分利用农村区域的优美景观、自然环境和建筑、文化等资源；对农村经济的贡献不仅仅表现在给当地增加了财政收入，还表现在给当地创造了就业机会，同时还给当地衰弱的传统经济注入了新的活力。现代乡村休闲旅游对农村的经济发展有积极的推动作用，随着具有现代人特色的旅游者迅速增加，现代乡村休闲旅游已成为发展农村经济的有效手段。因此非常有必要分清这种"回老家"的旅游或者传统的乡村休闲旅游与现代乡村休闲旅游的区别。目前我们谈论的乡村休闲旅游是指现代乡村休闲旅游。

乡村旅游开发的发展前景包括以下几点：

（1）政府为旅游提供宽松的政策环境和积极引导，使其健康有序的发展。具体指有一个公平竞争的市场环境，引导经营户与投资者之间的合作；规划乡村旅游未来的发展方向，能够促进市场培育和经济活动的开展；通过各种方式大力促销；能够以区域旅游开发及系统生态学理论为指导，进行合理的规划与科学开发。建立起以政府为主导，乡村社区和旅游行业、企业为主体的管理体系，制定相关的法律法规，加强对乡村旅游业的管理和监督，促进其健康有序发展。

（2）有完善的基础设施和良好的环境。旅游村要实现自来水全部入户；电力部门要加强乡村旅游区电力设施的更新、改造和维护，确保用电需要和安全；通讯部门要将乡村旅游区纳入通讯设施建设规划，实现乡村旅游点信号的全覆盖；广电、信息部门要加快推进乡村旅游发展，实现有线电视和互联网宽带进村；生态环境宁静优美，自然景观美丽；在开发旅游时要保持原有自然生态环境，加强乡村旅游区及周边环境治理，达到环境优美的目标；能够根据乡村旅游景区的生态承载能力，合理安排旅游线路和接待容量；环保部门能够解决农村土地污染问题，保护旅游地环境的可持续性。

（3）有特色品牌，创新经营策略。有精品观光型产品，对乡村开发建设一批能体现文化、自然风光、乡土风情特色的新型观光产品。此外，对专项旅游产品进行开发，立足各地的资源优势和特点，开发一批农业旅游、节庆旅游等专项旅游产品，形成品牌效应，乡村旅游品牌特色鲜明。引导旅游商品的设计、生产和销售，增加旅游购物点，增加旅游附加值，同时有高质量的监控系统，保护消费者权益。

（4）有高质量的旅游服务、系统的教育培训。有优秀的乡村旅游人才队伍，重视教育培训，提高乡村旅游从业者在经营服务、食品卫生、旅游文化、旅游安全、接待礼仪、餐饮和客房服务等方面的素质和服务技能。

第五章

科学规划：
美丽乡村建设的前提

美丽乡村建设规划是基于创建活动要求编制的专项规划，按照规划先行的原则，统筹编制美丽乡村建设规划是美丽乡村建设格局优化的基本途径。作为未来一段时期内的主要任务，规划的编制和实施不但是创建活动的基本要求，更是美丽乡村创建试点评价的重要指标。科学合理的规划是一项全局性、战略性的工作，是协调各方关系的重要手段，也是指导乡村建设和发展的指导性蓝图。立足现实、目光长远的科学规划有助于引导乡村走向和谐可持续，进而提升乡村的整体风貌。

第一节　理论实践结合，提高指导性

美丽乡村规划编制主要是围绕美丽乡村创建工作的总体目标和框架，注重短期利益与长期利益的协调、局部利益与整体利益的协调、总体目标与阶段目标的协调，更要注重地区总体发展与生态建设的协调，明确其目标的针对性。

美丽乡村建设规划的突出目标是保障生态优先和生态安全，生态优先是美丽乡村建设的核心要求。作为一个长期过程，应当兼顾适时效益和长期可持续发展。在规划过程中运用生态学原理和技术，维护和强化整体自然地貌格局，保护生物多样性。保持农村传统社会特征和文化特色，突出农村和谐发展的原始风貌，依自然条件、地形地貌、资源禀赋设计村庄格局、房屋建筑、基础设施，有助于防止出现千村一面的现象，从而更好地树立农村独特的形象，保持人文气息。

一、规划依据要求科学系统

美丽乡村建设规划相关的理论基础较多，理论依据包括学术理论依据和规划依据两部分，这两大理论体系共同支撑着建设规划的科学性，其中规划依据与建设规划工作关系最为密切。

美丽乡村建设规划以 2013 年中央 1 号文件关于推进农村生态文明、建设美丽乡村的要求和《农业部办公厅关于开展"美丽乡村"创建活动的意见》文件精神为主要依据。

2013 年中央 1 号文件要求推进农村生态文明建设。其中，在美丽乡村建设方面主要涉及以下 6 个方面的内容：①加强农村生态建设、环境保护和综合整治，努力建设美丽乡村；②推进荒漠化、石漠化、水土流失综合治理，探索开展沙化土地封禁保护区建设试点工作；

③继续加强农作物秸秆综合利用；④搞好农村垃圾、污水处理和土壤环境治理，实施乡村清洁工程，加快农村河道、水环境综合整治；⑤发展乡村旅游和休闲农业；⑥创建生态文明示范县和示范村镇，开展宜居村镇建设综合技术集成示范。其中生态建设、环境保护和综合整治是美丽乡村创建工作，尤其是规划编制和实施工作的纲领性要求；荒漠化、石漠化、水土流失综合治理和实施乡村清洁工程是生态环境的保护性要求，即美丽乡村创建的基本要求，达不到这一基本要求的乡村将无法通过审定成为试点地；农作物秸秆综合利用作为农村资源利用的典型工程，乡村旅游和休闲农业作为农村经济发展生态化的产业发展目标，两者是推进农村生态文明建设、创建美丽乡村的发展性指标；生态文明示范村和宜居村镇建设综合技术集成示范是美丽乡村建设的主要目标。

2013年农业部在文件中强调"规划先行，因地制宜"的原则，即充分考虑各地的自然条件、资源禀赋、经济发展水平、民俗文化差异，差别性制定各类乡村的创建目标，统筹编制美丽乡村建设规划，形成模式多样的美丽乡村建设格局，贴近实际，量力而行，突出特色，注重实效。按照文件要求，美丽乡村建设规划是美丽乡村创建工作的重要组成部分，规划内容应包括对自然条件、资源禀赋、经济发展水平、民俗文化差异等方面的分析，制定乡村发展目标，进而实现美丽乡村建设格局的生态化、多样化和科学化。

作为省级专项规划，美丽乡村建设规划需要以全国主体功能区规划为基础，与国家及省级经济和社会发展总体规划等上级规划相衔接，与土地利用规划、村庄整治规划等规划相协调。

全国主体功能区规划由国家主体功能区规划和省级主体功能区规划组成，分国家和省级两个层次编制。主要任务是要根据不同区域的资源环境承载能力、现有开发密度和发展潜力，统筹谋划未来人口分布、经济布局、国土利用和城镇化格局，将国土空间划分为优化开发、重点开发、限制开发和禁止开发四类，确定主体功能定位，明确开发方向，控制开发强度，规范开发秩序，完善开发政策，逐步形成人口、经济、资源环境相协调的空间开发格局。

上级规划包括国家总体规划和省（区、市）级总体规划，其中最基本的依据是中华人民共和国国民经济和社会发展五年规划纲要，这类总体规划是国民经济和社会发展的战略性、纲领性、综合性规划，是编制本级和下级专项规划、区域规划以及制定有关政策和年度计划的依据，作为总体规划在特定领域的细化的专项规划需要符合总体规划的要求。

土地利用规划是在一定区域内，根据国家社会经济可持续发展的要求和当地自然、经济、社会条件，对土地开发、利用、治理、保护在空间上、时间上所做的总体的战略性布局和统筹安排。它是从全局和长远利益出发，以区域内全部土地为对象，合理调整土地利用结构和布局；以利用为中心，对土地开发、利用、整治、保护等方面做统筹安排和长远规划。目的在于加强土地利用的宏观控制和计划管理，合理利用土地资源，促进国民经济协调发展。

村庄整治规划是为贯彻落实全国改善农村人居环境工作会议的精神、指导各地结合农村实际提高村庄整治水平，由住房和城乡建设部出台安排的规划工作。该规划以改善村庄人居环境为主要目的，以保障村民基本生活条件、治理村庄环境、提升村庄风貌为主要任务。重点对村庄风貌进行整治提升，同时保护历史文化遗产和乡土特色。

在已有的规划编制过程中，如浙江省淳安县枫树岭镇下姜村"美丽乡村精品村规划"中，明确了规划依据包含《中华人民共和国城乡规划法》《中华人民共和国土地管理法》《村镇规划编制办法（试行）》（建村 [2000]36 号）、《浙江省城乡规划条例》、《村庄与集镇规划建设管理条例》、浙江省实施的《村镇规划标准》（GB 50188—93）及其有关技术规定（浙建乡 [1994]224 号）、《浙江省村庄规划编制导则（试行）》（浙建村 [2003]116 号）、《淳安县村庄布局规划（2008—2020）》《枫村岭镇总体规划（2008—2020）》、《淳安县枫树岭镇下姜村村庄规划（2010—2020）》《淳安县枫树岭镇下姜村乡村旅游策划方案》《淳安县枫树岭镇下姜村农业发展规划》以及《枫树岭镇下姜村来料加工业项目发展实施方案》共计 13 项上位规划。

二、实践流程设计规范合理

为方便理解美丽乡村建设规划的总体框架，绘制规划技术流程图如图 5-1 所示。按照规划总体流程设计，规划框架包含五位一体总布局、规划指导思想与原则、规划内容设计、规划编制成果和规划实施五个方面。

根据党的十八大精神，社会主义政治建设、社会建设、经济建设、文化建设和生态文明建设，构成"五位一体"发展中国特色社会主义的总体布局。五个方面的建设要求既是一个相辅相成、密不可分的有机整体，又有其各自的建设重点。根据"五位一体"的总体构想，即在可持续发展的目标下，推进经济、社会、文化、政治等各个方面，也就是将四大建设的目标融入到生态文明建设中，将生态文明的发展理念融入到四大建设中去。在统一目标、统一认识、统一行动纲领和行为模式的前提下，将五大建设统筹整合，将生态文明建设融入到五大建设的方方面面，实现真正意义的"五位一体"。因此在美丽乡村建设规划中，也应注重将生态文明建设的理念融入到建设规划的方方面面，并以此为基础设计规划的技术流程。

首先，规划的编制与实施的意义在于为美丽乡村创建工作服务，这一工作的开展需要从以生态文明为基本理念，从政治建设、经济建设、社会建设、文化建设、生态文明建设"五位一体"总布局思路出发，明确规划编制的意义和目标定位等。从这一意义上来说，"五位一体"总布局也是美丽乡村建设规划的总指导，包括规划指导思想和原则、规划内容设计和成果编制、规划实施等后续工作均在这一总框架指导下设计安排，也就是说"五位一体"总布局应贯穿规划编制与实施的全过程。

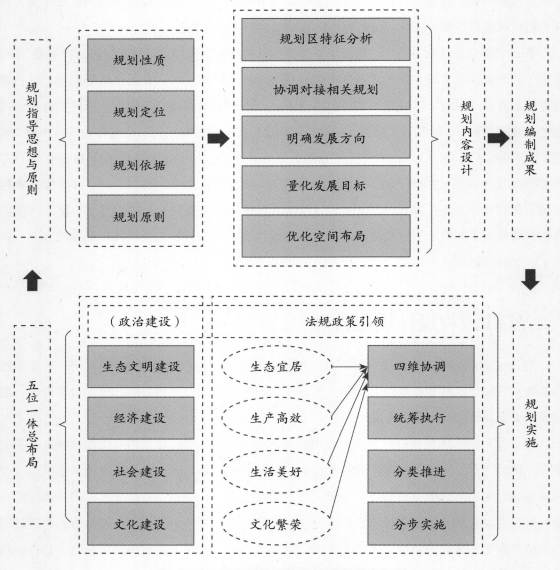

图 5-1　美丽乡村建设规划技术流程示意图

其次，以"五位一体"总布局的思路为基础设定规划指导思想和原则，明确规划的性质和定位，进一步阐明规划的依据和原则。其中，美丽乡村建设规划的性质和定位是针对乡村整体发展的省级专项规划，是确定乡村发展战略的指导性文件和乡村生态文明建设的纲领性文件。此外，规划原则在美丽乡村创建工作原则的基础上，还包括参与式原则、针对性原则、科学性与可操作性相结合原则和近远期结合原则这四个基本原则。

再次，在规划编制目标定位和原则指导下，明确规划编制内容，包括规划区特征分析、协调对接相关规划、明确发展方向、量化发展目标、优化空间布局五部分。以此为基础完成规划编制成果，包括规划文本、美丽乡村建设工程表和美丽乡村建设总体规划图。

最后，根据规划内容设计和规划编制成果设置规划实施方案，包括四维协调、统筹执行、分类推进和分步实施四大部分。其中，统筹执行包括上下统筹、城乡统筹、内部统筹和规划统筹四个层次，分类推进主要涉及生态、经济、社会、文化和空间格局五个方面。

上述内容为规划流程的主线，在此之外，围绕着党的十八大报告精神，设定"五位一体"总布局的思路，与规划内容设计中优化空间布局和规划实施中四维协调部分相统一。其中"五位一体"总布局除涵盖政治建设外，其他四大建设分别对应优化空间布局中的生态安全空间格局、经济发展空间格局、社会公平空间格局和文化繁荣空间格局；同时对应四维协调中的生态宜居、生产高效、生活美好和文化繁荣四大目标。内外两条主线构成美丽乡村建设规划的总体技术路线和框架。

做好乡村规划主要采用以下方法：

（1）文献研究法。整理国内外专家学者有关农村建设规划的研究成果，研读国内外农村建设的相关理论与管理文件，进行分析比较，梳理国内外专家学者的观点和对策。

（2）实地调查法。对美丽乡村创建试点地进行实地调查，通过走访农户，采取村民访谈和发放调查问卷的方式，了解乡村发展的现状与存在的突出问题，与农民访谈，收集农村建设相关思路、意愿和资料。

（3）统计分析法。通过对统计数据和实地调查得到的数据进行分类、整理、汇总、统计，了解乡村的现状和问题，分析美丽乡村创建试点地基本情况，以此为基础设计科学性、可操作性强的规划方案。

（4）定性与定量结合法。美丽乡村建设是一个系统工程，研究工作需要从多个角度开展。定性分析是根据理论内在的逻辑关系结构得出相关的理论上的结论；定量分析则是为了深入验证理论分析的结论而给出的数据支持。

三、建设规划指导意义明确

美丽乡村建设规划是基于创建活动要求编制的专项规划，也是美丽乡村创建活动的重要组成部分。作为未来一段时期内的主要任务，规划的编制和实施不但是创建活动的基本要求，更是美丽乡村创建试点评价的重要指标。美丽乡村建设规划与美丽乡村建设工程、美丽乡村建设评估和美丽乡村建设保障体系共同构成美丽乡村创建活动的支撑框架。美丽乡村建设规划是美丽乡村创建工作的重要技术保障，也是美丽乡村建设工程落实在空间上的具体表现，更是美丽乡村建设评估和美丽乡村建设保障体系的辅助支撑。科学、有效、实用的美丽乡村建设规划是美丽乡村创建工作的前提，只有规划好，才能建设好。只有在规划的指导之下，才能更好地统筹协调来自各方的资源和力量，解决当前乡村发展面临的各种问题，保护乡村生态环境。

美丽乡村建设规划的主要任务包括以下几点：①从乡村整体持续发展目标出发，合理有序地配置资源；②保障社会经济发展与生态环境保护相协调，重点着眼于乡村生态文明建设；③通过空间格局优化，提高乡村社会经济发展；④在保障生态社会经济协调发展的同时，以乡村传统文化为基础繁荣文化事业；⑤建立相关机制，协同工程建设、建设评估和保障体系建设，确保美丽乡村创建工作顺利开展。

根据中央精神，美丽乡村建设规划的编制和实施有赖于从理念上紧紧围绕生态文明建设，思路上着眼于解决农民、农村和农业面临的诸多问题，通过上下统筹、城乡统筹、内部统筹和规划统筹等几个层面共同协调，建设可持续发展的美丽中国，从乡村层面践行中国梦具有多重重要意义。

党的十八大报告首次将"美丽中国"建设作为党的历史任务，作为国家未来发展的重要目标，将生态文明建设的理念融入到中国特色社会主义建设中。美丽中国建设的总体思路是，以五位一体总布局为框架，基于人地关系演进的基本规律，以科学发展观为指导，以促进社会经济发展、人居环境改善为目标，从全面、协调、可持续发展的角度，构建科学、量化的评价体系，建设天蓝、地绿、水净、安居的自然与人文环境。我国是一个农业大国，农民占据人口的主体，几千年农业文明积累下，乡村一直都是未来发展不可忽视的重要方面。与城镇相比，乡村受到人工干预和影响相对较小，自然生态环境受到的破坏程度也相对较低。美丽乡村建设规划的设计和实施不仅仅要围绕美丽中国建设这一总体目标，更具有自身的特殊性、易操作性和重要性。

改革开放以来，乡村面貌发生了极大的变化，随着经济发展的加速，农村土地利用出现粗放化、随意化、乱用化趋势，土地利用类型被随意变更，宅基地占用耕地现象普遍，生态保护区域大范围被人工干预和影响。农业无序发展带来的盲目占地、资源浪费和环境污染等问题日趋严重，水土流失、生物多样性锐减等现象频发。乡村生态文明建设受到极大的挑战。严格保护耕地，严格按照规划类型使用土地是乡村建设的基本要求。美丽乡村建设需要切实发挥规划的指导作用，使乡村建设走向"科学规划、合理布局、因地制宜、规模适度、配套建设、功能完善、保护环境、节约资源"的道路。

农村经济发展是农村整体发展的基础，美丽乡村建设规划的设计和实施的任务之一就是解放和发展农村综合生产力，这里所谓的综合生产力不仅仅包括农业自身的发展、经济结构的调整和产业布局的优化，也包括了与农业生产相关联的农民产业知识的积累、技能水平的提高、生产环境的改善、基础设施的完善等多个方面，是在充分发挥自身资源优势的情况下，乡村经济社会的全面协调发展。在美丽乡村建设框架之下，全面综合的发展才能保障农业的可持续发展，而美丽乡村建设的规划也为实践提供了新的途径。

乡村是承载中华民族几千年文明发展的重要载体，也是中华民族传统文化的集聚地带，如何继承和发展传统文化成为展现乡村风貌的重要方面。除已有的历史文化村落保护工作外，还有众多其他类型的文化遗产，如何在保护优先的前提下进行科学有序的开发利用是规划实施的重要内容。党的十七届六中全会决定提出大力发展积极向上的农村文化，即挖掘当地传统文化和传统知识，倡导资源节约、环境友好型的生活生产方式，推动农村文体设施建设工作，做好科普，破除迷信，把握乡村文化走向。

在生态文明建设理念的指导下，实施美丽乡村建设规划，有助于农村人居环境的改善。这一改善不但可以体现美丽中国的建设成果，更能够直接体现对民生条件的改善。生态理念与现代技术相结合，可以规划打造一系列生态环境整治工程，这些工程的建设既有助于达到"村容整洁环境美"的要求，又有助于提高农村居民的生活水平。此外，在美丽乡村建设框架下实践农业可持续发展，可以提高农业生产水平和农村经济状况，进而通过财政转移等手段，用于惠民工程的实施和农村民生保障工程的建设。在打造天蓝、地绿、水净的自然景观和生态可持续农业发展模式的同时，建设和谐宜居的乡村环境。

第二节 长期短期结合，提高有效性

美丽乡村建设规划应从美丽乡村创建活动的要求和乡村社会经济总体发展目标出发，力求高起点，注重长期目标的实现，确保规划在较长时间内具有指导作用。注重前瞻性与循序渐进相结合。

美丽乡村建设规划涉及村域范围内各种土地利用、产业布局、基础设施建设等多个方面，是一项复杂的工作，因而需要系统有序的安排。由于资金、人力的投入有一定的时效性，规划的实施也需要因时因地展开，美丽乡村建设不可能一蹴而就，需要树立长期持续的思想观念。因而在规划设计和实施过程中，需要区分轻重缓急，通过座谈走访了解农民意愿和需求，同时着眼于未来，科学地设定目标和步骤，有计划、有重点地推进美丽乡村建设工作。在这一过程中因势利导，抓好典型和示范，以点带面，点面结合，切实追求实际效果。

一、长期目标设定，保证规划的持续性

根据美丽乡村建设规划的性质和定位，四维协调是规划实施的重要方面，也是美丽乡村建设的长期目标。这四个维度包括了生态宜居、生产高效、生活美好和文化繁荣。其中，生态宜居是美丽乡村创建工作的基本要求，改善农村人居环境也与中央关于生态文明建设的理念相协调；生产高效是创建工作，尤其是社会民生建设与乡村文化繁荣的物质基础，是以经济建设为中心的指导思想与可持续发展理念结合的必然要求；生活美好是以人为本原则的集中体现，基本服务保障体系与民生基础设施的建立健全是维持社会和谐稳定的重要手段；文化繁荣是试点地典型示范的重要内容，也是美丽乡村创建成果的体现形式。

（一）生态宜居

美丽乡村建设规划的实施应当紧紧围绕"美丽"这一关键词，充分了解社会经济发展与自然的关系，围绕生态文明建设这一理念展开，这就要求必须始终坚持以改善农村生态环境为工作重点，突出做好维持生态系统稳定、环境问题整治两大环节的工作，以此为基础统筹协调其他各项建设，将打造生态宜居的乡村环境作为重要的一个维度。乡村人居环境的整治

是美丽乡村创建工作的重要切入点，也是可以让农村居民直接感受到的实惠，乡村环境的生态宜居化有利于美丽乡村建设的顺利开展。

（二）生产高效

美丽乡村建设内涵丰富，安居与乐业密不可分，良好的经济基础对生态环境、生活水平及文化发展均有积极正面的促进作用。因此，在强调保护乡村生态环境的同时，还要树立紧抓生产、经营富民的理念，坚持生态与生产并重、规划与经营同行，把美丽乡村建设规划的实施与低碳高效的可持续发展型业态有机结合，开拓发展乡村经济，增强农村建设发展的动力。

（三）生活美好

生态宜居和生产高效的主要目的都是为了生活在乡村内的村民获得基本的民生保障，在此基础上不断提高生活水平，促进社会和谐稳定。人居环境的改善是农民生活美好的重要体现，因此需要抓好落实基础设施建设。

（四）文化繁荣

按照党的十七届六中全会决定和十八大精神，大力发展积极向上的农村文化。挖掘当地传统文化知识，倡导低碳生态的生活方式，推动文体设施建设，使农村在经济发展的同时，文化发展也得到有力的加强。美丽乡村创建工作中应突出乡土特色，弘扬传统文化，同时作为乡村文化重要载体的传统村落也是规划实施中应着重关注的问题。

二、短期目标落实，提高规划的示范性

美丽乡村建设规划的远期目标主要是前文所述的四个维度，这四个维度决定了规划应当体现在生态、生产、生活三个层次的环境提升上。为落实规划，使其对其他广大农村地区具有示范作用，在建设规划的过程中应有针对性地设定可以在短期内实现的目标，根据美丽乡村建设的目标及规划设计的发展方向，短期目标具体可以包括以下几大部分。

（一）自然景观保护与开发

按照美丽乡村创建的标准，农村地区通常具有山水环绕、沃野葱葱、稻浪滚滚、花鸟交织等乡村风味深厚的田园风光。这种独特的景观资源对周边城市具有极强的吸引力，是城市化过程中市民乡愁的落脚点。以农田、果园、池塘、森林等自然景观为主要的依托资源，兼

以各类农林牧副产品加工生产为基础，用乡土文化和传统农作贯穿景观开发的全过程，实现观光、娱乐、服务一体化的新型农业旅游业态。

（二）文化景观设计与利用

传统的农耕文化是乡村文化的重点，也是其繁荣的基础。不同于自然景观的天然性，文化景观具有很强的可塑性，同时基于不同发展环境和不同的经济社会发展水平，不同乡村的传统文化也存在较大的差异。坐落于乡村内部的楼、台、亭、塔等古建筑均可作为乡村的标志性景观，特别是某些民族文化相对繁荣的地区，民居也是独特的景观元素，这些景观的合理开发和利用，有助于体现美丽乡村建设的文化影响，同时提升村民的凝聚力。

（三）农村基础设施建设

基础设施的建设与保障是农村社会发展的基础，也是打破乡村相对闭塞环境的重要方式。美丽乡村的内涵要求其人工环境的便捷性和便利性，因此乡村道路的建设是基础设施建设的重点，供水、供电等设施的建设也应在短期内有序进行。此外，在有条件的试点乡村，应建有一定规模的文化娱乐场所，这种统一场所的构建有助于提升乡村内部艺术环境，改善农民的精神面貌。

三、分类推进，协调规划的整体性

规划的分类推进是由美丽乡村建设的基本原则和要求决定的，美丽乡村建设要求保障乡村整体健康可持续发展，这一整体包含了农村、农业和农民，也可理解为生态、生产和生活诸多方面。

（1）生态环境整治方面，主要展开生态系统保育工作，对生活环境进行集中整治，改善村容村貌，确保乡村实现生态宜居的近期目标。

（2）乡村经济发展方面，主要明确美丽乡村试点地产业发展方向和产业结构，改善生产条件，大力推动资源节约型和环境友好型低碳节能产业，提倡有条件的乡村发展生态农业、生态旅游业和文化产业。

（3）基本民生建设方面，按照统筹城乡发展思路，满足美丽乡村试点地基本公共服务均等化要求，保障试点地基本医疗卫生、教育文化、公共安全。以社会公平为基本原则，打造公共服务圈，保障乡村和谐稳定以及邻里关系和睦。

（4）乡村传统文化方面，传统文化包含实体文化和非物质文化，应改变过去对于实体文化单一保护、盲目开发的方式，整体推进实体文化遗产与周边环境的综合保护、重视非物质文化的发掘传承，努力保存历史的真实性、突出乡村风貌的完整性、体现生活的延续性以及保护利用的可持续性。

图 5-2 村域：将生产、生活与生态纳入一个整体，将景观融入日常生活

图片来源：贺勇，2012。

（5）空间格局优化方面，即整合上述四个阶段所涉及的生态、经济、社会、文化四个方面，统筹各方面资源，打造生态安全、经济发展、社会公正、文化繁荣的多目标综合空间格局，将美丽乡村试点地打造成为宜居、宜业的生态环境保护示范地。

图 5-2 中所展示的是浙江省磐安县安文镇白云山村规划图，在其规划中秉承着生产、生活与生态统筹协调的原则，将日常生活与景观有机结合。

四、分步实施，提高规划的有效性

在追求整体健康可持续发展的过程中，不能一蹴而就，必须有序推进。规划实施中，按照规划内容设计，大体可分为以下几个阶段进行：

第一阶段为生态环境整治期。鉴于规划将从美丽乡村试点地开始着手，此类地区乡村生态环境基础应在全国处于较高水平，因而其实施期限定为 2 年。

第二阶段为基本民生建设普惠期。美丽乡村建设的主体是农民，根据以人为本的原则，民生问题相对比较急迫，因此基本民生建设实施期限定为 3 ～ 5 年。

第三阶段为乡村经济发展总体构架期。乡村经济发展框架设计工作应从规划实施起开始，与生态环境整治期同步，其他生态型经济发展按各自特征条件在 2020 年内完成。

第四阶段为乡村传统文化促进期。经济发展对传统文化的影响是双向的，但对于传统文化的促进也是不可或缺的，但文化的培育有其自身的规律，不能一蹴而就，更不宜操之过急。试点地乡村可按规划中期目标完成，传统文化基础较好的地区可视自身条件安排文化发展展望 2050 年远景目标。

第五阶段为整合优化示范期。原则上美丽乡村创建试点地区达到示范水准需完成以上四个阶段的主要任务，鉴于美丽乡村创建工作的重大意义和紧迫性，此阶段仅作为规划参考，无硬性要求和时间结点，各乡村可酌情设置。

第三节　宏观微观结合，提高可行性

　　美丽乡村建设规划编制应对生态系统和农村资源环境基础及社会经济发展情况进行科学系统的分析，对其面临的优势和劣势、机遇与挑战，尤其是对当前存在的突出问题进行科学评估，对经济、社会、文化和生态的发展和保护目标进行合理设定和量化，对规划实施过程中应采取的措施进行规范，确保其可操作性。

　　此外，因地制宜是确保科学性与可操作性相结合的重要原则。美丽乡村建设内容要求建设生态良好的乡村环境，因而保障生态系统的稳定是规划的一个重点。这种生态系统稳定性的维持需要以当地现状为基础，因而地形地貌、乡村区位条件、经济发展水平、交通基础设施等因素对规划的编制与实施有很大的影响。如何既能尊重乡村发展与建设的客观规律，又能利用现有条件满足农民的实际需要，这就需要对不同乡村进行因地制宜的分类指导，避免强制性统一模式要求下的大拆大建。

一、分析乡村特征

　　规划区特征分析是规划编制的基础，是保证其科学性、完备性和可行性的必要工作。规划的编制和实施的首要原则就是与科学性和可操作性相结合，要求规划必须符合乡村实际情况，考虑农民实际生产生活状况。脱离实际地一味完成规划设计，通过大量的土建工程改变自然地形地貌等行为，不但会造成资源、人力等方面的浪费，还会让乡村失去了地方特色和文化风貌。规划设计应当遵循乡村的自然性，一切为了美观效果而要求道路笔直、建筑整齐划一的不切实际的设计，都会让乡村失去文化底蕴，这种没有基于规划区资源环境、社会经济发展水平、文化风俗等实际特征的规划都是对乡村发展的历史和未来的不尊重。

　　表 5-1 所示的内容是基于广东省广州市南沙区芦湾村的案例，其指标包括了规划编制过程中特征分析的内容，但实际上，针对美丽乡村这类综合性规划，其涵盖的范围应当更广。

　　美丽乡村建设规划的规划区是规划的执行区，规划本身既承接现状，更面向未来，因此在规划区特征分析中应坚持运用科学的技术方法，在实地调查、文献调研、专家咨询的基础上，从以下几个方面，但不仅限于以下几个方面，全面分析美丽乡村创建试点地的优势、劣势、机遇与挑战。

表 5-1　指标考核表（来源：宋京华，2013）

考核内容	考核目标	建设目标
舒适性	居住条件	人均钢筋混凝土结构、砖木结构，住房面积 30～40m²； 生活区与养殖区分离，居住区与工业区分离； 住房建设符合村庄规划的要求
	社区服务	在村委会设置一个以上"农村社区服务中心"； 推行"一站式"服务
	村道建设	村道硬底化 100%，主要道路机动车可通达； 主要道路配套齐全路灯、绿化带、排水管等设施
	绿化环境	有一个以上供村民乘凉、休憩的绿化小公园、小绿荫地等； 村域河涌、池塘水面无垃圾，无异味、臭味
	社会救助和保障覆盖率	新型农村合作医疗参保率或参合率达到 95% 以上； 最低生活保障标准以下的家庭全部享受最低生活保障； 新型农村社会养老保险参保率达到 100% 以上
健康性	生活垃圾收集、处理情况	有专人管理或村民轮值的垃圾收集池（站），垃圾定点收集、堆放，实现日产日清，村道、公共场所保洁时间在 8 小时以上； 人畜粪便要进行无害化处理； 生活垃圾运往符合国家卫生标准的垃圾处理场（厂）处理； 村庄及周围基本无蚊蝇孳生地
	污水处理	污水排放暗管化； 污水实现集中处理
	安全用水	自来水普及率达到 80% 以上
方便性	医疗卫生条件	有村卫生站、常备医疗设备和药品； 有一个以上的村医； 村卫生站提供基本医疗服务及预防保健等医疗服务
	文体活动设施配备情况	有一个以上综合活动场所，有老人、儿童活动设施； 有一个以上室外活动场所
	交通情况	符合客车安全通行条件的行政村通达客车； 已通客车行政村建有车亭或客运站点
	燃气普及率	90% 以上
安全性	社会治安状况	近两年未发生过刑事案件； 基本无私彩、无吸毒； 无集体上访事件
	自然灾害问题	配置完善的防灾设施，已制定防治自然灾害的长效机制； 考核期间没有出现群死、群伤的自然灾害事件

（一）自然条件与资源禀赋

在乡村范围内从事生产、生活等活动必然受到自然环境的影响，作为人类聚集地的乡村形成的基础同样在很大程度上取决于自然条件的优劣。资源是人类发展自身所必需的物质基础，也是进行生产和生活必要的资料。自然条件的优劣和资源禀赋的差异对乡村总体发展有着根本性的影响。这些因素具体包括了气候条件、地形地貌、水土条件、能源矿产、林草覆盖等多个方面。

（二）生态环境状况

对乡村生态环境定性评价的方法有很多，但作为以生态环境建设为核心目标的美丽乡村建设规划状况评价，建议引入生态安全评价等更为系统和科学的定量分析技术方法。由于美丽乡村建设规划的特殊性，要求生态环境状况的分析作为规划区特征分析的重点内容。

生态安全评价的方法很多，主要通过建立评价框架来进行计算，其中包括生态承载力评价、生态足迹法，以及应用较为广泛的类 P-S-R 模型方法。P-S-R 模型即压力 - 状态 - 响应模型，此方法通过建立指标体系系统化、层次化计算生态安全总体情况，其中压力指标反映人类活动产生的负荷，状态指标表征生态系统和环境质量的状况，响应指标表征人类对生态环境问题的反馈。规划编制过程中，不同乡村可根据各自情况设计建立评价指标体系。

（三）社会经济发展现状

由于自然条件和发展历程、文化背景的差异，不同地区的经济发展水平也呈现出不同的层次。不同地区的社会经济发展水平影响着乡村的总体布局，也影响其空间形态，进而对乡村发展、空间格局和建设水平都有直接的影响。一般来说，社会经济发展水平较高的地区，由于民生的改善和村民生活水平的提高，会提高对所居住环境的要求。而传统从事农业生产的地区，由于各方面条件制约，多会出现人口流动的情况，从而产生新的空间格局。

因此，社会经济发展现状是美丽乡村建设规划编制中必要的内容。此外，作为社会经济发展的空间基础，也应对土地利用现状进行分析，以此为基础明确空间格局调整方式和限制。

（四）历史文化保护传承

不同自然条件、社会经济发展水平下，不同地区村民文化观念和生活方式也存在较大差异。作为历史悠久的文明古国，文化发展一直是中国社会尤其是农村社会的核心问题。关于历史文化传承的分析有两大方面，一方面是对实体文化形态的保护，另一方面是对非物质文化的传承。因此，在规划编制过程中对乡村，尤其是特别具有文化保护价值的村落需要明确文化保护范围，进而确定乡村的发展和整体建设的路径。在实体形态保护为主的乡村，可以考虑将旅游业作为产业发展的重点。对非物质文化的传承，尤其是对传统农业文化知识的保护和传承，要注重维持其生存条件和空间，保护传统农业这一业态，在规划编制过程中细化并明确有待保护的历史文化的名录。

（五）区位条件与空间格局特征

这里的区位条件是指美丽乡村创建地所处国土空间位置状况，主要从产业、文化和生态保障等多个角度，通过空间分析的手段，分析美丽乡村创建地与所属地级市和周边乡村的关系，明确其发展优势和不足，其中包括创建地与所属县市的经济关联度，包括交通条件、产业接续条件、产业链承接情况、劳动力转移条件等。文化方面主要涉及创建地文化辐射程度及与周边其他乡村文化的联系等。生态保障方面较为复杂，除了其自身所处地形地貌等自然环境影响下的特殊发展空间状况外，还应分析其对周边地区的影响，尤其是其生态重要性和脆弱性影响下的区域总体格局情况，以及由于生态保障功能强化需要周边地区生态补偿的情况。

另外，应对乡村内部空间格局特征进行分析。乡村空间格局不但影响社会经济发展，也影响乡村用地效率，土地利用类型的破碎化对农业生产和生态保护均有显著的影响。因此在分析乡村内部空间格局特征时，应对生态、经济、社会、文化四个方面的空间格局状态进行分析，同时还应针对乡村土地利用现状特征进行分析。

（六）存在的突出问题

由于各种现状条件的制约和建设理念的影响，当前美丽乡村建设面临诸多问题。这些问题包括了理念层面、操作层面和规划层面等诸多方面，对美丽乡村建设规划区，即美丽乡村创建区来说，生态环境问题相对少于非创建区，因此可以作为问题之一进行基本描述，而不必作为突出问题深入分析解决。因此，规划内容中所关注的较为严重的问题包括了土地利用浪费情况、空间格局无序状态、基础设施与服务设施情况等。由于各乡村具体情况不尽相同，因此面临的问题也必然存在差异，因此在规划编制过程中，关于存在的突出问题部分内容可视具体情况增减。

二、明确发展方向

美丽乡村建设规划编制与实施的目标是对评选审定后的创建地进行规划，在其优势领域的基础上统筹发展，明确乡村建设的方向定位，包括了生态、经济、社会和文化等多个方面。其中经济作为乡村发展的基础，经济发展方向和产业结构对乡村建设有着重要的影响，它也是实现乡村整体可持续发展和生态文化建设的物质基础。在美丽乡村创建和乡村整体可持续发展的目标下，经济发展是各项工作开展的基础之一，也是美丽乡村建设的必要物质准备，因此，经济建设和产业发展的多元化和生态化是建设规划的主要内容之一。

产业发展的多元化是指根据不同的自然资源环境特征、社会经济发展水平和区位条件，分析美丽乡村创建地产业发展前景，协调创建地与所属县市和周边地区的关系，发展多种业态形式，以此提高乡村经济总体水平，增加农民收入及就业机会。产业形态的多样化既要求保障种植业、养殖业的发展，也要鼓励适宜本地区的林果业和蔬菜花卉种植业发展，同时也应在产业发展上做好产业链接续工作，抓好农产品加工业等第二产业和旅游业、文化产品开发等第三产业的发展。

产业发展的生态化即围绕生态经济建设统筹协调乡村发展方向。生态经济是指以生态文明理念为指导，在经济与生态相适应的原则下，在生态系统容量范围内，以基本满足人的物质需要为目的，按照生态经济学原理、市场经济理论和系统工程方法，运用现代科学技术，改变传统的生产和消费方式，发展生态高效的产业，把环境保护、资源和能源的合理利用、生态的恢复与经济社会发展有机结合起来，实现经济效益、社会效益、生态效益的可持续发展和高度统一。

环境问题的实质，一是人类经济活动索取的资源速度超过了资源本身及其替代品的再生速度，二是向环境排放废弃物的数量超过环境的自净能力。生产是人类活动的一个极其重要的组成部分，是造成目前生态环境恶化最主要的原因。因此，理顺经济生产与生态环境保护之间的关系对乡村可持续发展和生态文明建设有着深远的影响。改变传统的经济发展模式，选择可持续的经济发展模式的途径包括以下几个方面。

（一）建立完善的经济可持续的增长机制

生态文明建设要求我们不能以牺牲环境为代价发展经济，经济发展方式要从粗放型转为集约型。我们选择生态文明的可持续发展模式，就是要考虑经济发展对环境的影响，生态经济的核心在于从经济发展上通过产业结构生态重组，创建一种由全新的生产消费方式支撑的经济体系与发展模式，以促进人类经济社会系统的生态化转变。

传统的经济增长方式主要依靠要素投入的增加，形成"高投入、高消耗、高排放、低效益"的增长方式。在生态文明建设理念下，可持续的增长机制主要通过大力发展高新技术、提升生产效率、调整产业结构、促进产业生态化、促进循环经济和低碳经济的发展等方式实现。所谓循环经济是由"资源—产品—再生资源"所构成的、物质反复循环流动的经济发展模式。在全球气候变暖的背景下，以低能耗、低污染、低排放为基础的"低碳经济"成为全球热点。低碳经济是针对碳排放量来讲的，指通过提高能源利用效率和采用清洁能源，以期降低二氧化碳的排放量、缓和温室气体，使在较高的经济发展水平上碳排放量比较低的经济形态。

（二）建立有利于生态经济的市场机制

与传统经济学仅仅关注经济系统内部资源配置问题相比，生态文明的理论研究将环境资源视为基础性稀缺资源，把生态环境承载力对经济系统的规模限制作为环境资源有效配置的先决条件。在生态文明的目标下，通过制度安排对经济行为主体进行激励与约束，促成经济行为主体的理性决策，形成有利于生态文明发展的内在驱动力。

生态文明时代需要产业生态化，所谓产业生态化就是依据生态经济学原理，运用生态、经济规律和系统工程的方法来经营和管理传统产业，以实现其社会效益和经济效益最大、资源高效利用、生态环境损害最小和废弃物多层次利用的目标。其主要手段有产业结构调整、产品结构优化、环境设计、绿色技术开发、资源循环利用和污染控制等。我们可以借鉴国外较为完善的产业生态化市场机制，建立我国有利于生态产业的市场机制。为此，除了要研究制定促进生态产业发展的政策体系外，还要通过政府给予政策和法律上的支持，促进绿色产品市场和绿色产业的发展。

（三）大力发展环保产业

环保产业是生态环境保护的重要的经济基础和技术保障，大力发展环保产业对实现经济社会发展目标，以及促进城市可持续发展具有十分重要的意义。目前我国环保产业发展还面临着产业规模较小、产品结构不合理、区域发展不平衡等问题。另外，环保产业作为新兴的高新技术产业知识密集度高，在科研能力、设备投入、人员技术等方面都有待提高。因而需要政府加大投资力度，积极支持环保企业发展，增强环保产业的技术水平和整体实力。同时，为保障环保产业健康可持续发展，应当统筹协调，制订环保产业发展的相关规划和产业发展政策等。

三、量化发展目标

规划编制和实施的方向与目标的确定采用定性与定量分析相结合的方法，在发展方向协调内容中以定性为主，在发展目标具体化研究中以定量为主。定量分析包括横向和纵向多种比较方式，具体发展目标的量化包括了三个部分：一是各领域发展规模量化，二是空间格局量化，三是发展时序量化。其中，前两者量化均与乡村人口规模和用地规模有关。在乡村建设重点方向、产业结构调整方向明确的前提下，采用综合分析法对乡村人口增长变化进行预测，进而严格根据集约用地原则，按照人均用地标准和人口规模对用地规模进行分析计算。

各领域发展规模量化中涉及的指标包括以下几点：① 经济发展方面，包括农民人均纯收入、乡村工农业总产值、三次产业构成比、人均道路面积；② 生态环境方面，包括森林覆盖率、垃圾处理率、人均绿地面积；③ 社会民生方面，包括人均生活支出、义务教育普及率、医疗卫生所覆盖率、信息化普及率；④ 文化方面，包括文化创意产业产值比重、文化旅游业产值等多个目标。

空间格局量化是借助空间分析方法，对规划区的空间布局进行图像化表达，为落实以生态文明建设为主导理念的空间管制提供科学依据。空间格局量化除经济发展指标的空间化外，主要涉及环境规划、文化保护规划和基础设施规划。其中，环境规划主要包括生活生产污染防治、环境绿化和景观规划几个方面，在规划设计中应以科学性、前瞻性和可持续性为基本原则，建立资源节约型和环境友好型的生态化体系。在空间上明确生态环境保护区域，如自然保护区、饮用水源地、森林、湿地等重要生态系统的范围。文化保护规划方面主要处理好传统文化遗存在空间上的保护工作，主要是对文物古迹、风景名胜区及其他法律法规规定的保护范围用地进行严格限制和空间定量。另外，还需要对供水、电力、交通、通讯等基础设施空间格局进行优化调整。

发展时序量化即明确规划实施的时间表和美丽乡村工程建设的时间表，按照分类推进、分步实施的总体框架，促进规划要求内容的有序、有效落实。

四、优化空间格局

乡村空间格局明确是规划切实实施的重要基础和保障，对于乡村这样一个相对较小的空间单元与行政单元来说，如果没有明确其空间格局，任由其生态、经济、社会、文化空间自行发展，将很可能出现某一空间占据极大优势而挤占其他领域空间的情况，这样不但无法保障各领域的协调统筹发展，更有悖于美丽乡村建设的宗旨。

乡村空间格局受到多方面因素的影响，这些影响主要来自乡村内部和邻近城市两个方向。在经历改革开放的经济高速发展期后，经济意识主导的情况趋于严重，乡村工业化和城市扩张分别从内外两个方向威胁乡村空间格局安全。其中，经济高速发展背景下的乡村工业化进程过快，这同样加快了环境污染和对乡村自然景观的破坏，山水田园被工厂、库房切割占用，这种发展模式下，生态安全空间格局、社会公平空间格局、文化繁荣空间格局在强势的经济发展空间格局之下普遍被削弱，导致乡村空间格局无序发展。而在产业链上实际处于低端工业化的发展，更使乡村自身失去应有的优势和竞争力。另外，邻近城市的发展同样挤压着乡村空间，以城市建设用地蔓延为主要现象，对乡村发展，尤其是自然生态造成极大的影响。

在明确乡村空间格局的规划内容编制中，应以国家和省级主体功能区划为主要参考，明确各级禁止开发区和限制开发区，以此为基准，以经济建设生态化发展方向为基础实施。明确空间格局工作可参考以下步骤实施：①通过访谈、问卷等手段对美丽乡村创建试点区深入调研，综合考虑政府、农民、企业等主体对乡村空间的诉求；②运用地理学和社会学的技术和方法，判别出维护生态安全、经济发展、社会公正、文化繁荣的关键性空间格局；③通过综合分析集成多目标导向下的空间格局优化方案，得到多目标下的空间格局优化方案。

　　根据上述步骤探索美丽乡村创建区空间格局优化方案，明确乡村空间格局优化重点和类型。这些类型包括生态保护型（具有历史价值和文化传统的乡村，或生态脆弱地区和重要地区，主体功能区规划范围内的禁止开发区）、归并整治型（规划编制和实施前空间发展无序化严重的地区，表现为基础设施和生产用地过度分散粗放、资源浪费严重）、促进生产型（乡村生态环境条件优越，资源禀赋合理，但由于区位条件等限制经济和民生水平而受到影响的地区，可重点发展生态农业、生态旅游业和其他生态经济），以及其他可定义的类型。最终通过分析判断各试点区空间格局优化方向和类型，据此指导美丽乡村建设实施落地。

　　集约使用土地并保持传统空间结构相对完整是对美丽乡村建设规划中空间格局研究内容的基本要求。由于土地利用规划已经详细规范了不同地块的不同使用功能，在美丽乡村建设过程中就必须充分考虑土地利用现状，在恰当规模化的基础上，提高建设用地的集约利用水平，使土地的综合利用效益最大化。在有条件的乡村可考虑将部分农产品加工业等第二产业集中划定在一定范围内，对这类土地严格控制其使用范围，做到集约化、合理化，地尽其用。居住用地的空间形态上应注重其文化内涵，在延续传统村落原有建筑形态风格、空间布局结构等特色的同时，有机地衔接新的建筑设计，实现村落文化特征的延续和空间形态的自然生长。

　　具体到各领域中，农业生产受土地利用条件限制，总体布局很难有大的突破，因此，应在现有条件下，尽量发展合理规模适度集约的农地利用模式，减少其他用地类型对农用土地的占用和切割，提高土地利用效率，同时也为机械化等农业现代化生产方式创造条件。针对林地、草地、园地等用地类型，应遵循自然性原则，依托自然条件，不强求建设，不盲目发展，以维护生态系统稳定为基本要求，尽量为生态文明发展创造合理条件。根据经济生态化发展目标设定，严格控制非生态型工业发展规模和土地占用，空间布局上应充分考虑自然条件、资源禀赋和交通基础设施现状和规划等情况再进行设计。除交通、通讯等经济基础设施建设外，为解决社会民生问题，还应该在空间格局优化研究中涵盖给排水、供电供热等民生类工程设施规划，这类设施的规划原则上已在上一级经济和社会发展总体规划和村庄整治规划等规划中有所体现，美丽乡村建设规划编制中仅在空间格局上予以说明。作为以生态文明建设为核心的美丽乡村建设规划的重要内容之一是生态环境规划，它包括了生态系统保护、生产生活污染防治、环境绿化和景观规划几个方面。在此内容设计中，应坚持前瞻性、实效性原则，注重自然风貌与人工环境相协调，从而保障乡村生态环境的良性发展。

　　除上述生态、经济、社会和文化空间格局优化外，还应落实美丽乡村建设工程在空间上的布局，以便直观掌握乡村空间总体布局。

　　贺勇等（2012）针对常山县黄岗村村域规划提出"一轴四片"的总体结构（图5-3）。"一轴"是入村公路及沿路水系为生态发展的复合轴线,"四片"包括北部、南部生态育林区,西部森林休闲体验区,中部农业综合示范区。在"一轴四片"的总体结构下,自 205 国道长风大坝入口而入,沿途通过"入景"、"乐农"、"游村"、"闲居"、"隐山"五个重要的结构段落的整合,串联起黄岗村生活、生产、生态的发展。

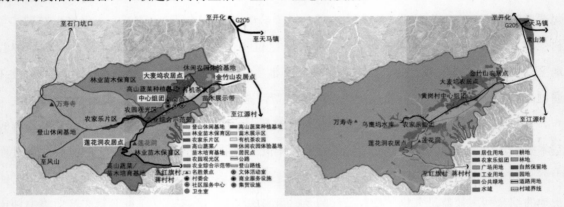

图 5-3　黄岗村村域现状与村域规划
图片来源:贺勇,2012。

五、规划编制成果

美丽乡村建设规划成果应满足易懂、易用的基本要求,具有前瞻性、可实施性,能切实指导美丽乡村建设,具体形式和内容可结合各地实际工作需要进行补充、调整。规划编制成果原则上要求完成规划文本、美丽乡村建设工程表和美丽乡村建设总体规划图和美丽乡村建设工程规划布局图。

其中,美丽乡村建设工程表主要用于统计相关工程名录,包括产业综合发展工程、安居生活建设工程、生态环境保育工程、和谐民生保障工程和乡土文化繁荣工程。表中需要明确列出工程项目的名称、内容、规模、经费概算和实施进度计划等。表中所涉及的工程项目需要各地农业部门与其他部门相协调安排,确保实效。同时针对各项工程均需有关部门进行可行性分析研究,保障项目与规划和美丽乡村创建工作协调。工程计划安排中严禁以空对空,原则上只列出规划期内具有操作可行性的项目,以保证工程落地。

美丽乡村建设总体规划图主要用于展示总体空间布局,图中要素应涵盖生态安全、经济发展、社会公平和文化繁荣四个方面,其中生态安全空间格局明确为规划限制性条件。美丽乡村建设工程规划布局图主要是将美丽乡村建设工程落实在图上。

根据上述关于美丽乡村建设规划的主要内容,需要各县级政府组织规划文本的编写工作,规划文本应包括以下内容:

（1）美丽乡村创建地现状及突出问题特征分析。以基础调查、信息搜集、前期研究为基础，从自然条件与资源禀赋、生态环境状况、社会经济发展现状、历史文化保护传承、区位条件与空间格局特征和存在的突出问题等多个方面进行科学、系统、量化研究，分析创建地在美丽乡村创建工作中所面临的机遇与挑战、优势与劣势等。在定性与定量相结合分析的基础上，需另附现状图和现状数据表。

（2）美丽乡村建设规划总纲。从美丽乡村创建总体要求出发，阐述规划编制的必要性和重要性，强调美丽乡村创建工作的重要意义。概要性阐明规划指导思想、规划依据、美丽乡村创建原则和建设规划原则、总体战略、时限与目标。规划依据应列出对美丽乡村创建工作具有指导、约束、参考的法律法规及政策性文件、政府（部门）规划和其他相关文件；规划目标应明确阶段性目标，提出各领域发展方向、总体目标和阶段性目标。

（3）生态环境治理。与全国主体功能区规划衔接，估计美丽乡村创建地生态环境状况，提出生态环境治理与保护的主要任务、措施，结合生态环境保育工程提出生态环境治理的重点方向，并给出阶段性指标和完成进度安排。

（4）经济生态化发展。明确美丽乡村创建地经济发展方向，结合产业综合发展工程提出适用于本地区的经济生态化调整方案和产业发展路径。从发展规模量化、空间格局量化、发展时序量化三个方面展开。

（5）社会民生发展。根据乡村用地和人口规模明确社会基础保障设施与机制建设，提出贫困、就业、就学、就医等社会民生问题的解决对策，提出保障安居生活和和谐民生发展的重点工程项目。

（6）文化繁荣。依据乡村传统文化保护与发展的基本要求，根据实际情况确定保护与发展的目标、原则。分阶段、分步骤在传统知识、传统文化、文化景观保护、文化产品开发、旅游开发等方面设定目标，重点开展乡土文化繁荣工程建设。

（7）支撑保障能力。包括乡村空间格局优化，基础设施和公共服务设施建设，人才、教育与科技支撑，社会保障体系建设，体制机制创新等。此外，针对规划实施要求，应阐述规划实施的技术保障和资金保障。其中，技术保障措施是从基础性调查研究和分析、建设评价指标体系、乡村发展的关键性技术研发和专家咨询机构建立等角度说明；资金保障从国家和地方支持（包括相关政策、补贴、项目等形式）、社会资金和市场开拓等角度说明。

（8）政策措施和实施机制。主要涉及创建地为实现美丽乡村建设实行的政策措施、实施机制及责任落实等。其中，政策措施主要从明确规划的法律地位、制定相关保护条例和管理办法等角度，说明本规划实施的政策保障措施；责任落实工作主要从责任主体建立保护与发展领导小组和办公室等角度出发，说明本规划实施的组织保障措施。

第四节 社会各方联动，提高参与性

乡村建设类规划的主要目的是为了解决农民生产、生活中涉及的空间格局优化问题，这一问题的解决离不开农民与地方政府的共同参与，因此规划编制需要以维护农民根本利益为出发点，尊重农民意愿和文化传统，广泛听取农民的意见和建议，变政府主导为引导，变农民被动为主动，以参与的方式对美丽乡村规划进行框架设计及内容安排，从改善农民生活条件、改善农村人居环境出发，促进农村社会全面发展和农业可持续发展。

一、积极统筹引导多方共同参与

规划的实施离不开统筹和执行，统筹是为了更有效的执行，执行是为了更持续的统筹。其中统筹包括了上下统筹、城乡统筹、内部统筹和规划统筹。

（一）上下统筹

由于美丽乡村建设规划面临与上级规划衔接和空间规划协调的问题，如何破解各类规划对接问题将是规划实施过程中的重点和难点，也是统筹工作的重要内容，寻求合理的切入点有助于拓展美丽乡村建设的用地空间，促进创建地做到空间布局优化、功能定位合理、

梯次衔接有序、实施落地可行。美丽乡村建设规划由省级人民政府组织专家或委托咨询评估机构对美丽乡村建设规划进行审查。

（二）城乡统筹

以城乡统筹促进城乡协调发展是科学发展观的重要内容之一，由于长期城乡发展不平衡造成的城乡差异给社会带来诸多不稳定因素，如何以工促农、以城带乡成为当前工作的重点之一。城乡统筹不是简单的城乡一体化，而是城乡协调发展，也就是兼顾城乡发展，建立城乡良性互动格局。在规划编制和实施过程中，重视城市对乡村的带动作用，着力解决城乡公共基础设施和基本服务均等化，打破制度上存在的城乡二元结构。

（三）规划统筹

规划文本编制需要科学的方法，规划的实施需要切实的执行，两者的协调一致才能将整个工作更好地开展下去。在美丽乡村建设过程中应重视规划工作，充分发挥其对美丽乡村建设的规范指导作用。严格按照"不规划不设计、不设计不施工"的理念，要求规划建设两手抓，两手都要硬，在这一过程中要有序进行，不能为了建设而建设，忽视规划的引领作用。此外，美丽乡村建设规划应与美丽乡村建设工程建设、美丽乡村建设评估和美丽乡村建设保障体系构建等工作相协调，保障规划科学、有序地实施。

二、动员利益主体参与规划编制

美丽乡村建设规划在编制过程中，应充分征求社会公众意见，认真听取县级人民代表大会、政治协商会议的意见，自觉接受指导，发挥各方面的积极性和主动性。

村民是美丽乡村建设的主体，美丽乡村建设以农民的发展和意愿为基本原则，坚持以人为本，就是坚持乡村内部和谐共进。农民不但要在规划文本编制过程中参与，更要在实施过程中参与，也就是说，要把农民的参与贯穿于美丽乡村建设规划编制与实施的全过程，制定农民群众深度参与的规划实施方案，确保让农民群众了解规划、支持规划并参与规划的实施。

美丽乡村建设规划编制后的实施过程中，可能会面临诸多编制过程和发展规划过程中没有考虑到的问题，这些问题可能具体到资金不足、景观改造动力不足等。在这一过程中应充分调动村民参与的积极性和主动性，通过政策和补偿等手段，鼓励规划区范围内的村民参与住房建筑统一规划和修葺，让村民充分了解乡村建设和发展对他们生活各方面的影响，让他们乐于并参与到乡村基础设施改造和建设中去。通过直接补贴等方式，让农民乐于参与供电、供水、供气和信息化改造工作。

三、动员社会力量保障规划实施

在鼓励和调动广大村民积极参与的同时，美丽乡村建设规划的编制和实施也需要社会各界，尤其是建设工程相关的企业提供资金和实物的支持保障工作。

美丽乡村建设规划涉及整个村域经济和社会发展，企业在这一发展过程中也会因乡村规范化和持续发展而获得相应的利益。在这种情况下，政府应通过多种渠道吸引企业的投入，将乡村建设与企业发展同步起来，建立健全发展机制，让企业充分参与到美丽乡村建设的各个环节。通过农产品开发与经营、乡村景观旅游开发等一系列商业化活动，让企业与村民共享美丽乡村建设的成果，将两者的利益关联在一起。只有这样，才能保障规划顺利并有效地实施。

此外，积极探索城市反哺乡村的模式，使创建地周边城市在乡村基础设施建设、公共服务设施建设等方面提供帮助和指导，同时建立多种合作联运机制，加速城乡联运和合作，为乡村农副产品及旅游地开拓渠道。

第五节　明确法律地位，提高权威性

美丽乡村建设规划工作作为美丽乡村创建活动实施阶段的重要内容，应明确其在创建活动中的定位和作用。按照《农业部办公厅关于开展"美丽乡村"创建活动的意见》（农办科[2013]10 号）和《农业部办公厅关于组织开展"美丽乡村"创建试点申请工作的通知》（农办科[2013]30 号）要求，明确规划工作的主体和承继关系，明确美丽乡村建设规划作为美丽乡村创建试点工作的规定完成内容，提高规划权威性。

一、规划编制实施常见困境

我国幅员辽阔，农村地区更占据了国土空间的主体。不同地区水土条件、能源矿产禀赋的差异使不同地区农村的自然环境、经济、社会历史文化存在明显的差别，不同的历史演进过程、经济发展情况、社会文化背景造就了不同的地方特色。因此，美丽乡村建设在规划编制过程中的常见困境主要是共性与特性、规划弹性与权威性之间的矛盾。

（一）各级规划冲突的问题

当前涉及乡村建设和发展的规划较多，可分为上位规划与下位规划之间的垂直冲突和同位规划之间的水平冲突。一旦编制过程中的强制性内容出现矛盾，常常存在不知道以哪一个实施为好的问题。作为开发类型的规划，美丽乡村建设规划容易与土地利用规划、环境保护规划及各类空间布局类规划相冲突。在冲突出现后如何理顺关系、排定次序是规划编制中可能面临的重要问题。

（二）目标要求过于具体易导致千村一面现象

作为一种指导性规划，美丽乡村规划在实施过程中最应注意的问题是如何结合农村实际，建设独具特色的乡村环境。不考虑农村的特殊性，仅在图上下功夫，违背自然规律一味追求人工美感是此类规划可能出现的主要问题。通过大量的土建工程对乡村进行建设和改造，追求道路平直、建筑整齐，必然会丧失农村的地方特色和原有风格。

（三）发展无序化问题

尽管美丽乡村建设规划在编制过程中会对发展目标加以明确，但在实施过程中容易出现缺乏统筹协调，在时间进度把握和近远期目标的设定上前后不一的问题。这种无序一方面会体现在建设进度安排上，另一方面则会体现在乡村总体发展和空间格局设计上。道路布局、建筑密度的设计、基础设施跟进速度等各环节均会因无序化而出现问题。

二、对接其他规划分清主次

美丽乡村规划的实施不是孤立的，作为省级专项规划，需要严格执行国家及省级主体功能区规划，与国家及省级经济和社会发展总体规划等上级规划相衔接，与土地利用规划、村庄整治规划等空间规划相协调。

首先，严格执行国家及省级主体功能区规划，在禁止开发区和限制开发区应严格避免出现工业化情况，针对不同类型区的发展定位来确定工业化发展的规模和程度。针对生态重要地区应注重现有生态系统稳定性的维护，严禁不可持续性的开发活动，尤其避免可能出现的破坏生态环境的经济活动。针对生态脆弱地区应注重对现有生态系统的修复，对环境问题进行集中整治，抓好重点工程。按照全国主体功能区规划要求，这两类地区可重点发展生态型产业，如生态旅游，但在旅游开发过程中仍需依照生态为先的原则，不应为经济利益的驱动而扰乱生态系统稳定和环境保护工作。

其次，应与国家及省级经济和社会发展总体规划等上级规划相衔接。作为以农村整体可持续发展为主要目的的规划，其编制和实施应与国家及省级的经济和社会发展总体规划相一致，在这一框架下调整农村工作重点，调整农业发展方向和促进农民生活条件改善，最终实现生态文明下的综合发展。另外，美丽乡村创建试点区不可能跳脱出所属地级市单独发展，因此其规划还要与省级区域发展规划和地级市城市总体规划相一致。

最后，应与土地利用规划、村庄整治规划等空间规划相协调。根据乡村实际特征，明确其发展优势和突出问题，依据各级乡村用地配置和人均指标等，结合实地考察、趋势分析，根据人均用地指标和人口预测，合理确定各类用地占用规模。

三、规划定位强化树立权威

美丽乡村建设规划是针对乡村发展和农业农村经济工作编制的专项规划，是在按照国家农业部统一部署、明确乡村建设工作重点、基于规划区特征分析与对接上级规划的基础上，确定乡村整体发展方向战略、明确空间布局和社会、经济、文化建设主要任务的指导性文件。规划除作为乡村建设工作的总体指导外，还是乡村生态环境保护工作中配合国家主体功能区规划的纲领性文件，美丽乡村建设规划可以作为国家主体功能区规划在乡村层面上的重要补充。

美丽乡村建设规划是美丽乡村创建活动的重要组成部分，它与美丽乡村建设工程、美丽乡村建设评估和美丽乡村建设保障体系共同构成美丽乡村创建活动的支撑框架，因此规划编制和实施过程中应与美丽乡村建设工程、美丽乡村建设评估和美丽乡村建设保障体系的设计和建设相协调。

美丽乡村建设规划作为专项规划，其侧重点是以生态环境建设为主导，统筹乡村整体发展，与新农村建设从基础设施建设入手改善生产生活条件存在一定的差异，在规划编制和执行过程中需明确区别对待。规划编制和实施过程中，需要正确认识"美丽乡村"的内涵与特征，及其生态、经济、社会、文化意义，应与现有农村建设类专项规划相区分。另外，美丽乡村建设规划作为专项规划应以严格执行国家及省级主体功能区规划和国家及省级经济和社会发展总体规划等上级规划为基础，在不破坏纲领性规划实施的基础上，按照因地制宜、突出特色的原则安排规划内容；同时，美丽乡村建设规划应与土地利用规划相协调，切实保障合法用地占地，按照集约高效的原则控制用地规模，确保土地资源的可持续开发和利用。

美丽乡村创建地区根据实际情况和任务要求科学确定规划期限，原则上规划期分为近期和中期，近期到"十二五"规划期末，即 2015 年，中期到"十三五"规划期末，即 2020 年。其中，近期规划的内容主要是落实产业发展引导和空间格局优化，重点为保障自然环境安全和生态系统稳定，并着力打造特色传统文化品牌；中期目标主要是落实可持续农业和民生发展相关的基础设施及美丽乡村工程建设，促进文化繁荣和社会和谐。此外，有条件的创建地可视自身发展和规划展望 2050 年远景发展。

第六章

多措并举：
美丽乡村建设的内容

美丽乡村建设是人与自然、物质与精神、生产与生活、传统与现代融合在一起的系统工程，不仅涉及生态环境、基础设施等问题，更涉及历史、文化、生产、生活等方方面面。它是推进生态文明、统筹城乡发展、提高城乡一体化水平的客观要求，也是提升广大农民生活品质、全面建成小康社会的重要举措。

第一节 建设提质增效的产业体系，实现致富梦

经济发展和生活富裕是"美丽乡村"建设的保障，经济发展与生态环境密不可分，良好的生态环境是可持续发展的重要基础。随着社会经济的快速发展，生态环境与经济快速发展之间的矛盾越来越明显。面对生态环境保护和经济发展之间的矛盾，美丽乡村建设不应将保护与发展对立起来，而应将生态环境视为发展的要素之一，积极拓展生态资源利用的领域，将生态价值切实转化为发展的动力，在以不破坏生态环境的前提下，大力发展生态产业，走生态环境与经济社会协调发展的道路。坚持在保护中促进发展，在发展中加强保护，突破了经济发展和生态环境保护的"瓶颈"。

一、推动优势特色产业

特色产业是一定区域范围内，以资源条件为基础，以创新生产技术、生产工艺、生产工具、生产流程和管理组织方式为条件，制造或提供有竞争力的产品和服务的部门或行业。美丽乡村建设过程中，应充分认识本村的自然资源，结合现有的产业基础，选择合适的产业发展。在产业发展过程中，要注重协调镇域、县域产业规划和当地其他资源的联合开发，并通过突出重点、打造亮点的策略来强化示范效应和扩大效应，通过规模化、产业化进一步延伸产业链条，吸引社会资金和其他行业资金流入农村，实现资源的集聚效应，确保乡村特色产业的可持续发展。

（一）加强组织领导、大力宣传发动

发展村级特色产业是提升农业竞争力、发展现代农业、推进美丽乡村建设的战略举措，基层政府要加强对发展村级特色产业的组织领导，明确分管部门和工作职责，齐抓共管，确

保工作顺利推进，并在组织保障的基础之上，切实加大对特色产业的宣传，为产业发展营造良好的群众氛围。积极组织开展先进经验和致富典型的宣传活动，激发广大农民学先进、学典型的热情，增强广大农民自主创业的热情，推动产业深入发展。

（二）制订发展规划，建立激励机制

农民由于自身认识的局限性，无法把握各方面的信息来制定产业发展规划，政府有义务在认真研究本地资源、区位和布局特点，正确分析国际、国内市场需求规律，找准产业和产品发展的切入点的基础上，帮助农民制定特色产业发展规划，明确各阶段的实施重点和发展目标，加强宏观指导。同时，要对产业的推进实时跟踪，并辅以一定的激励措施，在规划实施期内，每年制定奖助标准，对实施规划的情况进行追踪，对成绩突出的单位或个人给予表彰，激发群众参与产业发展的积极性。

（三）培育产业农民，建立合作组织

农民是特色产业发展的主体。村级产业发展关键是培育新型农民，让农民认识自我，认识本村资源优势，认识本村发展潜能，努力开发具有本村特色的产业和产品。农村合作经济组织是特色产业发展的有效载体，能提高农民进入市场的组织化程度，有效规避或降低市场风险。通过培养新型农民、培育新型农村合作经济组织，完善产业发展的生产经营体系。

（四）注重财政引导，加强信贷支持

产业调整初期需要财政有倾向性的引导来带动，对于合乎村情的产业，财政应给予一定的帮助来促进其发展。同时，要多渠道保证金融资源的供给，灵活财政和信贷政策，积极开展农户小额贷款业务，通过担保、入股、订单、抵押等多种形式，提高产业资金投入总量，为产业发展提供资金保证。通过财政和信贷，助推特色产业发展。

二、发展乡村休闲农业

在现代社会中，生活节奏越来越快，工作家庭等各方面的压力越来越大，人们需要释放紧张的情绪来获得身体上的轻松和内心的自由，于是有很多人会通过享受大自然的美景来调节身心，从而帮助人们祛除浮躁，回归自我。所以，在美丽乡村建设过程中，应当善于利用与开发自然界赋予人类的独特资源来提供旅游休闲服务，这种发展模式如果运行得当，将有不凡之果。

休闲农业是在经济发达的条件下为满足城里人休闲需求，利用农业景观资源和农业生产条件，发展观光、休闲、旅游的一种新型农业生产经营形态。休闲农业也是深度开发农业资源潜力，调整农业结构，改善农业环境，增加农民收入的新途径。休闲农业的基本属性是以充分开发具有观光、旅游价值的农业资源和农业产品为前提，把农业生产、科技应用、艺术加工和游客参加农事活动等融为一体，供游客领略在其他风景名胜地欣赏不到的大自然情趣。休闲农业是以农业活动为基础，农业和旅游业相结合的一种新型的交叉型产业，也是以农业生产为依托，与现代旅游业相结合的一种高效农业，可以分为以下四种类型：

（1）农事体验型，即根据各地特色和时节变化设置不同的农事体验活动，精心打造现代农业园区，集可看、可吃、可娱等多功能于一体的休闲农业精品园。

（2）景区依托型，即通过乡村旅游对生态资源、产业资源进行项目化整合，推进环境优势向产业优势转化，有效带动一批农业基地和加工企业的建设，加快一系列农副产品成为休闲旅游商品。

（3）生态度假型，即依托优良的自然山水资源，融合生态养生的理念，借鉴台湾"民宿"的发展经验，加大周末观光向休闲养生转变，拓展服务功能。加快大型现代生态农庄、高档乡村休闲会所、老年养生公寓建设步伐。

（4）文化创意型，即出台壮大休闲产业和文创产业相关的扶持政策，并依托农业园区、示范基地和旅游集散地的辐射功能，大力推进乡土文化培育与产业化运作，建设展示与体验于一体的乡村文化创意馆所，加大了农家乐休闲旅游业的文化内涵。

全国各地的发展实践证明，休闲农业与乡村旅游的发展不仅可以充分开发农业资源，调整和优化产业结构，延长农业产业链，带动农村运输、餐饮、住宿、商业及其他服务业的发展，促进农村劳动力转移就业，增加农民收入，致富农民，而且可以促进城乡人员、信息、科技、观念的交流，增强城里人对农村、农业的认识和了解，加强城市对农村、农业的支持，实现城乡协调发展。

三、鼓励农民自主创业

农民增收渠道主要依靠的是传统的劳动力和土地资源。要较快地、长效地提高农民的收入水平，必须坚持就业与创业并重，在大力推进农村劳动力转移的同时，鼓励农民群众自主创业，让更多的农民通过直接掌握生产资料来创造财富，提高资产性收入在农民收入中的比重。为促进农民增收，通过引导扶持，将一批符合条件的富有创业、创新精神的农民创业主体培育成为农民合作经济组织的法人或企业法人，培育成为有技术、善经营、会管理的农民企业家，培育成标准化生产、规模经营的种养大户，充分发挥他们在推进标准化、规模化、专业化生产和产业化经营以及现代流通、劳务经济、农民创业致富中的带动作用，在农村形成强大的创业洪流。为此，政府和社会各方面必须采取切实有效的引导措施，激励农民创业。

（一）鼓励农民做"老板"，兴办个体、私营企业

要支持农民特别是经营管理能人和具有一技之长的农民大胆创业。一方面，政府要千方百计降低农民创业的门槛，支持农民开店办厂做老板；另一方面，要加强对农民的思想文化教育、技术和经营管理知识的培训，为未来创业当老板做好充分准备。

（二）建立农民教育培训体系，提高农民创业能力

农民创业需要实用技术和技能。因而，政府和社会要利用现有的教育基础设施和科技人员，抓紧抓好农业富余劳动力的培训工作和技术指导，帮助他们拓宽生产经营活动的门路，提高他们对市场经济的适应能力。一是制定农民科技教育培训规划，培养懂技术、善经营的转型职业农民；二是实施"新型农民创业培植计划"，按照农业产业结构调整和专业化生产的需要，选拔培训一批具备创新精神的青年农民，通过政策引导、创业资金扶持和后援技术支持，将其培植成进行规模化和专业化生产的中坚农户，提高农业集约化、商品化、专业化和基地化水平，促进传统农业向现代农业的转化。

（三）建立健全融资体系，解决农民创业资金来源

为农民创业者提供一个顺畅的融资渠道，建立农民创业融资体系，是激励农民创业的关键性措施。一是发挥农村信用社的融资主渠道作用。农村信用社是最好的联系农民的金融纽带，建立农民创业融资体系应充分发挥农村信用社的作用。二是改革现行的贷款制度。要为农民开办以土地承包经营权为抵押的贷款业务；全面推广小额贷款，为自主创业农户发放贷款；设立专项资金帮农民回乡创业。推出针对青年农民"创业信用卡"制度，优先放贷，使更多的青年农民投身创业行列。

（四）构筑平台，营造农民创业的硬件环境

一要加快民营园区建设，使其成为农民投资创业的主要发展空间。二要扶持壮大龙头企业。要通过政策服务等手段，扶持现有的一批具有带动辐射能力的民营企业发展壮大，帮助他们搞好二次创业，充分发挥他们对发展农民创业的带动作用。三要加快市场体系建设。着眼农民创业，解决"有市无场"或"有场无市"的问题。

（五）努力营造优质的服务环境

农民创业，政府的核心任务就是搞好服务，通过优质的服务让投资者满意，让创业者放心。按照农民创业发展的内在要求，在机构设置、职能确定、人员配备、行政方式上，要让生产力说了算。在信用担保、信息咨询、科技服务、法律保护等方面多为农民创业开绿灯，搭建一个更加优越的服务平台。

（六）发现培养创业农民，着力打造农民经纪人队伍

一是充分发挥农村能人、大户致富的示范、带动和帮扶作用。实践证明，农村先富起来的能人、大户对当地农民创业增收具有极大的示范、带动和帮扶作用，能起到事半功倍、立竿见影的效果。二是加快培育各类农民经纪人队伍。要对经纪人队伍进行扶持和引导，提高素质、提升档次，使经纪人队伍成为农民创业的牛鼻子。

（七）发展新经济组织，提高农民创业的组织化程度

要加快经济组织创新步伐，成立各种产业协会、经济联合体及销售公司等各类流通经济组织。在城镇，要成立商会，组建各类行业协会、中介组织等，各类民有民管的专业协会和经济联合体必须坚持由农民自愿组织、由农民自主管理，各级党委、政府要加强扶持，但不能包办代替。由农民投资形成的经济联合体既是一种专业合作组织，又是开展企业化经营，乃至发展成为公司性企业的前奏。对此，必须加强引导和扶持。

四、推进乡镇企业转型

乡镇企业的发展，对促进国民经济增长和支持农业发展、增加农民收入和吸纳农村富余劳动力、壮大农村集体经济实力和支持农村社会事业都发挥了不可替代的重要作用。一个组织在成长过程中需要转型的机会比较有限，但战略转型却非常重要。对于乡镇企业而言，转型是一种扬弃。过去的成功经验应该加以发扬，要继续发展自己的优势产业模式；同时，针对面临的外界压力和自身存在的问题，要适时地进行转型，以适应社会主义市场经济发展的实际情况。转型意味着战略调整，包括产权的改革、组织结构的转变、产品结构的更新、企业科技的创新、信息技术的发展等要求，主要包括以下几方面的内容。

（一）发展模式的转型

乡镇企业来源于集体经济和个体私营经济，相对于国有经济来说具有与生俱来的缺陷，

其产权结构、产品结构等方面存在与市场要求不符的因素。同时，由于在发展中始终受到地方政府和国家政策的影响，没有能够真正地充分利用市场的资源得以充分地、无束缚地发展，因此其发展模式存在着"先天不足，后天畸形"的问题。转型意味着改变原有的路径，通过产权的改革、管理体制的转变，摆脱地方政府的行政干预，充分利用市场的资源，形成一种符合市场规律、具有竞争优势的发展模式。

（二）发展思路的转型

如果没有正确的方向，南辕北辙只会让企业走入绝境。过去相当长的时间里，乡镇企业由于缺乏科学的发展思路，如开拓市场时普遍面临二、三级市场，而面临一线市场的企业往下发展时无招架之力；不重视科技创新使得产品呈现生命周期短的特点，经常表现为昙花一现，整个地区的产品趋同性较强，发现某个产品或产业具有优势则一窝蜂上马，结果总是良莠不齐，经常大面积失败；不重视人才的吸收和培养，使得企业发展后发无力，在持续的竞争中失去优势。因此，要用先进的发展理念武装企业，在经营者和管理层中更新发展思路，增强创新意识，坚持科学发展，赢得比较优势。

（三）产业结构的转型

产业层次较低是乡镇企业的共性问题。从乡镇企业的实际情况来看，本地资源型产业、劳动密集型和低效型产业比重大，在市场竞争中处于劣势。因此，必须结合自身的实际，提高产业层次，立足自身优势，加大技改力度，建立起自己的高科技企业群。

（四）企业结构的转型

乡镇企业的主要弱点之一是主导产业无优势，骨干企业无规模，产品结构无特点。而现在市场经济的竞争主要是优势产业之间、巨型企业之间、精品名牌之间的竞争。一直以来相对于国有企业、外资企业来讲，乡镇企业在产业特色、品牌建设、企业核心竞争力建设上存在较大的劣势，因此必须在骨干企业规模、竞争品牌上寻求突破。进行乡镇企业战略性重组，通过多种资本营运形式，加速资产向优势产业集结、向骨干企业流动、向高效产品汇集，进而培养起自己的竞争主体。

第二节 打造清洁舒适的生活空间，实现安居梦

良好的生态环境是人和社会持续发展的基础。党的十八大首次提出要"建设美丽中国"的概念，其意义非同寻常、极为深远。美丽乡村是美丽中国的基本单元，要建设美丽中国，首要任务是全面提升农村生态环境，努力把农村打造成环境优美、生态宜居、底蕴深厚、各具特色的美丽乡村，并积极推动社会物质财富与生态财富共同增长、社会环境质量与农民生活质量同步提高。

一、开展村庄环境整治

整洁优美的村庄环境是美丽乡村建设的核心，体现的是一种内在"美"。宜居宜业宜游的美丽乡村，是农民幸福生活的家园和市民休闲旅游的乐园，既要重视规划建设上的高水平、高质量，更要重视管理创新，不断促进美丽乡村建设的可持续发展。增强农民的生态环保意识，着力改造传统的生产生活方式，大力推行清洁生产和绿色消费，力求把美丽乡村打造成为没有门票、开放共享的景区。

（一）整治生活垃圾

集中清理积存垃圾，完善村内环卫设施布局，提高垃圾收集设施建设标准，做到村庄垃圾箱数量、位置设置合理，颜色和外形与村庄风貌协调。落实保洁队伍，强化村庄生活垃圾集中无害化处理，积极推动村庄生活垃圾分类收集、源头减量、资源利用，建立比较完善的"组保洁、村收集、镇转运、县处理"生活垃圾收运处置体系。

（二）整治乱堆乱放

全面清除露天粪坑，整治畜禽散养。拆除严重影响村容村貌的违章建筑物，整治破败空心房、废弃住宅、闲置宅基地及闲置用地，做到宅院物料有序堆放，房前屋后整齐干净，无残垣断壁。电力、电信、有线电视等线路以架空方式为主，杆线排列整齐，尽量沿道路一侧

并杆架设。

（三）整治河道沟塘

全面清理河道沟塘有害水生植物、垃圾杂物和漂浮物，疏浚淤积河道沟塘，突出整治污水塘、臭水沟、拆除障碍物、疏通水系、提高引排和自净能力。加快河网生态化改造，加强农区自然湿地保护，努力打造"水清、流畅、岸绿、景美"的村庄水环境。

（四）整治生活污水

优先推进位于环境敏感区域、规模较大的规划布点村庄和新建村庄的生活污水治理。建立村庄生活污水治理设施长效管理机制，保障已建设的正常运行。完善村庄排水体系，实现污水合理排放，有条件的村庄实行雨污分流。加快无害化卫生户厕改造步伐，根据村庄人口规模、卫生设施条件和公共设施布局，配建水冲式公共厕所，原则上每个村庄至少配建1座。

（五）整治工业污染源

加强村庄工业污染源治理，建立工业污染源稳定达标排放监督机制，严格执行环境影响评价及环保"三同时"制度。对已审批的落后、淘汰工艺，责令企业限期技术改造。对未经审批的企业等，要依法取缔、关闭。

二、提高资源循环利用

美丽乡村不仅需要美丽的青山绿水，更需要对低碳减排的重视和现代生活方式的培养。农村既是能源的消费者，也是能源的生产者，既是废弃物的产生地，也是废弃物资源化利用的开发地。运用沼气、太阳能、秸秆固化碳化等可再生能源开发技术，推进沼气供气发电、沼肥储运配送以及太阳能光热技术等在农业生产、农村生活中的应用，实现了物质能量循环利用，有效提高了农业资源利用率，改变了农民传统的生活方式，提高了节能环保的意识，为培育新型农民奠定了基础。

（一）沼气

沼气作为一种可再生能源或清洁能源被我国各级政府确定为解决农村能源问题的主要开发能源。它可以用来做饭、照明、发电、烧锅炉和加工食品等，也可以替代汽油、柴油用作农村机械的动力能源，如开动汽车和拖拉机、碾米、磨面、抽水、发电等，既方便又干净。

在蔬菜大棚里点燃沼气灯，可以增加棚室温度，沼气燃烧后产生的二氧化碳是一种气体肥料，能促进作物生长。从沼气池中抽出的沼液和沼渣是优质的有机肥料，不仅能替代化肥，还能替代农药，同时也能改良土壤。用沼液、沼渣种植的瓜果蔬菜是无公害农产品，市场价格看好。沼气建设改善了农民家居环境和卫生状况，对提高农产品产量和质量，消除传染源和降低疫病发生率发挥了不可替代的重要作用。

在我国长期的农村沼气建设实践中形成了南方"猪沼果"、北方"四位一体"和西北"五配套"三种最具典型的能源生态模式。将种植业与养殖业有机联结，实现了向资源循环利用型的生态农业转变。农林废弃物致密成型技术实现了废弃物的资源化利用，拉长了农业产业链，实现了农业资源的再生增值。

（二）太阳能

太阳能是清洁可再生的能源，目前已在我国得到较大范围的使用。为了推进农村节能节材，促使农村路灯、太阳能供电、太阳能热水器等太阳能综合利用进村入户，不断拓宽了农村能源生态建设内容；在水产养殖、养猪、鸡场育苗、花卉苗木上应用推广了地源热泵、太阳能集中供热系统；在太阳能杀虫灯、太阳能路灯、庭院灯、草坪灯基础上，试点推广了太阳能光伏瓦发电，大大拓展了传统的农村能源利用范围；太阳能杀虫灯和沼肥在现代农业中的广泛运用，有利于减少化肥、农药使用量，提高农产品质量和安全水平。

（三）风能

风能是由于地球表面大量空气流动所产生的动能，是一种可再生、无污染且储量巨大的清洁能源。对风能的利用，在当前社会主要表现为风力发电。开发利用风能资源，既是开辟能源资源的重要途径，又是减少环境污染的重要措施。

三、推进乡村民居改造

目前，呼应党的十八大报告提出的"美丽中国"目标，全国各地都在大力推进"美丽乡村"建设。原国务院总理温家宝所做的《政府工作报告》也指出："村庄建设要注意保持乡村风貌，营造宜居环境，使城镇化和新农村建设良性互动。"这其实是指明了方向。

建设美丽乡村，按照"科学规划布局美"的要求应坚持以下原则：

（1）规划引导：强化规划的先导性和控制性作用，引导农民依法依规相对集中建房，确保农村住房建设规范有序，改善农村人居环境。

（2）量质并重：围绕全面建设小康社会目标要求，引导和鼓励农民投资建房和改造危房，建立健全农村住房质量保障体系，确保农村住房数量适度增长，建设水平和质量稳步提升。

（3）农民自愿：坚持农民主体地位，在充分尊重农民意愿的前提下，按照以人为本、经济适用的要求，积极引导和组织农民新建、改建住房，不搞强迫命令，切实保障农民合法权益。

（4）突出特色：尊重各民族生产生活习惯，注重保护、挖掘和传承村镇的自然、历史、文化、景观等特色资源和优秀传统建筑文化，在建房中突出民族特色、地方特色和时代特征。

（5）科学发展：按照节能、节地、节水、节材和环境保护的要求，严格农村住房标准，完善管理措施，切实改变长期以来形成的高投入、高消耗、低效率的建设模式，兼顾环境效益、社会效益和经济效益。

另外，在建设美丽乡村的过程中要注意改造危旧房。结合扶贫工作，加强农户建房规划引导，提高农户建房的标准，做到安全、实用、美观，推进农村危旧房改造和墙体立面整治，改善视觉效果。

四、加强基础设施建设

农村基础设施是农村经济社会发展和农民生产生活改善的重要物质基础，加强农村基础设施建设是一项长期而繁重的历史任务。开展美丽乡村建设，亿万农民既是受益主体，又是主力军。在农村基础设施建设中，要坚持政府主导、农民主体，通过政府强有力的支持，组织和引导广大农民发扬自力更生、艰苦奋斗的优良传统，用辛勤的劳动改善自身生产生活条件，改变落后面貌，建设和谐农村。

（一）对农村基础设施建设的科学规划

在农村基础设施建设过程中必须科学规划，明确农村基础设施建设的总体思路、基本原则、建设目标、区域布局和政策措施。规划既要立足当前，从实际出发，明确阶段性具体目标、任务和工作重点，有步骤、有计划地加以推进，又要着眼长远，体现前瞻性。在制定农村基础设施建设规划时，既要做到尽力而为，努力把公共服务延伸到农村去，又要坚持量力而行，充分考虑当地财力和群众的承受能力，防止加重农民负担和增加乡村负债搞建设；既要突出建设重点，优先解决农民最急需的生产生活设施，又要始终注意加强农业综合生产能力建设，促进农业稳定发展和农民持续增收，切实防止把美丽乡村建设变成表面形式的建设。

（二）对农村基础设施建设的分类指导

各地美丽乡村建设起点有高低之分，进程有快慢之别、特色也各有不同，农村基础设施建设必须坚持从实际出发，实行因地制宜、分类指导。在农村基础设施建设中，要把加强农田水利建设、提高农业综合生产能力、改善农民生产生活条件、发展壮大县域经济放到重要位置，同时协调推进其他各项建设，探索符合自身特点的美丽乡村建设路子，确保农民群众实实在在得实惠。

（三）要尊重农民意愿，调动农民参与农村基础设施建设的积极性

开展农村基础设施建设，要充分调动农民群众的积极性，组织和引导他们用辛勤的双手改善自身生产生活条件。各地基础设施建设中，要广泛听取民意，围绕农民需求进行谋划。要把国家支持与广大农民群众投工投劳有机结合起来，调整工作思路，改进工作方法，坚持群众自愿、民主决策，搞好引导服务，改变过去自上而下发号施令、层层压任务的做法，把政府支持与农民自觉自愿结合起来，由过去的"要我干"变为"我要干"。只有这样，才能取得事半功倍的效果。同时要鼓励社会各界积极参与农村基础设施建设，各级政府要积极组织工商企业、社会团体和个人帮扶农村，鼓励和支持他们投资、投劳、投物，参与农村基础设施建设，为建设社会主义新农村贡献力量。

（四）增加农村基础设施建设的资金投入

美丽乡村建设需要大量资金，当前农村基础设施建设投资需求与资金供给的矛盾十分突出，必须坚持把基础设施建设和社会事业发展的重点转向农村，国家财政新增固定资产投资的增量主要用于农村，政府在美丽乡村建设中也要按照存量适当调整、增量重点倾斜的原则，积极调整财政支出结构，努力增加本级财政预算用于农村建设的投入，加快建立美丽乡村建设投资稳定增长机制。制定优惠政策，鼓励社会各界共同参与美丽乡村建设，吸引更多的银行资金、企业资金和其他社会资金投入农村基础设施建设，建立多元化的新农村建设投入机制。

第三节　保育持续健康的生态环境，实现绿色梦

随着经济的发展、社会的进步和人民生活水平的不断提高，特别是随着社会主义新农村建设的全面推进，农村基层组织和广大农民群众不再把注意力仅仅放在吃饭穿衣上，而是越来越注意对居住环境的改善。

一、强化生态环境保育

生态保育系指对物种和群落加以保护和培育，以保护生物多样性，保持生态系统结构和功能的完整性，生态保育不排除对资源的利用，而是以其持续利用为目的。通过对生态系统的生态保育，可以使濒危物种得到有效保护，使受损的生态系统结构和功能得到有效恢复。

（一）重视环境教育

通过环境教育，增进了民众保护环境的知识、技能、态度及价值观，民众的环保意识、环境素质得到较大提升。美丽乡村建设应重视环境教育，建立学校环境教育和社会环境教育体系，提升自然人、企业管理者、公务员保护环境的知识、技能、生态伦理与责任。要特别重视学校环境教育，培育具有正确环境伦理观和良好环境素质的公民。

（二）综合运用法律、行政与经济手段

要有效利用排污收费、环境补偿费、排污权交易等经济手段和市场机制，使守法成本和收益远远超出违法成本和收益，才能真正达到保护环境和生态的目标。为鼓励植树造林、修补山坡地的水土保持和水源涵养、景观建设，应当推出造林奖励政策。

（三）设立特殊保护区域

为保护和恢复自然生态环境，应在环境敏感地区设立自然保护区、野生动物保护区、野生动物重要栖息环境、自然保护区等自然生态保育特殊保护区域。各类自然保育特殊保护区

域的设立，严格限制资源利用与开发，有限保护野生动、植物栖息环境，对森林和山坡地保育、水源区保育、水土保持、生物多样性保护等发挥了重要作用。

（四）调整产业结构，注重源头污染治理

采取兼顾环保的经济发展政策，调整产业结构，注重源头污染减量。产业发展政策鼓励"两大、两高、两低"（市场潜力大、产业关联效果大，技术层次高、附加价值高，污染程度低、耗能系数低）产业发展，以加速产业结构调整、转型和升级，同时鼓励海外投资。鼓励农业向休闲、有机、生态等可持续农业发展，推广有机肥与生物肥料，重视农业环境保护，以减少农业生产对环境的冲击，达到既提升农业产品创新服务与品质安全，又保护生态环境和土地资源复育的目的。

农村生态环境的好坏与否直接关系到美丽乡村的建设程度，因此要把优化提升农村生态环境作为建设美丽乡村的重点，抓紧抓实抓好。开展生态环境保育不仅能够提高广大农村居民的生活质量及生存环境，更是建设全面和谐社会的重要内容。

二、加强生物多样性保护

生物多样性是人类社会赖以生存和发展的环境基础，也是当今国际社会关注的重点课题。但是由于自然、人为及制度等方面的原因，生物多样性正遭受着严重的损失和破坏，而这种破坏造成的生态失衡也最终会反噬人类。保护生物多样性已成为摆在人类面前的急中之急、重中之重的事情。为加强生物多样性保护工作，应该从以下几方面考虑：

（一）稳步推进农业野生植物保护水平

一是继续推进《全国农业生物资源保护工程规划》的实施。加快新批复农业野生植物保护原生境示范点建设进度，确保建设质量。对已建示范点的保护设施及仪器设备进行管护，杜绝"建而不管、管而不力"的现象。建立农业野生植物保护原生境保护点例行监测制度，对保护点的资源和生态环境变化等进行动态监测，实现监测工作的日常化、标准化和规范化。二是继续开展物种资源调查工作，对列入国家重点保护名录的农业野生植物进行深入调查，为保护工作提供科学依据。三是加强抢救性保护，减少农业野生植物种群和原生境受损，扩大增殖研究，为濒危物种的增殖、恢复和利用探索可行途径。

（二）有效应对外来物种入侵

一是加快科技创新，提升支撑能力。支持科研单位加大科研力度，加强生物入侵规律、监测防控技术、科学施药技术的攻关研究，加强综合防治技术的集成应用，加强生物防治与生态修复技术和设备的研发，提高外来入侵生物防治工作的科技水平。二是建立长效机制，提升防控能力。大力开展综合防治技术的试点示范和宣传培训，建立外来入侵生物综合治理示范区，指导农民及时防治、科学防治。三是继续夯实基础，提升监测能力。进一步建立完善全国外来入侵生物监测预警网络，健全信息交流和传输途径，提高监测预警的时效性和准确性。在东北、新疆、海南和沿海地区建设外来有害生物监测防控带，有针对性地开展外来有害生物监测工作，防止其入侵和扩散。四是做好应急防治，提升防控能力。各地要切实落实应急防控预案，储备应急防控物资，提高应急防控能力。要巩固过去应急防控工作的成果，思想不能麻痹，工作不能放松，确保外来入侵物种危害不反弹、不扩散。

（三）增强宣传和保护生物多样性

保护生物多样性，需要人们共同的努力。对于生物多样性的可持续发展这一社会问题来说，除发展外，更多的应加强民众教育，广泛、通俗、持之以恒地开展与环境相关的文化教育、法律宣传，培育本地化的亲生态人口。利用当地文化、习俗、传统、信仰、宗教和习惯中的环保意识和思想进行宣传教育。总之，一个物种的消亡往往是多个因素综合作用的结果。所以，

生物多样性的保护工作是一件综合性的工程，需要各方面的参与。

　　生物多样性为人类的生存与发展提供了丰富的食物、药物、燃料等生活必需品以及大量的工业原料。生物多样性维护了自然界的生态平衡，并为人类的生存提供了良好的环境条件。生物多样性是生态系统不可缺少的组成部分，是自然界长期演化的结果，是人类赖以生存的最基本条件，它关系到全球环境的稳定和人类的生存与发展。保护生物的多样性，从某种意义上讲就是保护人类自己。多保护一个物种，就是为人类多留一份财富，为人类社会的可持续发展多做一份贡献。保护生物的多样性是人类共同的责任。因而，在美丽乡村建设过程中要注重生物多样性保护。

三、促进农田环境保护

　　耕地是国民经济及社会发展最基本的物质基础，保护基本农田对促进我国农业可持续发展和社会稳定具有重要意义，环境保护是基本农田保护工作的重要组成部分。近年来，随着经济的迅速发展，我国农田环境污染及生态恶化的问题日趋严重，耕地环境质量不断下降，已成为制约农业和农村经济可持续发展的重要因素之一，加强基本农田环境保护工作已是当务之急。为做好基本农田的环境保护工作，应该从以下几方面考虑：

（一）加强工作宣传

　　一方面要宣传领导，由于农业资源环境保护这项工作本身并不能够成为地方经济发展的内生动力，因此往往有些地方的领导同志认识不够，因此要努力提升领导的认识，增强他们对农业资源环境保护工作的重视程度。另一方面要发动群众，农村环境污染防治是需要全社会共同关心和支持的事业。要通过广播、电视、报刊、网络等新闻媒体，开展多层次、多形式的宣传发动，进一步增强全社会农田环境保护意识，动员和吸引社会各界力量积极参与农田环境保护。

（二）农业面源污染防治

　　农业生态环境保护工作是一项长期的系统工程，相关部门要确立"预防为主"的思想。一要将农业面源污染普查形成制度，建设数据库，各地必须重视农业面源污染监测点的建设和运行维护，争取财政补助，确保农业面源污染监测工作长期正常开展，争取每两年形成一个农业面源污染动态报告。二要把农业面源污染防治综合示范区做成亮点。目前在农业面源污染防治工程技术方面已经积累了丰富的经验，但仍面临缺乏技术易推广、工程能操作、资金可落地的工程项目。三要突出抓好畜禽污染防治。畜禽污染 COD 占农业面源污染总量的96%，重点问题要突出抓，下大气力抓突破。

（三）控"源"

全面推广测土配方施肥，大力扩种绿肥与推广应用商品有机肥，实施农药化肥减量工程，着力提高化肥农药利用率。推进农村面源氮磷生态拦截系统工程建设。加快建立农药集中配送体系，实行农药统一配送、统一标识、统一价格及统一差率，杜绝高毒高残留和假冒伪劣农药流入市场，从源头上控制农业面源污染。

（四）治"污"

按照垃圾"减量化、无害化、资源化"的要求，以农业废弃物资源循环利用为切入点，推广种养相结合、循环利用的生态健康种养生产方式。科学合理地制定养殖业发展规划，推进规模化养殖场建设，推广发酵床生态养殖，建立持续、高效、生态平衡的规模化畜禽养殖生产体系。采取粉碎还田、沤肥还田、过腹还田等省工、省时、实用的秸秆还田技术和方法，大力推广秸秆机械化全量还田，增加土壤肥力，积极开展秸秆饲料、秸秆发电、秸秆造纸、秸秆沼气、秸秆食用菌等多渠道综合利用秸秆试点示范与推广，提高秸秆资源综合利用率。

（五）加强调查处理力度

相关部门要加大对基本农田环境污染事故调查处理的工作力度，采取有力措施，提高污染事故处理率，切实保障农民利益，促进农业生产和农村经济的可持续发展。对破坏生态环境、乱占耕地的开发建设项目要严肃处理，对直接向基本农田排放污染物的严重污染企业要限期整改，对化肥施用量过高、农药残留严重的基本农田，要提出合理施用化肥和农药的措施。

农业资源环境保护事关广大农民的切身利益，事关农业农村经济社会全面协调可持续发展。要把农业产业生态化、发展清洁化作为建设美丽乡村的根本举措，积极发展生态农业，转变农业增长方式，严格防控农业面源污染，改善和提升农业生态环境。

四、推动循环农业发展

循环农业是相对于传统农业发展提出的一种新的发展模式，它通过调整和优化农业生态系统内部结构及产业结构，提高农业生态系统物质和能量的多级循环利用，严格控制外部有害物质的投入和农业废弃物的产生，最大限度地减轻环境污染。我国循环农业模式可归纳为基于产业发展目标和产业空间布局两个分类层次的七种模式类型。

（一）基于产业发展目标的循环农业模式类型

（1）生态农业改进型：以生态农业发展模式为基础，在现有模式的基础上，从资源节约高效利用及经济效益提升的角度，改进生产组织形式及资源利用方式，通过种植业、养殖业、林业、渔业、农产品加工业及消费服务业的相互连接、相互作用，建立良性循环的农业生态系统，实现农业高产、优质、高效、持续发展。

（2）农业产业链延伸型：以公司或集团企业为主导，以农产品加工、运销企业为龙头，实现企业与生产基地和农户的有机联合。企业生产紧抓原材料利用率、节能降耗等关键环节，使分散的资源要素在产业化体系的运作下重新组合，无形中延伸了产业链条，提高了产品附加值，并有效地保证了农产品的安全性能和生态标准。

（3）废弃物资源利用型：以农作物秸秆资源化利用和畜禽粪便能源化利用为重点，通过作为反刍动物饲料、生产食用菌的基质料、生产单细胞蛋白基质料及作为生活能源或工业原料等转化途径，延伸农业生态产业链，提高资源的利用率，扭转农业资源浪费严重的局面，提升农业生产运行的质量和效益。

（4）生态环境改善型：注重农业生产环境的改善和农田生物多样性的保护，将其看做农业持续稳定发展的基础。根据生态脆弱区的环境特点，优化农业生态系统内部结构及产业结构，运用工程、生物、农业技术等措施进行综合开发，建成高效的农—林—牧—渔复合生态系统，实现物质能量的良性循环。

（二）基于产业空间布局的循环农业模式类型

（1）微观层面——以单个企业、农户为主体的经营型模式：以龙头企业、专业大户为对象，通过科技创新和技术带动引导企业和农户发展清洁生产，以提高资源利用效率和减少污染物排放为目标，形成产加销一体化经营链条。

（2）中观层面——生态园区型模式：以企业之间、产业之间的循环链建设为主要途径，以实现资源在不同企业之间和不同产业之间的最充分利用为主要目的，建立起以二次资源的再利用和再循环为重要组成部分的农业循环经济机制。

（3）宏观层面——循环型社区模式：以区域为整体单元，理顺循环农业在发展过程中由种植业、养殖业、农产品加工业、农村服务业等相关产业链条间的耦合关系，通过合理的生态设计及农业产业优化升级，构建区域循环农业闭合圈、全体人民共同参与的循环农业经济体系。

第四节 健全公平民主的社会机制，实现和谐梦

改革开放以来，随着我国经济的飞速发展，广大人民群众的生存和发展状况得到了很大改善，不仅成功解决了亿万人民的温饱问题，而且越来越多的城乡居民过上了富裕的生活。但是，由于社会发展严重滞后于经济发展，贫富差距、城乡差距和地区差距的不断扩大，以及传统二元体制等负面因素的影响，当前我国依然存在很多亟待解决的民生问题，主要包括上学难、就业难、看病难、养老难、住房难等。美丽乡村建设过程中要从以下几个方面健全公平民主的社会机制，实现和谐梦。

一、提升科学教育水平

改革开放三十年，农村发生了翻天覆地的变化，农民生活质量得到了很大提高，但制约农村快速发展的瓶颈仍然是农民素质提高的问题。农村的教育备受农村孩子家长和社会的关注，为农村孩子提供一个好的受教育环境已然成为改善民生工作的一项重要内容，也成为衡量教育公平和社会公平的一把尺子，是关系到实施科教兴国和人才强国战略能否顺利实现的具体体现之一。为此，美丽乡村建设过程中要着力提升科学教育水平。

（一）加大教学投入，创造良好的教育教学条件

当地政府加大对教育的投入力度，使教育教学条件得到不断改善，扩大教育的容量，缓解当地就学难的压力。一是通过加强教育基础设施建设，不断提高教学水平，优化校园环境，促进教育事业长足发展。学校校舍状况得到极大的改善，能够很好地满足教学和人才培养的需要。除普通教室外，学校还应注意测绘、琴房、绘画、舞蹈等专用教室的建设，这样才能满足实践教学因材施教的需要。二是高度重视图书馆工作，坚持以评促建，不断加大硬件建设和软件建设，以丰富的馆藏和网络文献资源、舒适的环境、便捷的服务，更好地满足教学、科研等工作的需要。随着办学规模的扩大，为了更好地发挥图书馆为师生员工，为教学、科研服务的功能，学校应当不断加大对馆藏文献资源建设经费的投入。

（二）提高教师素质和教学质量

"国运兴衰，系于教育"，"高素质的教师队伍，是高质量教育的一个基本条件"，要"采取有效措施，大力加强教师队伍建设，不断优化队伍结构和提高队伍素质"。没有高素质的教师队伍，肯定没有高水平的教学质量，教师是提高教学质量的核心，部分学校教师中新教师多，还有一部分非专业教师，相当一部分教师的教育观念很难适应当前的教育发展需要。要提高教育质量，就需要不断充电，加强教师特别是年轻教师的培训工作，提高教学理论水平和驾驭学科教材的能力。具体地说，一要积极开展业务理论的学习；二要继续抓好中层以上领导和骨干教师帮扶新教师的工作；三要扎实开展课堂技能竞赛、镇级骨干教师示范课、新教师汇报课等常规工作，为教师提供学习和展示自我的平台；四要适时开展各类业务培训工作。

（三）切实加强对教育工作的领导

一是建立党政主要领导抓教育的制度，要像抓经济工作那样抓好教育。二是把教育列入党委和政府工作的重要议事日程，纳入本地区经济和社会发展规划。三是各级党委和政府的领导干部建立联系点制度，深入学校调查研究，发现并帮助解决问题。四是组织动员全社会力量关心、支持教育，优化育人环境。五是把重视教育、保证教育必要的投入、为教育办实事，列为各级领导干部的任期目标责任制和政绩考核的重要内容，加强对各级党委和政府抓教育工作的评估。通过以上措施，强化党和政府领导教育的职能，真正形成党以兴教为先、政以兴教为本、民以兴教为荣的社会氛围。

二、建设医疗卫生服务

农村卫生服务体系建设涉及基本民生问题，是统筹城乡经济社会协调发展、建设社会主义新农村和全面建设小康社会的一项重大任务，是一项民心工程、责任工程、系统工程。农村卫生服务体系建设将对提高农村群众医疗健康水平、保障农民群众切身利益、维持农村社会稳定有着非常重要的意义。为此，美丽乡村建设过程中要建设医疗卫生服务。

（一）强化政府责任，健全投入机制

农村公共卫生和基本医疗服务具有公共产品特性，应当作为政府重要的公共服务项目。医疗卫生服务体系的项目建设，除中央、省财政下达的资金外，地方财政配套部分要投入到位。应该把财政支持的重点调整到支持公共卫生、预防保健、人员培训和乡镇卫生院、村卫生室

基础设施建设上来。合理降低卫生院和村卫生室的运行成本。

（二）加强基层卫生队伍建设，重视人才的引进和培养

一是要加大培训教育力度。努力打造一支公共卫生技能扎实、知识面广、预防实践经验丰富的应急处理队伍。二是制定相关政策措施，优化人才结构。要尽快研究制定优惠政策，鼓励吸引专业人才，包括医疗机构业务骨干、大中专毕业生到农村从事公共卫生工作。三是建立完善考核机制，严格实行目标管理工作责任制。切实加强对业务机构、专业人员工作责任的考评。四是创造条件，不断改善医务工作者的工作环境和生活待遇，使公共卫生工作得到全社会的关注和尊重。

（三）进一步完善农村卫生体系建设，不断改善农村医疗卫生条件

增加承担农村公共卫生事务的村医补助标准，落实必要的福利待遇，吸引优秀的医务人员扎根基层，保证农村的医疗服务质量。进一步规范、完善财政补助资金拨付办法，保证各级财政补助资金及时、足额拨付到合作医疗基金账户，构建农民健康保障平台。完善农村大病医疗统筹保障制度，提高医疗保障水平，切实减轻农民群众因病带来的经济负担，提高农民健康水平。

（四）加强监管，提高基层医疗卫生行业社会公信度

切实加大行业管理和社会监督力度，规范医疗服务和医疗收费行为，研究制定医疗卫生定期检查制度，以及医生药品使用量、抗生素使用量、住院自费药品使用量评估制度，严格控制医药费用的不合理增长，坚决杜绝过度用药、过度检查、过度治疗、过度住院的问题。对医疗服务中的大检查、大处方等违规问题，一经查实要按照有关规定严肃处理。大力开展医德医风教育，强化卫生监督机构对医疗机构医德医风奖惩机制。不断优化执业环境和就医环境，加强医患沟通，建立完善第三方医疗纠纷调节机制，规范医疗纠纷处理流程，营造尊重医学科学、尊重医务人员、尊重患者的良好社会氛围。

三、健全村民自治制度

村民自治是村民通过合法组织与程序行使民主权利，实行自我管理、自我教育、自我服务、民主选举、民主决策、民主管理和民主监督的一项基本制度。村民自治实行民主集中制。充分发扬民主，集体议事，在村民的意愿和要求得到充分表达和反映的基础上，集中正确意见，依程序作出决策。村民自治制度的基本内容和核心是"四个民主"，即"民主选举、民主决策、民主管理、民主监督"。

（一）民主选举

民主选举是指由广大村民直接选举村民委员会干部的民主权利和民主制度，它是村民自治的关键环节和重要前提。在民主选举中，通过无记名投票的直接选举，把选举产生和罢免村干部的权利真正交到了广大农民群众手中，实现了农民选举上的自主权。村民选举村委会提高了村民选举的积极性，增强了村民的民主意识，锻炼了农民的民主素质与能力。它是农民向知政、议政、参政迈出的重要一步，有利于实现人民当家做主的社会主义民主本质，推进社会主义民主政治的发展。当地各级党政领导和相关部门应当重视总结、研究农村民主选举的经验，并以科学发展观为指导，针对农村实际制定出相应的措施，努力着手解决目前存在的问题,把农村民主政治建设推上一个新的高度。

(二)民主决策

民主决策是以全体村民为主体,以"直接"参与的形式,按照平等原则和少数服从多数的原则,共同讨论决定属于村民自治范围内的重大事务。它是村民自治的关键与核心内容之一。在民主决策中,广大农民和村干部一起讨论决定涉及村民利益的大事,实现了农民群众对重大村务的决策权,实行直接民主决策不仅有利于激发广大村民的政治热情和调动村民参与农村管理的积极性,而且有利于农村的和谐稳定发展,可以为国家的长治久安奠定牢固的基础。

(三)民主管理

民主管理是指村务在管理工作上接受全体村民的监督,每个村民均可对村里的建设和管理提出建议和意见,建议和意见可直接交民主管理小组,组内将及时给予答复。在民主管理中,让村民直接参与和管理村内事务,实现了农民群众对日常村务的参与权。只有健全农村民主管理制度,才能确保农村民主选举、民主决策、民主管理、民主监督依法有序开展,促进村民自治的制度化、规范化、程序化。美丽乡村建设过程中要通过发展农村经济、增加村民收入、提高村民素质、增强村民的民主意识,来调动村民参与民主管理和村民自治的积极性。

(四)民主监督

民主监督是指村民对村民委员会的工作及村干部的行为实施监督。村务公开是民主监督的主要内容,民主监督是村民自治的关键环节和重要保证。民主监督有利于干部工作作风和工作观点的转变,有利于化解干群矛盾、融洽干群关系,有效解决农村诸多疑难问题。在民主监督中,农民有权监督村委会工作和村干部的行为,实现了农民群众的知情权和评议权。

美丽乡村建设应坚持党的领导、村民当家做主、依法治村的有机统一,依据法律法规建立村民自治组织、健全村民自治制度、完善村民自治机制,推进村级民主政治制度化、法制化、规范化建设。

四、完善社会保障体系

我国城镇基本上建立了以养老保险为核心的比较完善的社会保障体系,而农村社会保障体系却严重残缺,农村社会保障依然处于以土地经营为主导的家庭保障的低水平状况,农民的生、老、病、死基本上由个人或家庭承担。农村社会保障的缺失,无法为农村社会的发展和农业现代化的实现提供有力的保障。只有建立起完善的农村社会保障制度，才能逐步缩小城乡收入差距、消除城乡差别，加快美丽乡村建设的步伐。农村社会保障主要包括社会救助、社会保险、优抚安置和社会福利四个基本部分。

（一）社会救助

社会救助是农村社会保障中最低层次的部分，也是最广泛、最基本的保障，是社会保障的最后防线。目前一般包括最低生活保障制度和农村社会救灾与扶贫。社会救灾是国家对因遇到自然灾难和意外事故生活陷入困境或低收入人群给予现金或实物帮助和救济，以帮助他们渡过难关的紧急性救助制度。社会扶贫是对处于温饱线以下的农民给予的必要的生活救助。

（二）社会保险

农村社会保险是农村社会保障的核心部分。实行权利与义务对等的原则，它主要包括养老保险、医疗保险、农业保险等。由于我国财政能力的限制和农村社会经济发展状况，目前大部分地区没有建立起养老保险制度，传统的家庭养老模式仍占主导地位；而医疗保险主要指新型农村合作医疗制度。

（三）社会福利

农村社会福利是狭义上的社会福利，指目前对农村中的孤、寡、老、弱、病、残这些特殊对象提供的物质帮助和生活服务，使其能维持基本生活的一种制度。现在农村的福利设施主要指各县、乡、村兴办的敬老院、福利院等。当然广义上的农村社会福利应包括在农村社会保障之中，但要随着农村经济的发展才能逐渐建立和完善起来。虽然也是农村社会保障的一部分，但它作为社会保障内涵的最高层次，需要较高的经济条件，近期不可能成为农村社会保障发展的重点。社会福利一般是政府推行的福利政策、福利设施和社会的公益事业等。

（四）优抚安置

优抚安置是指对现役军人以及在服役或战争中牺牲、病故的烈士家属和对本人伤残、退役后给予物质帮助的一种制度。目的是使优抚对象基本生活得到保障，能够安居乐业。

农村社会保障的建立是消除城乡差别、体现公平、实现农民国民待遇的重要举措。它可以通过扩大社会保障的覆盖面，维护农村弱势群体的基本利益。在坚持效率优先的前提下，兼顾社会公平，调节收入分配，缩小城乡、地区、阶层之间的贫富差距，构建合理的社会格局，提高社会内部的有机度，从而构建真正意义上的和谐社会。

第五节　弘扬丰富多彩的地域文化，实现乡土梦

　　党的十七届六中全会让精神文明建设迎来了大发展、大繁荣的时机。美丽乡村建设要紧紧抓住这个大环境下的机遇，大力推进农村精神文明建设，突出乡村文化特色，推动美丽乡村的建设和发展。

一、挖掘传统文化习俗

　　我国优秀的传统文化中，包含着极富魅力的民俗文化，可以说，没有民俗文化，中国传统文化便成为无源之水。随着社会经济文化生活的多元化，起源于民俗的大量的文化和艺术资源悄然流失，昔日散发着泥土芳香的艺术奇葩逐渐凋零，使我们传承和弘扬中华民族优秀的传统文化出现一个断层。

　　挖掘和整理民俗文化，深入研究其形成、更新和发展变化，弘扬其健康向上的内涵，是美丽乡村建设的一个要务。美丽乡村建设过程中一定要抓住机遇，自觉肩负起时代赋予的重大职责和神圣使命，以社会主义核心价值体系为引领，积极参与民俗文化的抢救工作，通过挖掘、搜集、整理、传承、开发民俗文化，搭建群众性文化交流大舞台，弘扬优秀传统民俗文化，为发展繁荣社会主义先进文化、丰富群众文化生活，围绕民间民俗文化主题，坚持"普查、宣传、保护、传承"八字方针，在挖掘上下工夫，在传承上做文章，在弘扬上出实招，大力推进民间民俗文化的繁荣与发展。

　　（1）注重普查，保护抢救民俗文化。通过县、乡、村三级层层发动，抽调业务技术骨干，深入到各乡镇、各行政村和自然村，开展野外普查整理，加以详细登记备案。为研究和探索民俗文化提供更多的佐证和依据。在广泛深入普查的基础上，认真分析各项民俗文化资源的内在价值、涉危情况，有针对性地提出保护措施，运用文字、录音、录像、数字化多媒体等手段，进行真实全面的记录。

　　（2）注重宣传，编制一批民俗文化资料。全面挖掘整理民俗文化精髓和民俗典故，丰富和发展一些品牌。申报一批非物质文化遗产。在集中开展"非遗"申报培训的基础上，根

据推荐和排查，挖掘、整理出一批"非遗"预选项目，组织精干人员进行系统包装和整理，争取申报一批省级、市级"非遗"项目。

（3）注重研究，从农耕文明、衣食住行、婚丧嫁娶、礼乐、社火等方面进行研究、探讨，这些民俗文化之所以长期存在，有其存在的合理性，是历史长期积淀的产物，要采取扬弃的态度，古为今用，移风易俗，推动社会前进。

（4）注重传承，弘扬一批民间民俗文化。加强"人才"培养和"阵地"建设，做好民间艺术文化传承。在队伍建设上，一方面，大力加强民间民俗艺人保护工作，访问、查找、挖掘民间艺人，让掌握特殊技艺的民间艺人享受生活保障，确保民俗文化艺术"香火"不灭；另一方面，积极培养民俗文化传人，建立民俗文化培训基地，定期开设民俗文化辅导班，以文本教学和口传身授相结合的方式，培养不同文化层次的民俗文化爱好者。加强各类阵地建设，以文化站、文化活动中心、老年活动中心的群众文化活动阵地为载体，经常开展各种文化活动，确保各村的民俗"人才"有展示自我的舞台。着眼于促进民间民俗资源的传承与发展，展示民间民俗文化的精华与精品，组织专业人员，对民间民俗资源进行抢救性保护。

（5）注重弘扬，积极扶持引导，开发利用民俗文化。通过搭建群众文化展示舞台，吸引更多的人参与其中；同时制定规范标准，出台扶持保护措施，划拨专项资金，确保民俗文化在传承的基础上发扬光大。

美丽乡村建设过程中，要以高度的文化自觉和文化自信，发掘文化村落中凝结着的耕读文化、民俗文化、宗族文化，让优秀的传统文化在与现代文明的交流交融中，不断继承创新、发扬光大。

二、发展特色文化产业

在农村建设过程中，有些地方"大拆大建"，农村的特色尤其是文化特色遭到破坏，加上文化设施建设滞后，出现乡村文化边缘化、断层化的现象。为了保护好当地的特色文化产业，美丽乡村建设过程中，需要通过特色文化带动工程的实施，使基层村居的文化传承得以延续、文化氛围得到提升。尤其是对于历史文化底蕴深厚的古村落，应着力保护它的历史文化底蕴，以特色文化带动村居的发展。

在充分发掘和保护古村落、古民居、古建筑、古树名木和民俗文化等历史文化遗迹遗存的基础上，优化美化村庄人居环境，把历史文化底蕴深厚的传统村落培育成传统文明和现代文明有机结合的特色文化村。特别要挖掘传统农耕文化、山水文化、人居文化中丰富的生态思想，把特色文化村打造成为弘扬农村生态文化的重要基地，并编制农村特色文化村落保护规划，制定保护政策。

农村文化产业的发展和壮大，是建设社会主义新农村的题中之意，是发展农村文化生产力的现实命题。新农村建设应抓住国家加速发展文化产业的战略机遇，积极推动农村文化走上产业化道路，把发展农村文化产业当做解决"三农"问题的一个突破口来抓。只要破题了，农村文化产业化将会改变传统第一产业的经营观念和产业格局，扩展农民职业内涵，农民不仅可以耕田种地，而且可以从事文化旅游、文化服务、民间工艺加工、民俗风情演展等第三产业，这不仅可以丰富农村文化生活，提高农民素质，而且将会推动社会主义新农村及和谐社会的全面发展。农村文化产业要立足市场、走进消费，面临着多样化的路径选择：

一是可以通过特色农村文化旅游来推出文化产品，吸引城市和各类游客前来感受独有的淳朴的农村生活风味；

二是可以通过体验农村生产经济，来多样化展现农村文化的参与互动魅力，将农村生产、生活、民俗、农舍、休闲、养生、田野等系统链接，打造农村文化产业链条；

三是开发农村土特名优工艺品，组织农民进行特色文化产品加工生产和经营；

四是组织农村歌舞、农村竞技、农村风情、农村婚俗、农村观光、农村耕织、农村喂养等表演和竞赛活动，提供具有浓郁农土气息的文化服务；

五是开展农村休闲娱乐、地方风味餐饮、感受农村生活等活动，为旅游者提供居家式服务和自助式生活服务；

六是开展农村文化历史文化展览，生动系统地反映农耕文化、游牧文化、渔猎文化的特色和历史，开辟针对中小学学生的农村文化教育基地等。

这些经营方式仅是农村文化产业的基本模式，在实践过程中应鼓励和支持农村文化产业运营创新。

三、开展多彩文体活动

随着美丽乡村建设工作的推进，农村生活条件日益改善，群众对精神文化生活的追求日渐强烈，广大农民日益增长的文化体育需求与文化体育场地、设施短缺的矛盾也日益凸显出来。文体活动开展得好的地方，人们的精神面貌、社会风气能够有较大改观，农民的健康水平、文化素质能够有较大提高，促使移风易俗、文明风尚在农村蔚然成风。改变农村文体生活匮乏的局面，必须突出农民群众的主体地位，扩大文体活动的村民参与面，必须努力做好以下几个方面的工作：

（一）积极完善整体规划

按照以乡镇文化中心为龙头、以村俱乐部为主线、以文化中心户为基石的农村文体建设思路，突出重点，兼顾全面，加强阵地建设的整体规划。重点抓好乡镇文化站的建设，因势利导，建设适合农民文化生活需求的文化阵地。抓好村文化中心户培育，打造一支属于农民自己的文体骨干队伍。在实施规划的过程中，要按照农民的需求，围绕中心村建设，加强公共文体服务体系建设，在改变农村自然村落多、居住分散的现象的同时，建设好图书室、农民公园等文体活动场所。

（二）广泛开辟筹资渠道

建议形成政府投一点、乡镇补充一点和农村自筹一点的筹资渠道，逐年增加对文体阵地建设的整体投入。研究出台相关政策，形成农村文体阵地建设专项资金，规定投入比例，确保足额到位。完善公益文体社会办的机制，积极引导社会力量捐助农村文体事业。建立部门、企业帮助支持农村文体的制度，并将其纳入公益性捐赠范围。同时，尽量让部门、企业能够取得一些社会效益，增加他们对农村文体阵地建设投资的积极性。

（三）不断丰富阵地类型

农村地域广、人口多，农民的生产生活、村风民俗各不相同，这就要求建设不同类型的文化阵地，满足各地农民的要求。可以按照农业生产特点来建立流动型的阵地，选农民需要的科技人员到农民需要的地方讲农民需要的知识。针对农村富余劳动力，借助职业技术培训机构与企业承包的优势，建立固定的阵地，来开展针对此类农民的文体活动和教育。

（四）大力培养文体人才

通过保护一批、巩固一批、培养一批、挖掘一批的方式，逐步壮大农村文体人才队伍。要保护好现有的文体人才，特别是带有地方特色、民俗特色的文体人才。在稳定现有文体队伍的同时，抓好典型示范和带动。此外，乡镇文化站要积极挖掘农民的潜力，发现和培育热心开展文体活动、热衷于文体技艺学习与实践的农民，并为他们提供培训、提高、展示、交流的机会，保持一支有实力的村文体兼职队伍。

四、加强地域文化宣传

地域文化专指中华大地特定区域源远流长、独具特色、传承至今仍发挥作用的文化传统。它是特定区域的生态、民俗、传统、习惯等文明表现，在一定的地域范围内与环境相融合，因而打上了地域的烙印，具有独特性。地域文化的发展是地域经济社会发展不可忽视的重要组成部分，中华大地上各具特色的地域文化已经成为地域经济社会全面发展不可或缺的重要推动力量。地域文化一方面为地域经济发展提供精神动力、智力支持和文化氛围；另一方面通过与地域经济社会的相互融合，产生巨大的经济效益和社会效益，直接推动社会生产力发展。伴随着知识经济的兴起和经济社会一体化进程的不断加快，地域文化已经成为增强地域经济竞争能力和推动社会快速发展的重要力量。做好地域文化宣传工作，要加大投入、改善环境。

（一）加大对文化的财政投入力度，改善现有的配套设施

加快县、乡、村文化基础设施建设，可以从以下几个方面考虑：一是实现农家书屋（职工书屋、休闲书屋、校园书屋、美丽家庭书屋）全覆盖；二是加大图书分馆建设力度。

（二）建设农村文化阵地，有效利用现有文化资源

一是建设集群众业余文艺演出、体育活动、电影放映、广播电视"村村通"、"户户通"等综合功能的农村文化阵地，有效利用现有文化资源。二是突出文化精品观光带建设。以建设美丽乡村精品观光带为主线，把农家书屋、乡村剧院、乡村舞台、地域文化展示馆纳入观光带建设，进一步丰富美丽乡村精品带的文化气息。

（三）强化宣传人才的培养选拔，加大对民族文化的开发和保护

强化对民族地区宣传人才的培养选拔，重点关注民族宣传干部和有志于民族文化繁荣的社会各界人士，着力加大对民族文化的开发和保护，增强民族文化的认同感和自豪感。

（四）利用现代传媒，加大地域文化的宣传力度

信息技术是21世纪的先进生产力，以互联网、卫星电视、有线电视为代表的现代传媒改变了公众获得信息的途径，并且现代传媒具有宣传目标的多元化、传播过程的双向性和互动性、传媒资源的丰富化、传播受众的广泛性、信息传播的全球化等特点，故其加大了地域文化的宣传力度。

第七章

成败得失：
美丽乡村建设的评估

　　当前，全国各地纷纷掀起"美丽乡村"建设热潮。为了能够明确建设内容和建设目标、科学监测和评价建设进程、指导和规范建设工作、做好"美丽乡村"建设的考核工作，建立一套能够反映美丽乡村建设情况的指标体系并制定相应的评价标准很有必要，且这对于推动美丽乡村建设也具有十分重要的意义。美丽乡村建设评估体系应遵循和涵盖以下内容：评定项目立项时各项预期目标的实现程度；对项目原定决策目标的正确性、合理性和实践性进行分析评价。

第一节　执行情况评估

一、科学评估方法的运用

（一）参与式评估

　　参与式农村评估（PRA）包括项目执行过程中的制订发展规划、项目具体实施检测及评估等各个环节。PRA 的工作者应该在项目规划和项目执行的阶段进行目标群体分析，利用社区图、资源图、因果关系图、矩阵评分、深入访谈、村民大会等 PRA 工具收集数据，了解目标群体的需要和现有能力，开展项目培训，为村民的参与创造一种良好的机制。在 PRA 过程中，"参与角色"一般有三种：①政府部门（含职能部门、官员和职员），其角色是协助者，是助手；②外来专家、科技人员，主要是参与调查、规划、监测评估，以协助者的身份参与项目；③村民，是项目的参与主体，应积极主动自始至终地参与并在其中受益。

（二）李克特量表

　　农民对美丽乡村建设的态度和积极性是反映美丽乡村建设情况的重要指标。因此，部分指标的评价值是半定量化的。针对这些因子设计调查表，对指标的评分采用李克特量表法（5 级量表，赋值为：很差 =1、较差 =2、一般 =3、好 =4、很好 =5）。李克特量表由一套态度对象构成，每一个对象都有同等五种态度数值，受访者根据自己的态度意见进行打分，可以得出调查者对评价对象的总体态度，也可以得出调查者对某一子系统的态度及对每个单项的态度。

二、完善指标体系的构建

依据农业部"美丽乡村"创建目标体系试行办法，美丽乡村建设的目标如下：按照生产、生活、生态和谐发展的要求，坚持"科学规划、目标引导、试点先行、注重实效"的原则，以政策、人才、科技、组织为支撑，以发展农业生产、改善人居环境、传承生态文化、培育文明新风为途径，构建与资源环境相协调的农村生产生活方式，打造"生态宜居、生产高效、生活美好、人文和谐"的示范典型，形成各具特色的"美丽乡村"发展模式，进一步丰富和提升新农村建设内涵，全面推进现代农业发展、生态文明建设和农村社会管理。

美丽乡村建设的指标体系在构建过程中应该结合美丽乡村创建目标体系的试行办法，围绕目标，评价成败。

（一）指标筛选原则

美丽乡村建设是一个兼具政治、经济、文化、科教、卫生、社会保障、生态环境、人民生活等各个方面的系统性工作，因此对其进行评价并不是一个或几个指标所能反映和涵盖的，需要建立一套全面、科学的指标体系。借鉴已有的美丽乡村评估指标，美丽乡村建设的评估指标应该遵循以下五个原则：

1. 系统性原则

首先，美丽乡村是一个综合性的概念，系统的各个方面相互联系构成一个有机整体，因此在构建美丽乡村评价体系时需要把美丽乡村作为一个系统来分析。评价指标体系应该是一个综合的、多层次、全方位的指标体系，既涉及表征美丽乡村建设各个方面的指标，又要考虑到实现这些指标的基本措施。因而在建立指标体系的过程中，应重点抓住全面建设社会主义新农村的内涵，将经济发展状况与社会发展状况综合考虑。

其次，各指标之间既存在一定的内在联系，又有一定的区别。把这些反映美丽乡村建设水平的不同指标进行分类，形成多个子系统，再把这些子系统结合在一起，便构成了美丽乡村建设的整体系统。

2. 层次性原则

这是系统性原则的延续，保证一级指标和次级指标不会出现在同一级系统中。美丽乡村的评价系统可分为三层：第一层是总目标层，即美丽乡村建设水平；第二层是子系统层，包括生产、生活、文明、村容、管理五个要素；第三层是子系统要素层下的具体指标层。

3. 可行性原则

理论是为实践提供指导作用的，理论只有简单明了、易于理解、便于操作，才会有应用价值；否则，晦涩繁杂的理论只能是空中楼阁，好看不好用。因此指标体系的设计，要考虑到指标的可选取性，资料可取得、易搜集。同时，指标体系的综合评价要考虑成本效益原则，尽可能简便易行，这样在实际工作中才具有可操作性。此外，评价指标体系要宽泛而具体，但不必面面俱到，要保证数据（指标值）收集加工处理的有效性与代表性。

4. 可比性原则

我国幅员辽阔，经济发展区域差异很大。不同地区的农村生产力发展水平和社会进步状况也不同。这就要求我们在设计评价体系的时候要考虑这种区别。只有考虑到差异，构建的评价体系才具有可操作性和适应性，而制定的建议和对策也才能有针对性。

由于美丽乡村建设指标体系不仅要对某一区域范围内空间地域进行横向比较，还要对区域进行时间序列的纵向比较，因为要求所构建的指标体系应具有可比性，才便于美丽乡村指标评价体系的可适用度。

5. 动态性原则

美丽乡村作为我国现代化建设进程中的一种农村社会状态，不是孤立存在和静止不动的，这就决定了对美丽乡村的评价只有使用动态指标描述才能对其发展做出长期的动态评价。这就需要指标体系具有动态性，能综合反映社会现状和发展趋势。因此，在确立各项评价指标时，既要能综合地反映出比原有水平的明显进步与全面发展，又要保证与全面小康社会及现代化目标的衔接性和连贯性，用发展的眼光看待问题，使之成为一个动态评价系统，从而更好地引导群众积极投身于美丽乡村建设中。

6. 导向性原则

对美丽乡村进行评价的目的，不单单在于评价目前各地美丽乡村建设"达标"程度的高低与否，更主要的还在于"引导、帮助被评价对象实现其战略目标以及检验其战略目标实现的程度"。

导向性原则还要求在指标体系中突出重点。建设美丽乡村，作为一个社会历史范畴，是以一定的社会物质条件为基础的，是社会生产力发展的必然结果。在选取评价指标及权数确定时，必须把统筹城乡经济发展、发展农村生产力、增加农民收入作为重点，以尽量体现生产力标准和科学发展观要求。

（二）指标体系构建

执行力评估指标应主要以"美丽乡村创建目标体系"为主要框架，以美丽乡村建设规划时的主要任务或标准为主，通过阶段性评估各个任务或指标的完成情况，作为执行力也即完成情况评估的主要核心部分。

新农村建设的效益评价是美丽乡村建设评价中的重要借鉴。参考新农村建设项目的后效性评估方法和程序，完成美丽乡村建设的执行力评估。

美丽乡村建设涵盖了农村政治、经济、文化、社会等诸多方面的系统，因此其建设评价的指标体系也应是一个多层次、多因素的体系。体系结构是以新农村建设的科学内涵为基础、按照系统科学而确定的。指标体系是由一组相互关联、具有层次结构的子系统组成，子系统的确定决定了指标体系的结构框架。根据对美丽乡村建设内涵、目标、任务的理解，在借鉴其他一些相关文献和已开展的美丽乡村评价工作的基础上，构建了四个层次的指标体系：

第一层次：美丽乡村建设成败评价（总目标）。

第二层次：产业发展、生活舒适、民生和谐、文化传承、支撑保障。

第三层次：①产业形态、生产方式、资源利用、经营服务；②经济宽裕、生活环境、居住条件、综合服务；③权益维护、安全保障、基础教育、医疗养老；④乡风民俗、农耕文化、文体活动、乡村休闲；⑤规划编制、组织建设、科技支撑、职业培训。

第四层次：各子系统下设立的具体指标。

1. 产业发展

（1）产业形态。美丽乡村建设的最终目标应达到主导产业明晰、产业集中度高、每个乡村有一到两个主导产业的目标；当地农民（不含外出务工人员）从主导产业中获得的收入占总收入的 80% 以上；形成从生产、储运、加工到流通的产业链条并逐步拓展延伸；产业发展和农民收入增速在本县域处于领先水平；注重培育和推广"三品一标"，无农产品质量安全事故。

（2）生产方式。按照"增产增效并重、良种良法配套、农机农艺结合、生产生态协调"的要求，实现农业基础设施配套完善，标准化生产技术普及率达到 90%；适宜机械化操作地区（或产业）的机械化综合作业率达到 90% 以上。

（3）资源利用。资源利用集约高效，农业废弃物循环利用，土地产出率、农业水资源利用率、农药化肥利用率和农膜回收率高于本县域平均水平；秸秆综合利用率达到 95% 以上，农业投入品包装回收率达到 95% 以上，人畜粪便处理利用率达到 95% 以上，病死畜禽无害化处理率达到 100%。

（4）经营服务。新型农业经营主体逐步成为生产经营活动的骨干力量；新型农业社会化服务体系比较健全，农民合作社、专业服务公司、专业技术协会、农民经纪人、涉农企业等经营性服务组织作用明显；农业生产经营活动所需的政策、农资、科技、金融、市场信息等服务到位。

2. 生活舒适

（1）经济宽裕。集体经济条件良好，一村一品或一镇一业发展良好，农民收入水平在本县域内高于平均水平，改善生产、生活的愿望强烈且具备一定的投入能力。

（2）生活环境。农村公共基础设施完善、布局合理、功能配套，乡村景观设计科学，村容村貌整洁有序，河塘沟渠得到综合治理；生产生活实现分区，道路全部硬化；人畜饮水设施完善、安全达标；生活垃圾、污水处理利用设施完善，处理利用率达到95%以上。

（3）居住条件。住宅美观舒适，大力推广应用农村节能建筑；清洁能源普及，农村沼气、太阳能、小风电、微水电等可再生能源在适宜地区得到普遍推广应用；省柴节煤炉灶炕等生活节能产品广泛使用；环境卫生设施配套，改厨、改厕全面完成。

（4）综合服务。交通出行便利快捷，商业服务能满足日常生活需要，用水、用电、用气和通信等生活服务设施齐全，维护到位，村民满意度高。

3. 民生和谐

（1）权益维护。创新集体经济有效发展形式，增强集体经济组织实力和服务能力，保障农民土地承包经营权、宅基地使用权和集体经济收益分配权等财产性权利。

（2）安全保障。遵纪守法蔚然成风，社会治安良好有序；无刑事犯罪和群体性事件，无生产和火灾安全隐患，防灾减灾措施到位，居民安全感强。

（3）基础教育。教育设施齐全，义务教育普及，适龄儿童入学率100%，学前教育能满足需求。

（4）医疗养老。新型农村合作医疗普及，农村卫生医疗设施健全，基本卫生服务到位；养老保险全覆盖，老弱病残贫等得到妥善救济和安置，农民无后顾之忧。

4. 文化传承

（1）乡风民俗。民风朴实、文明和谐，崇尚科学、反对迷信，明理诚信、尊老爱幼，勤劳节俭、奉献社会。

（2）农耕文化。传统建筑、民族服饰、农民艺术、民间传说、农谚民谣、生产生活习俗、农业文化遗产得到有效保护和传承。

（3）文体活动。文化体育活动经常性开展，有计划、有投入、有组织、有实施，群众参与度高、幸福感强。

（4）乡村休闲。自然景观和人文景点等旅游资源得到保护性挖掘，民间传统手工艺得到发扬光大，特色饮食得到传承和发展，农家乐等乡村旅游和休闲娱乐得到健康发展。

5. 支撑保障

（1）规划编制。试点乡村要按照"美丽乡村"创建工作总体要求，在当地政府指导下，根据自身特点和实际需要，编制详细、明确、可行的建设规划，在产业发展、村庄整治、农民素质、文化建设等方面明确相应的目标和措施。

（2）组织建设。基层组织健全、班子团结、领导有力，基层党组织的战斗堡垒作用和党员先锋模范作用充分发挥；土地承包管理、集体资产管理、农民负担管理、公益事业建设和村务公开、民主选举等制度得到有效落实。

表7-1 美丽乡村建设考核指标

类别		编号	指标内容	单位	权重	初始阶段	中期阶段	基本实现阶段
产业发展	22	1	主导产业数量	—	4	1	2	3
		2	当地农民从主导产业中获得的收入占比例	%	3	40	60	80
		3	农户对农产品质量安全的满意度	分	4	3	4	5
		4	标准化生产技术普及率	%	3	60	80	90
		5	土地流转比例	%	2	20	35	50
		6	秸秆综合利用率	%	3	60	80	95
		7	人畜粪便处理利用率	%	3	60	80	95
生活舒适	30	8	居民人均纯收入/全县平均水平	%	4	60	85	100
		9	当地农民改善生产、生活的愿望	分	4	3	4	5
		10	农户卫生厕所比例	%	3	20	40	≥70
		11	沼气池数量占村民户数比重	%	3	15	30	≥50
		12	垃圾处理率	%	4	40	70	≥95
		13	农村自来水普及率	%	3	40	70	≥95
		14	生产生活污水处理	%	3	40	70	≥95
		15	村庄道路硬化、亮化	%	2	40	70	≥95
		16	村民对综合服务的满意度	分	4	3	4	5
民生和谐	18	17	适龄儿童入学率	%	3	60	80	100
		18	义务教育普及率	%	4	5	8	10
		19	新型合作医疗覆盖率	%	4	60	80	≥90
		20	养老保险覆盖率	%	3	60	80	100
		21	居民安全感	分	4	3	4	5
文化传承	14	22	文化设施种类	个	3	1	2	4
		23	互联网入户率	%	3	1	5	10
		24	农民文化娱乐消费支出比	%	4	13	14	15
		25	当地传统文化是否得到较好保护	分	4	3	4	5
支撑保障	16	26	村级发展规划	%	3	100	100	100
		27	新型农民培训覆盖率	%	3	60	80	100
		28	一事一议制度村民参与率	%	3	70	80	≥90
		29	村干部大学生率	%	3	10	40	≥80
		30	农民对村务政务公开的满意度	分	4	3	4	5
总计	100							

（3）科技支撑。农业生产、农村生活的新技术、新成果得到广泛应用，公益性农技推广服务到位，村里有农民技术员和科技示范户，农民学科技、用科技的热情高。

（4）职业培训。新型农民培训全覆盖，培育一批种养大户、家庭农场、农民专业合作社、农业产业化龙头企业等新型农业生产经营主体，农民科学文化素养得到提升。

三、实际完成情况衡量

（一）标准值确定

确定美丽乡村建设评估指标体系的标准值，主要参考的是农业部颁布的"美丽乡村"创建目标体系中涉及的各个分类目标中可定量化及可定性化评价项目。将创建目标作为标准值来衡量和评价美丽乡村建设成效具有一定的科学依据。

此外，该目标体系标准值的确定还参考了目前已有的新农村建设效益评价，且结合新农村建设评价，将美丽乡村建设评估的指标体系分为三个阶段，在时间上与国家建设农村全面小康社会时间一致。需注意的一点是，我国农村全面小康社会评价指标体系制定于2003年，考虑到我国经济社会发展水平及新农村建设的新变化，这个依据2020年达到全面小康水平而制定的农村全面小康社会的衡量标准，只能是美丽乡村建设指标标准值的参考，在美丽乡村建设具体评价指标体系中，有些指标的标准值要高于农村全面小康水平（李立清，2007；张磊，2009）。

（二）确定指标权重

采用层次分析法来确定各指标的权重。权重的确定对整个评价指标体系起至关重要的作用。首先通过对新农村建设政策的理解，明确美丽乡村建设的侧重点，依此确定评价指标体系中各指标的权重。然后再根据实践探索，通过层次分析、征求意见，最终确定整个指标体系权重。

（三）指标值处理

对指标数据进行无量纲处理时，本书采用"指数变换法"，即将一系列观测指标值与相应的目标值进行对比。其计算公式如下：

$$X_i = \begin{cases} O_i/E_i, & O_i < E_i \\ 1, & O_i > E_i \end{cases}$$

其中，X_i 表示指标实现程度，O_i 表示指标观测数据，E_i 表示指标目标值。需要说明的是，当且仅当标准化数值大于 1 时，标准化数值取 1。这样做的好处是既进行了无量纲化处理，又不会使个别观测指标值的超常影响到综合值的计算。利用确定的各个指标的权重及无量纲化后的数值计算美丽乡村建设的程度，其计算步骤如下：

第一步：　计算各指标的分值，某项指标分值 = 实际数 / 标准值。

第二步：　计算各指标得分，各指标得分 = 各指标分值 × 权重系数。

第三步：　得出美丽乡村建设程度，美丽乡村指标建设程度 = 各指标得分之和。

（四）整体实现程度

采用加权求和的方法建立美丽乡村建设考核评价模型，对美丽乡村建设的实现程度进行综合评价。其考评模型如下：

$$Y = \sum_{i=1}^{n} X_i P_i$$

其中，Y 为美丽乡村建设评估指数，也即美丽乡村建设实现程度的综合得分。P_i 为第 i 项指标的权重，X_i 为第 i 项指标的标准化（无量纲化）数值，n 为指标总个数。

四、综合评估结果讨论

（一）评估结果讨论

一般研究中认为，美丽乡村建设综合评价得分在 80 分以上者属于发展很好的农村，在 70 ~ 80 分之间属于发展比较好的农村，在 60 ~ 70 分之间的属于发展一般的农村，在 60 分以下的农村发展有待提高。

（二）确定未来建设方向

根据结果，就乡村建设所处的阶段，有针对性地进行下一步的工作重点规划和设计。针对比值小于 1 的项目，即没有达到标准值的指标，应确定为今后美丽乡村建设的重点。

第二节　综合效益分析

在选择可代表美丽乡村建设产生的综合效益的因子时，有些是必需选取的，而有些则由于量化困难或其他原因不能或不必选取。为了选出恰当的评价指标，其选取应遵循三个原则：影响是否由美丽乡村建设引起；影响是否不重要；影响是否不确定。

乡村美不美，首先要看生态好不好。美丽乡村建设评价的重要指标便是对其生态效益的评价。但是，光有生态，经济不发展，农民不富裕，也不是美丽乡村。所以，建设美丽乡村，要与发展生态农业、乡村旅游业等生态产业协调发展。把强农富民作为美丽乡村建设的根本，重点培育林竹加工、花卉苗木等特色主导产业，让产业增收富民有载体；大力发展休闲农业与乡村旅游，将美丽乡村创建点打造成乡村旅游景点。立足于保护青山绿水，重点发展生态农业和旅游业。同时，着力发展农家乐旅游，建设一批有一定规模的农家乐旅游点，不仅让生态乡村创建有载体，也实现了经济效益、社会效益与生态效益的兼顾。

美丽乡村建设，要变资源为效益，建设工作要围绕生态、环境和经济效益开展。因此，在美丽乡村建设评估中，还应该对其所产生的综合效益进行考量。

一、经济效益分析

（一）乡村旅游

借助美丽的山乡风貌发展乡村旅游业，从而获得良好的经济效益。乡村发展旅游，可以把保护生态和发展经济有机结合起来，突出农民创业和农民增收，依靠利用本地的资源优势打造乡村旅游产业，拓展农业的发展功能，使整个农业产业附加值得到了最大限度的提升，创新了农业产业创新模式，很有推广价值。基于其所具有的独特的优势和影响力、吸引力，通过美丽乡村建设，会吸引越来越多休闲度假、旅游观光的客人，大大提高系统的综合收入。

乡村旅游的发展对提高社区居民收入、增加就业、调整农村经济结构、改造乡村环境、提高社区居民的相关意识等有积极的引导作用。乡村旅游的发展有助于减少乡村人口的流失，通过大量就业机会的提供，就地吸纳大量闲置劳动力；有助于乡村旅游经济的多元化发展，改变农业生产的单一局面，增强乡村农业经济的纵向、横向延拓，加强农产品的深加工与传统手工艺品商品化，促进旅游产品供应链的本地化，提高乡村旅游发展的乘数效应，改善乡村旅游经济结构；有助于乡村基础设施的优先建设，增强生态环境与旅游资源的保护力度与意识，改善乡村社区的景观环境与居民生活环境；有助于社区居民全面参与社区经济、社会的发展，促进城乡精神文明的交流与更替，进一步促进乡村基层组织的民主化，提升乡村居民的参政意识与民主意识。

（二）产业发展

福建省永春县茶叶产业的发展是美丽乡村建设的一大成效。永春县先后出台一系列政策措施，打响传统产业转型升级战，大力发展乡村旅游业、生态农业、有机农业等支柱产业，引进资金技术对传统农业产业企业进行设备更新和技术加工。通过引进专业人才与先进设备，引进市场理念，改进提升现有的茶园管理和茶叶生产加工技术，积极引导茶叶生产向优势产品和名优品牌集中，突破茶叶精深加工的难题，增加茶叶附加值，提升永春茶叶在国内外市场的竞争力，促进茶叶产业向规模化、专业化、生态化发展。在张钟福针对永春县美丽乡村建设的相关研究中指出，2012 年，在永春佛手茶专业村苏坑镇嵩山村，村里投资 200 多万元建设 880 亩现代生态茶园，投入 600 多万元建设茶叶加工集中区，大力提升茶产业。2012 年春季毛茶价格同 2011 年相比每斤增加了 50 元，在对村民陈建平的采访中得知：2011 年茶叶给他带来毛收入 40 多万元，利润达 10 多万元。永春玉斗镇云台村 2010 年农民收入仅为 3 350 元，2011 年以来该村大力推进美丽乡村建设，改造旧茶园，试种 10 亩葡萄、100 亩雷竹，整合龙船工业区，引进香厂，开发毛竹等支柱产业，村民收入大幅提高，仅这几项，全村农民就增收近 300 万元。

产业发展型美丽乡村模式主要在东部沿海等经济相对发达地区，其特点是产业优势和特色明显，农民专业合作社、龙头企业发展基础好，产业化水平高，初步形成"一村一品"、"一乡一业"，实现了农业生产聚集、农业规模经营，农业产业链条不断延伸，产业带动效果明显。

案例分析：安吉模式

自 2003 年以来，安吉县通过环境整治和美丽乡村创建，大大改善了社会经济面貌。地区生产总值从 2003 年的 66.3 亿元增加到 2012 年的 245.2 亿元，年均增长 12.3%；财政总收入由 7 亿元增加到 36.3 亿元，年均增长 20.1%（其中，地方财政收入由 3.4 亿元增加到 21.1 亿元，年均增长 22.5%，比全省高 3.3 个百分点）；农民人均收入由 5 402 元增加到 15 836 元，年均增长 12.69%，由低于全省平均水平转变为高出全省平均水平 1 000 多元。

二、生态效益评估

美丽乡村建设中相关生态工程项目可极大地提高乡村生态环境质量，提高生态保护的意识，实现美丽乡村资源开发与生态环境保护有机结合的目标，优化农村生态环境。

人类已经清醒地认识到，生态环境问题给社会、经济、政治的发展带来严重影响。良好的生态环境减少了自然灾害发生的可能性，提高了抵御自然灾害的能力。生态环境问题会加快自然灾害的发生频率，降低自然抵御灾害的能力，扩大自然灾害所造成的经济损失。良好的环境不仅为人类提供了各种丰富的资源，而且也为人类提供了舒适的生存空间。一个良好的环境对人类生活的影响是多方面的：首先，良好的环境不会有这样或那样的污染因子，有益于人的身体健康；其次，一个良好的环境会使人感到舒适、轻松，不会感到压抑和沉闷。一个优美的环境也是吸引外来投资的一个重要因素。一个良好的投资环境应包括良好的环境质量，良好的环境质量是内引外联、吸引投资、发展经济的一个重要筹码，应给予高度重视。

依据新农村建设中的生态环境评价指标体系来构建美丽乡村生态环境定量化评价指标体系，具体见表7-2：

表 7-2　美丽乡村建设生态环境评价指标评分表

指标	权重得分	评分标准	评分范围	专家评分
森林生态环境	30	森林覆盖率 50% 以上	26～30	
		森林覆盖率 40%～50% 以上	16～25	
		森林覆盖率 40% 以下	1～15	
农业大气环境	15	四项指标合格	11～15	
		三项指标合格	6～10	
		二项以下指标合格	1～5	
农业水环境	15	六至七项指标合格	11～15	
		三至五项指标合格	6～10	
		三项以下指标合格	1～5	
农业土壤环境	15	六至八项指标合格	11～15	
		三至五项指标合格	6～10	
		三项以下指标合格	1～5	
水土保持环境	25	治理保护率 50% 以上	16～25	
		治理保护率 30%～50%	8～15	
		治理保护率 30% 以下	1～7	
总计得分				

（1）森林生态环境：按国家规定的测算方法，测算森林覆盖率（%）进行质量评价。

（2）农业大气环境：按国家规定的检测方法，检测大气中的 SO_2、NO_x、TSP 和 F 含量，根据国家标准进行评价。

（3）农业水环境：按国家规定的检测方法，检测农用灌溉水的总氮、总磷、有机物、重金属、悬浮物、pH 值、Hg 等指标，根据国家标准进行评价。

（4）农业土壤环境：按国家规定的检测方法，检测土壤中的 Pb、Hg、As、Cr、Ca、Cu、Zn、Ni 8 种重金属元素含量，根据国家标准进行评价。

（5）水土保持环境：测算水土保护治理面积占水土流失面积的百分率（%）。

评分总和的平均分为 85～100 分为优秀，75～84 分为良好，60～74 分为合格，59 分以下为不合格。

案例分析

据张钟福的研究结果显示，福建省永春县通过美丽乡村建设，较好地实现了农村生态环境的优化。第一，绿化率不断提高。全县造林绿化面积达到 4.86 万亩，完成省、市下达责任制目标任务的 131.4%。2010—2012 年，县城建成区新增绿地面积 976.5 亩，新增绿化覆盖面积 1 063.5 亩，新增公园面积 364.5 亩，建设以"泉三"高速公路、省道为重点的绿色通道 758 公里，新增绿色通道绿地面积 1 755 亩。县乡村建成区新增绿地面积 2 378 亩，新增绿化覆盖面积 2 536.5 亩，新增公园面积 1 515 亩，新建绿色通道 54.6 公里，创建绿色乡镇 7 个、绿色村庄 53 个、绿色校园 10 个、绿色工业区 1 个，建设以重山森林为重点的绿色屏障工程 1.4 万亩。第二，村容村貌得到改善。很多示范村原有的危旧房、旱厕、猪圈等影响村容村貌的建筑基本被拆除或改建，村民住房外观颜色更加协调，原本污染严重的溪流得到整改，公园、绿地等基础设施越来越健全。截至 2012 年底，永春县丰山村共建整改 35 幢猪舍，总面积 15 000 平方米，建设沼气池 18 个 3 500 立方米。"以前村路狭窄杂草丛生，现在道路宽敞绿树红花；以前黑灯瞎火出门靠摸，现在灯火通明夜如白昼；以前旱厕猪圈随处可见、臭气熏天，现在红砖碧瓦连垃圾桶都变得漂亮了"，这是东平镇村民黄耀基对新建成的美丽乡村的整体印象。第三，农村垃圾处理能力越来越强。2012 年底，永春县城区 11 座新型、环保的压缩式垃圾中转站全部完工并投用。新建成两座压缩式垃圾转运站可吸收方圆 5 公里的垃圾，日吞吐垃圾量将达 180～240 吨。同时，已有 10 个乡镇的 17 个垃圾焚烧炉投入使用，垃圾集中处理能力不断提高。

三、社会效益评价

该项目建设符合现代化新农村建设的要求，切合乡村经济发展实际，对推动乡村整体发展具有深远意义。社会效益评价包括生态意识、教育、医疗、服务业等方面。综合来看，通过美丽乡村项目实施，可提升农民素质；有效整合项目区内的生态旅游资源，促进当地农户开办农家乐及民居旅馆，促进当地农民扩大就业，增加农民收入。项目建成后，可有效改善当地的交通、水电等基础设施，加快美丽乡村建设步伐，还可保障乡村文化的传承和发展，进一步提高乡村知名度。

（一）提升农民素质

横山坞村通过美丽乡村建设，农民素质有了较大提高。近几年来，村民自觉地改变了"乱倒垃圾、乱排污水"的生活陋习，"垃圾入箱，污水清洁排放"已成为村民的自觉行动，维护村庄环境卫生、搞好家庭清洁卫生、植树栽花已成为村民时尚，尊老爱幼、团结互助、爱护公物、保护生态等社会公德得到弘扬，村民的环境意识、卫生意识、文明意识大大增强。

（二）拓宽就业渠道

以沼气项目为例，石方军等人就农村沼气使用的生态效益进行了相关分析，结果显示使用沼气后，妇女在常做的家务活儿如做饭、烧水等方面每天节约的劳动时间约60分钟，且比以前方便轻松。同时，由于沼气的使用环保卫生，改善了妇女做饭的条件。总体上来说，89.1%的被调查者认为使用沼气后有更多的空闲时间，平均每年每户节省的劳动时间约为21天。

表7-3　沼气项目农户与非项目农户获取的信息种类比较

信息种类	沼气项目农户		非沼气项目农户	
	人数	百分比 / %	人数	百分比 / %
销售渠道	24	21.82	10	21.74
市场价格	38	34.55	10	21.74
技术知识	67	60.91	15	32.61
外出务工	9	8.18	1	2.17
贷款申请	45	40.91	4	8.7
其他	3	2.73	6	13.04

（引自：《河南省农村生态沼气项目经济与社会效益评价》）

表 7-4　沼气项目农户与非项目农户获取信息的渠道比较

获取信息渠道	沼气项目农户		非沼气项目农户	
	人数	百分比 / %	人数	百分比 / %
村里的沼气培训	100	90.19	17	39.96
县项目办发放的材料	72	65.45	8	17.39
外来人员的口头介绍	21	19.09	9	19.57
电视广播	43	39.09	27	58.7
书刊杂志	13	11.82	3	6.52
村民之间的交流	101	91.82	40	89.96
其他	8	7.27	7	15.22

（引自：《河南省农村生态沼气项目经济与社会效益评价》）

石方军等人的研究结果显示，沼气项目的集中培训使得农户之间交流见面的机会大大增加。68.2% 的农户认为使用沼气后与外界的接触增多，借助培训相互之间有了更多的时间聊天。此外，沼气的使用也成为村民茶余饭后聊天的重要话题，甚至有的农户之间还会互相拜访参观沼气的安装、使用等，极大地增加了来往和交流的次数。沼气项目农户与村技术员和本村其他农户交流最多，其次就是村干部和县项目办人员。交流的增加也使沼气项目农户获得的信息种类增多了，在信息获取的渠道上也发生了很大的变化。在与没有使用沼气的农户相比，使用沼气的农户在社会交往中获得的信息更多，尤其是技术知识信息和贷款申请的信息。沼气使用农户获得信息的主要渠道是村民的交流和培训，其次是县项目办发放的材料，而非沼气使用农户主要是靠村民之间的交流和电视广播。

（三）传承乡村文化

美丽乡村建设可使乡村文化传承不断加强。福建省永春县在美丽乡村建设当中，特别注重乡村文化的保护和传承，很多永春古村落、古建筑等物质文化遗产得到了保护和传承。例如，永春县丰山村整修后保存完好的祖厝有 30 多座，比如清代二品御史大夫陈连登、马来西亚拿督陈振南、新加坡自来水系统的奠基人陈金声等。该村还分别设有独特的华侨会馆、农耕文化展示馆、华侨文化展示馆和中草药文化展示馆。农耕文化展示馆里，展示着完整的锄头、犁、蓑衣等传统农耕器械；华侨文化展示馆里展示着 20 世纪五六十年代华侨寄回的留声机、包裹、信、船票等，还包括记载该村第一代出洋的古书、华侨在外的族谱等；中草药文化展示馆展示了村里现有四位比较出名的祖传治疗疑难杂症的医师留下来的秘方。除此之外，永春县乡村文化各具特色，着力打造东关镇南美村回族文化村、仙夹镇龙水村漆篮文化村、五里街镇大羽村白鹤拳文化村、岵山镇茂霞村古村落文化村、苏坑镇嵩山村茶文化村、东平镇太山村古龙灯文化村。

第三节　发展潜力判定

一、自我维持能力分析

同新农村建设一样，美丽乡村建设的推进往往要面临各种约束和问题，如产业结构调整、土地资源约束、村级财政约束等，这些问题直接影响美丽乡村建设的长期绩效。外来"输血式"的扶持模式不能从根本上解决新农村建设缺乏"内功"的缺陷，美丽乡村的建设需要依靠其自我发展能力的不断提升。

（一）自我发展能力

农村自我发展能力的概念中包含了农村发展的四个主体：农民和企业是经济实体，是农村自我发展能力提升的动力；基层政府和农业合作组织服务于经济实体，基层政府为经济实体提供基础设施建设、金融、农村民主、村容治理、乡风建设等支持，农业合作组织为其引导供需、整合资源、提供信息等；企业和农户向服务单位缴纳费用和反馈信息。四种主体相互依存，通过组织协调和组织生产提升农村自我发展能力。

农村自我发展能力反映基层农村在没有外部扶持投入的情况下，自我建设与自我发展的能力，我们将其分为两种能力：经济能力和组织能力。

（二）经济能力

经济能力是指农民、农业产业获得利润的能力，这其中包括利润的创造能力和参与利润分配中获得利润的能力。农产品缺乏弹性、农村基础设施落后、农业产业交易成本高等原因使农业产业具有先天的弱质性。在市场条件下，农业产业、农民难以获得社会平均利润，这阻碍了农村的发展和农村建设。当然，利益的分配同样重要，因为不仅是分配本身，而且已有大量证据表明：公平的收入和财产的分配对发展和贫困的减少是有益的。

经济能力具体包括：农村的经济发展水平、财政收入、农民收入水平等方面的内容。从产业的角度来分，包括乡镇企业经济能力、农业产业经济能力和农村服务业经济能力，三种产业经济能力决定了农村的经济能力，当然公平的利润分配形式也是经济能力的一种体现。农村的经济能力决定了农村所能获得的最大资源数量，在很大程度上是一种农村发展的潜力。这种能力通过把握市场需求、组织生产、优化配置资源等方式来得以提升。经济能力提升的目标在于产出增加、农民增收、产业结构合理化等。而在现阶段，经济能力能否得以提升，关键在于农民、企业以及产业是否具有足够、高效的投入，因为只有大量而有效地投入，才能带来经济利润，带来 GDP 的增长。

（三）组织能力

组织能力是指将可用资源转化为新农村建设投入，并使其发挥最大效益的能力，包括投入决策、投入筹集、投入实施、参与机制、激励机制等环节，组织能力是农村自组织能力的核心环节，并决定新农村建设投入的最终成效。

组织能力能否得以提升，或者说组织是否能够充分而有效地将投入转化为产出，将经济能力转化为切实的经济利润或 GDP 增长，则决定于包括地方基层政府、乡村合作等组织体系是否健全、组织是否具有效率等方面，而其关键在于农民、合作组织以及政府之间是否建立了良好的参与机制和治理结构。

二、辐射带动作用评估

充分发挥自身特色，发展自己独有的美丽乡村建设和发展模式，可为其他基础条件类似的农村地区发展提供借鉴。因此，美丽乡村建设评估还应充分考虑其对周边地区及更大区域范围内农村发展的推广辐射作用。

（一）新农村的代言人

美丽乡村建设的总体目标是实现生产、生活、生态的和谐发展。美丽乡村作为新农村建设的升级版，是全面推进社会主义新农村建设进程中的先行者、探索者和排头兵。美丽乡村建设立足于构建资源与环境协调发展的农村生产生活方式，形成各具特色的"美丽乡村"发展模式，丰富和提升新农村建设内涵，全面推进现代农业发展、生态文明建设和农村社会管理。

集生态、经济、社会效益为一体的美丽乡村建设是中国生态农业发展的代表者和实践者，是农村和农业可持续发展实践的领跑者。因此，美丽乡村在率先实现农业生态可持续的同时，必将对社会主义新农村建设发挥示范带动作用。

在新农村建设工作中，以"千村示范工程"和"百村示范工程"为代表的示范村建设工程如雨后春笋，抓好新农村建设示范村的示范带动工作，以点带面地全面推动社会主义新农村建设正成为各地建设新农村的一项重要措施。也有相关研究对示范村的示范带动作用进行了分析，通过将示范村与非示范村进行对比发现，新农村建设中通过示范村的典型带动作用，不管是示范村还是非示范村，新农村建设的乡风文明、村容整洁和管理民主方面都有一定的效果，得到广大农民的认可。但是无可厚非，这得益于政策扶持、农民积极性等，示范村在乡风文明、村容整洁和管理民主等方面的建设效果优于非示范村。

这与政府强力支持和加强示范村建设，采取通过一个个示范村的建设达到连点成片，逐步建设广大新农村的既定战略方针有关；同时，示范村村民受利益驱动和政府引导，也十分积极主动参与新农村建设。非示范村由于缺少政府资金和相关政策的支持，村民组织不到位，凝聚力不强，新农村建设的相关项目少，村民也没有认识到新农村建设是切身利益所在，对新农村建设的认识也比较模糊，因此建设效果不明显。

（二）辐射带动作用分析

在新农村建设中，国有农场曾一度作为新农村建设的领跑人，在新农村建设中发挥了较大的示范带动作用。美丽乡村作为新时期新农村建设的重要组成部分，也应该充分发挥其辐射带动作用，推动周边村落发展。

美丽乡村的辐射带动作用，主要可体现在对周边地区的生态、经济和社会的影响三个方面：

（1）生态辐射：生态上的一些措施，对大的区域环境也会产生一定的影响；以村级单位开展生态环境治理或生态保护等工作，其生态效应可扩展至周围村落，改善周边环境，实现区域生态状况的共进共退。

（2）经济关联：推广种植美丽乡村的特色产业或特色产品，为周边村庄的农民增收提供有效途径；通过美丽乡村品牌建设，带动当地特色产业发展，其中以旅游业发展最为常见。

（3）社会影响：挖掘创建工作中涌现出的典型事迹和先进人物；利用广播、电视、报纸等新闻媒体进行大力宣传，在社会上营造各民族"共同团结奋斗、共同繁荣发展"的良好氛围。

案例分析

南田农场曾是海南五大贫困农场之首，经过产业结构的战略性调整，南田农场的经济发生了质的变化，为周边地区新农村建设提供了可资借鉴的思路和模式。南田农场与陵水县和保亭县接壤，自然地理条件相似。人均占有土地资源方面，南田农场为6.4亩，陵水县为6.2亩，保亭县为10.5亩，南田农场并不占优势，但是南田人在致富道路上却远远走在了前面。

20世纪90年代末，保亭、陵水两县通过扶贫开发项目引进了大量芒果树苗，希望以芒果业带动群众尽快致富，但是农民起初对种植芒果缺乏热情和技术，重种轻管，他们种的芒果树不开花、不结果，绰号是"铁树"。为此南田农场主动与三亚市海棠湾镇和陵水、保亭两县开展入户式科技联结活动。

无私无偿的科技联结活动受到农民群众发自内心的欢迎，科技联结活动硕果累累。5年来，南田农场向陵水、保亭两县派技术人员320多名，指导农户5 500多户；管理面积近3万亩。农场和科技人员的付出换来了广大农户的丰收。保亭县田岸村农民黄开连种植19亩芒果，8年没有结果，果园几乎荒芜，实行科技联结以后，当年就果实累累，纯收入达3万多元，第二年就建起了200平方米的"芒果楼"。通过科技联结活动，两县农户普遍提高了果树管理水平，创造了可观的经济效益。2004年陵水县帮扶的1 029个农户中，收入5 000~10 000元的有435户，收入1万元以上的有196户，有51户建新房，购买运输车辆85辆。2005年，保亭县科技帮扶农户的平均收入达到了6 800元。在科技联结活动的带动下，各县乡把掌握了水果种植技术的农民组织起来，极大地促进了农业先进技术的推广应用。陵水、保亭两县是黎族、苗族群众聚居的地区，科技联结活动不仅创造了丰硕的物质成果，而且对促进民族团结、维护社会稳定发挥了不可替代的作用。

第八章

创新管理：
美丽乡村建设的保障

美丽乡村建设是党和国家提出的一项长期建设工程，符合国家总体构想，符合社会发展规律，符合农业农村实际，符合广大民众期盼。保障美丽乡村建设的顺利开展，建立一套系统的保障措施，多策并举，确保高效、有序地实施是推动美丽乡村建设扎实、稳步向前推进的坚实基础。创新管理，加强美丽乡村建设活动的保障体系，主要可以从以下方面开展。

第一节　完善制度建设，提高政策保障能力

美丽乡村建设，离不开政策的大力支持。除了积极响应国家生态文明建设、美丽中国建设的政策外，国家和地方政府还要从经济、政治、文化、社会、生态方面制定具体的政策，同时，加强政策的落实，提供坚强的政策保障，确保美丽乡村建设的有力执行。

一、用好现有政策

生态文明源于对历史的反思，同时也是对发展的提升。随着经济社会的不断发展，对生态文明的关注和认识也不断进入新的阶段。2002 年，党的十六大报告在"全面建设小康社会的奋斗目标"一章中提出："可持续发展能力不断增强，生态环境得到改善，资源利用效率显著提高，推动整个社会走上生产发展、生活富裕、生态良好的文明发展道路。"2003 年，《中共中央国务院关于加快林业发展的决定》中提出："建设山川秀美的生态文明社会。"生态文明一词开始出现在党的文件中。2007 年，党的十七大报告将"建设生态文明"作为实现全面建设小康社会奋斗目标的五大新的更高要求之一，标志着我国生态文明建设进入了新阶段。而党的十八大报告，更是理论化和系统化地赋予了生态文明新的内涵。我们可以看到，十年来，生态文明建设理论的脉络日益清晰，对生态文明的理解和诠释也愈发深刻，生态文明的理念正逐步贯穿于社会主义经济建设、政治建设、文化建设、社会建设科学发展的全过程。

生态文明建设不是简单的生态建设。生态文明的核心就是人与自然和谐共生、经济社会与资源环境协调发展，是人类为建设美好家园而取得的物质成果、精神成果和制度成果的总和。从物质成果上讲，贫穷不是生态文明，建设生态文明并不是放弃对物质生活的追求，既要"青山郭外斜"，还得"仓廪俱丰实"。我们提倡的生态文明就是要转变粗放型的发展方式，提升全社会的文明理念和素质，使人类活动限制在自然环境可承受的范围内，走生产发展、

生活富裕、生态良好的文明发展之路。从精神成果上讲，我们提倡以人为本，但人类中心主义、人定胜天并不是生态文明。建设生态文明，就要把握自然规律、尊重自然规律，以人与自然、人与社会、环境与经济、生态与发展和谐共生为前提，牢固树立保护生态环境就是保护生产力、改善生态环境就是发展生产力的理念，使生态文明成为中国特色社会主义的核心价值要素。从制度成果上讲，必须建立完善的生态文明实现制度，也就是党的十八大报告要求的把资源消耗、环境损害、生态效益纳入经济社会发展评价体系，建立体现生态文明要求的目标体系、考核办法、奖惩机制。

农业是对自然资源的直接利用与再生产，是其他经济社会活动的前提和基础，农业生产与自然生态系统的联系最紧密、作用最直接、影响最广泛。农业的特质决定了农业生产和农业生态资源保护工作在整个生态文明建设中具有极其重要的地位。农业生态文明建设的成效，不仅事关农业农村的未来，还直接关系到我国生态文明全面建设的进程。只有农业生态文明建设取得实际效果，我国的生态文明建设才会有根本性的改变和质的突破。

党的十八大首次把生态文明纳入党和国家现代化建设"五位一体"总体布局，并提出要把生态文明建设放在突出位置，努力建设美丽中国，实现中华民族永续发展。建设美丽中国，重点和难点在乡村。2013年中央一号文件做出了加强农村生态建设、环境保护和综合整治，努力建设"美丽乡村"的工作部署。农业部在2013年农业农村经济重点工作中也把建设"美丽乡村"、改善农村生态环境作为重点工作，并列入要为农民办的实事。因此，组织开展"美丽乡村"创建活动是贯彻党的十八大和中央一号文件精神的具体举措和实际行动。

二、制定专门政策

美丽乡村建设是包括农村产业发展、社区建设、生态环境、基础设施、公共服务等在内的系统工程，为实现农村地区经济、政治、文化、社会和生态建设的"五位一体"发展，中央和地方政府需要制定一系列的政策作为保障。建设美丽乡村，推动生态文明建设，不仅要优化生态环境，而且要带动农村全面发展，促进农民增加收入，维持社会和谐稳定，繁荣农村文化建设，确保美丽乡村建设扎实稳步地向前推进。

党的十八大指出"以经济建设为中心是兴国之要，发展仍是解决我国所有问题的关键。只有推动经济持续健康发展，才能筑牢国家繁荣富强、人民幸福安康、社会和谐稳定的物质基础"。乡村只停留在"生态之美"上，并不是真正意义上的美丽乡村，也必须具备"发展之美"，因为农民需要这种看得见、摸得着的美丽，经济的发展是"美丽乡村"创建必不可少的环节。在"美丽乡村"经济建设中，应积极制定相关经济政策，如加大惠农政策力度、拓展优势特色产业、完善生态补偿机制等，推动"美丽乡村的经济发展"。通过立足本地实际，大力发展绿色经济、循环经济，推动经济发展与环境保护协调发展，将生态文明建设融入各项工作中，合理有序保护和利用好自然资源，加快建设资源节约型、环境友好型工业，促进经济社会与环境保护协调发展，努力实现"美丽乡村"的经济发展与"生态文明"建设相结合。

十八大报告指出应当"坚持走中国特色社会主义政治发展道路和推进政治体制改革"、"加快建设社会主义法治国家，发展社会主义政治文明"。在"美丽乡村"政治建设中，首先要强化农民群众的民主意识，通过多种形式和途径对村民进行周期性的有关民主权利的宣传和教育，唤醒他们的政治参与意识，从而增强广大农民群众的民主意识、维权意识和监督意识，激发他们参与村民自治和"美丽乡村"建设的热情；其次，要建立完善的农村基层干部培训制度，通过加强党内民主，进一步加大对乡镇党委和村党支部成员的教育培训力度，不断增强其以人为本、依法执政的观念；最后，要健全农村基层组织的民主决策机制，建立以民主选举、民主决策、民主管理、民主监督为主要内容的村级民主管理制度体系，加快农村基层民主政治建设向程序化、制度化、规范化方向发展。如"建立一套相应的干部考核评价机制"，"将资源消耗、环境损害、生态效益纳入经济社会发展评价体系，建立体现生态文明建设要求的目标评价体系"。

美丽乡村在注重外在美的同时，也要注重内在美，注重农业文明的保护和传承。在十八大报告中指出应当"加快推进重点文化惠民工程，加大对农村和欠发达地区文化建设的帮扶力度，继续推动公共文化服务设施向社会免费开放"，在2013年中央一号文件中也指出要"加大力度保护有历史文化价值和民族、地域元素的传统村落和民居"、"切实加强农村精神文明建设，深入开展群众性精神文明创建活动，全面提高农民思想道德素质和科学文化素质"。只有繁荣农村文化，才能更好地推进乡风文明。美丽乡村的文化建设必须因地制宜，善于挖掘整合当地的生态资源与人文资源，挖掘利用当地的历史古迹、传统习俗、风土人情，使乡村建设注入人文内涵，展现独特的魅力，提升乡村的文化品位。政府应积极推行专门政策，

加快农村文化设施和农村文化队伍建设，加强对农村文化市场的指导和管理，积极倡导文明健康的农村文化之风。

城乡发展失衡，不仅表现为城乡居民收入水平之间的差距，更有教育、医疗、文化、社会保障等基本公共服务方面的差距。在十八大报告中指出："加强社会建设，是社会和谐稳定的重要保证。必须从维护最广大人民根本利益的高度，加快健全基本公共服务体系，加强和创新社会管理，推动社会主义和谐社会建设。"在"美丽乡村"社会建设中，政府应积极推行农村公共服务政策，将农村公共服务设施建设纳入城乡基础设施建设的优先序列，让农民在教育、医疗、就业等方面与城里人一样享有改革发展的成果。要着力加大国家主体投入力度、实施教育资源向农村的整体倾斜，进一步加强农村教育机构建设，要采取城乡总体平衡教育资源的办法加快解决农村师资极度匮乏的问题，加强以就业为导向的职业技术教育机构建设，建立多层次的助学制度。要加大对农民工流入地教育经费的投入，以减轻当地政府解决农民工子女就学问题的压力。建立健全城市支持农村的医疗卫生扶助机制，着力提高乡镇卫生院和村级卫生所建设水平，加快实现农民公共卫生保健和"看病不难、用药不贵"的目标。

三、强化政策落实

政策的执行和落实是美丽乡村建设进程中不容忽视的重要环节，没有良好的政策执行，美丽乡村建设的目标便无法完成。美国政策学家艾利森曾下了如此论断：在实现政策目标的过程中，方案确定的功能只占 10%，而其余的 90% 取决于有效执行。美丽乡村建设是符合我国国情，符合农村实际的一项长期性的政策，强化美丽乡村建设的落实具有重大的政治意义和深远的历史意义。政策的落实具体从以下几方面加强：

（一）不断完善美丽乡村建设的政策体系

美丽乡村建设是一项长期性的历史任务。在政策执行的过程中，首先要充分考虑政策执行的长期性，不能急于求成、一蹴而就。因此，建设美丽乡村不能短打算，而要长谋划；落实任务时要抓好开局，从紧迫的事做起，并依据生产力发展和财力增长的状况逐步推进，防止盲目蛮干，揠苗助长；尤其不能以运动的方式搞建设，相互攀比赶进度，甚至为了达标而不惜举债，那就不是造福群众而是祸害群众。其次，要全面认识美丽乡村建设的目标，要以科学发展观为指导，以促进农业生产发展、人居环境改善、生态文化传承、文明新风培育等为目标，重点推广节能减排技术，节约保护农业资源；按照减量化、再利用、资源化的原则，推进清洁生产，转变农业发展方式；加强农业生活与人居环境治理，实施乡村清洁工程、秸秆综合利用、废弃物的资源化利用、污染物排放的控制；加大治理重金属污染和土壤清洁力度，发展生态农业、循环农业、有机农业，大幅降低农药、化肥使用，改善农业生态环境。要按照天蓝、地绿、水净，安居、乐业、增收的要求，培育形成不同类型、不同特点、不同发展水平且可复制的"美丽乡村"创建模式，推动形成农业产业结构、农民生产生活方式与农业资源环境相互协调的发展模式，加快我国农业农村生态文明建设进程。概言之，"美丽乡村"应该是"生态宜居、生产高效、生活美好、人文和谐"的典范。

（二）充分尊重农民的主体地位

美丽乡村建设的主体是农民，在建设美丽乡村的过程中国家的作用只能是引导。只有把农民的积极性充分发挥出来，美丽乡村建设才大有希望。因此在美丽乡村建设中要充分尊重农民的意愿。要深入群众，注重调查研究，到群众中去，多听听老百姓的声音，多征求群众的意见，要从农民的生产生活需要出发。在干什么、不干什么的问题上，要按照村民自治中"一事一议"的民主议事制度来决定，不能用行政命令的方式。其次要把让农民得到实惠放在最突出的位置。推进美丽乡村建设是一项长期而繁重的历史任务，必须坚持以发展农村经济为中心，进一步解放和发展农村生产力，促进农民持续增收；必须坚持农村基本经营制度，尊重农民的主体地位，不断创新农村体制机制；必须坚持以人为本，着力解决农民生产生活中最迫切的实际问题，切实让农民得到实惠。在实践中，要充分发挥一批基层农技推广人员、种养能手、能工巧匠、农村经纪人等的示范带动作用。

（三）创新政策激励方式

政策执行人员的动力问题对美丽乡村政策实施具有重要意义。首先，在美丽乡村政策执行过程中，要在广大党员干部中营造比、学、赶、帮、超的浓厚氛围，激发党员干部的责任感、荣誉感和上进心。同时要让广大干部树立不进则退的新观念，引导他们积极投身到美丽乡村建设中去。其次，要强化干部责任制。强化干部责任制是提高政策执行动力的一条有效的途径。许多基层政策执行人员工作被动的主要原因就是权责不明确，因此要大力强化干部责任制，严格追究失职人员的经济责任、行政责任和法律责任。再次，要创新奖励机制。对于那些工作中有突出表现的执行人员要根据其自身需求的特点给予相应的物质奖励、精神奖励和晋升奖励。最后，要大力提高农民素质，提高农村经济发展的能力，减轻农民对国家和政策的依赖。

第二节 促进机制创新，提高管理保障能力

美丽乡村建设需要一个有效的体制机制，特别是农村基础组织机构建设亟待加强，同时要建立一个充满活力、整个社会积极参与的激励机制，并不断完善基层的民主监督机制，从而提高美丽乡村建设的管理保障能力。

一、加强机构建设

要顺利推进美丽乡村的建设，首先一定要抓好农村的基层组织建设，农村基层组织是农村基层工作的重要领导核心，是农村社会生活、经济工作、精神发展的领导者，农村基层组织对农村工作的坚强领导，对美丽乡村建设具有举足轻重的作用。

（一）发挥政府主导作用，领导村级组织建设

政府需要发挥主导作用，整合社会资源和组织资源来推进我国的美丽乡村建设。为了使村级组织更好地承接美丽乡村建设的任务，需要加强对村级组织建设的领导，把握其服务美丽乡村建设的宗旨。一方面，要加强对村级组织建设的政治领导。把村级组织建设成为有利于宣传和贯彻执行党的路线、方针、政策，有效地发挥好利益表达和利益综合的职能作用，确保村级组织建设的社会主义方向，为美丽乡村建设创造一个和谐稳定的社会环境。另一方面，要加强对村级组织建设的思想领导。提高基层党员干部自身的政治、思想觉悟和政策、理论水平，才能做好群众的思想政治工作，将向人民群众宣传党和政府的政策转化为村民的自觉行动，参与美丽乡村建设。同时，还要加强对村级组织建设的组织领导，在美丽乡村建设中新兴的一些其他村级组织，如村级农民专业合作组织以及各种协会组织中发展党员并建立党支部，来加强领导和正确引导其发展，把握组织服务美丽乡村建设的宗旨，共同推进我国的美丽乡村建设。

（二）完善村级组织结构，明确组织职能分工

进行美丽乡村建设，要建立一支强有力的基层组织体系。既要不断完善村级党组织和村民自治组织的功能，又要构建其他的村级组织载体，才能真正做到政府的主导性与农民的主体性的统一，才有利于推进美丽乡村建设。一方面，要始终坚持"围绕发展抓党建、抓好党建促发展"的正确思路，"在坚持按地域、建制村为主设置党组织的基础上，按照有利于促进农村经济社会发展、有利于充分发挥党组织作用、有利于加强党员教育管理、有利于扩大党的工作覆盖面的原则，积极探索其他设置形式。"要突破村民自治组织设置的制度性安排，满足美丽乡村建设中村民自治的现实需求，创新村民自治的组织形式，突破主要在行政村建立村民自治组织的做法，在其下属的自然村一级建立"新村（建设）管理委员会"或"村民理事会"，对自然村进行有效管理，形成组织上的对接。另外，党和政府要积极引导和帮助村民建设以村级农民专业合作组织为主的其他村级组织，来承接美丽乡村建设中农村经济、文化和社会建设方面的任务。

建立相关的工作协调机制，做到分工与协作的统一。带头帮助村民组建各种各样的村级农民专业协会组织（如老年人协会、妇女协会等），把一些具体任务分担给他们，把对这些组织的管理纳入村级党组织和村民自治组织的职能范畴，使村级党组织和村民自治组织的工作由更具专业的职能组织载体来承接。由于这些村级农民专业协会组织植根于农民自身需求和利益之中，更能有效表达和保护农民利益，并调动村民参加美丽乡村建设的积极性。这样，既可以使得村级党组织和村民自治组织的职能分工更具体化，又可以有效地承接美丽乡村建设的任务。

（三）协调村级组织关系，提高组织整合能力

村级党组织和村民自治组织是党联系群众的桥梁和纽带，二者关系是否协调，关系到党的路线方针政策能否在基层得到贯彻落实，关系到组织是否有凝聚力并调动村民群众参与美丽乡村建设的积极性，是否能够整合村级各种资源共同推进美丽乡村建设。因此，首先要解决村级党组织的权力来源的合法性问题。这种合法性是指政治合法性，"这种特性不仅来自正式的法律或命令，而更主要的是来自根据有关价值体系所判定的、由社会成员给予积极的社会支持与认可的政治统治的可能性或正当性。"其次，要合理划分村级党组织和村民自治组织的职责权限，明确分工，各司其职，互相协作，密切配合。美丽乡村建设的目标和任务一旦落实到村一级，就转化为许多烦琐的具体事务，操作中涉及多种利益关系。因此，二者要从本村具体的实际出发，主要以《中国共产党农村基层组织工作条例》和《村民委员会组

织法》为各自职责分工的依据，在具体的工作中做到分工协作，不断地改进村级党组织的领导方式和工作方法，才能增强组织的凝聚力和战斗力。最后，坚持民主集中制原则，制定两委干部例会制度，落实党员会议制度；在村务管理中，坚持民主决策、民主管理、民主监督的原则，创新村务管理的运行机制，逐步建立村级党组织和村民自治组织班子联席会议制度。

（四）加强组织队伍建设，完善组织工作机制

在美丽乡村建设中，只有管好现有党员，发展好新党员，不断地提高党员的素质，才能更好地发挥先锋模范作用。一是以人为本，体现党员先进性。在美丽乡村建设中，要加强对村级党员的教育和培训，提高党员素质，把党员培养成为致富能手，使村级党员队伍真正成为村庄先进生产力的代表。二是创新活动载体，管好现有党员。围绕美丽乡村建设的目标和任务，为党员搭建发挥先锋模范作用的平台。通过活动载体，锻炼党员的党性，增强党员责任意识和服务意识。三是在村级农民专业合作组织中发展党员，甚至成立党支部，发挥党员队伍的先锋模范作用。同时，要加强对农村流动党员的跟踪调查，及时为党员找到党组织。

村级组织的工作机制是村民群众在美丽乡村建设中行使知情权、参与权、监督权的重要保障，是村民群众作为美丽乡村建设的主体性地位得以体现的重要保证。首先，要完善民主决策机制。决策权是村民行使当家做主权利的体现。在美丽乡村建设中，这种当家做主的权利则是通过村民的主体性地位来体现的。村民群众通过行使决策权，参与美丽乡村建设。在我国的美丽乡村建设中，要始终坚持党的领导、人民当家做主和依法治村的有机统一的原则，完善党员、村民代表会议议事规则和程序；实行"一事一议"制度，决定村里的公共事务和公益事业，尊重村民的自决权，调动村民参与美丽乡村建设的积极性。其次，要完善民主管理机制。坚持民主集中制原则，建立"两委"班子联席会议制度，建立农村党建"双向述职"报告制度。

二、建立激励机制

（一）建立农民充分就业的政策激励机制

农民作为美丽乡村建设的实践者，创造就业、提高农民收入是民生之本。应建立农民充分就业和持续增收的长效机制，激发农村市场的活力，促进农民持续稳定增收。一要充分发挥地区资源优势，从发展生产、提高农民所得出发，充分利用金融信贷、技术服务、市场营销、专业合作社等方式，从广度和深度上开发农业资源，拉长主导产业的产业链，把农业产业化

经营做大做强，充分挖掘农业内部的就业增收潜力。二要充分发挥区域经济优势，激发县城和中心镇的活力，吸纳更多的农村劳动力进入二、三产业。使县城和中心镇成为农民创业就业的重要平台和市民化的有效载体。进一步鼓励农民创业，促进乡镇企业重放光彩，使乡镇企业和县域经济成为农民就业的主渠道。三是充分发挥政策优势，降低农民工特别是本地农民的就业门槛，促进农民工稳定地向产业工人转变。制定鼓励各种所有制企业招收本地劳动力、扩大农村劳动力就近就地转移等政策，为农民创造平等的就业环境。

（二）建立多元主体参与的政策激励机制

美丽乡村建设，需要建立政府负责、农民主体、社会参与的"三位一体"体制，建立政府责任性、农民主动性和社会积极性都不断增加的政策激励机制。通过制定激励性的政策，发挥政府的主导作用，培育农民的主体意识和自主能力，并发挥社会力量在美丽乡村建设中的作用。

（三）建立激发农村活力的政策激励机制

美丽乡村建设必须通过改革创新来激发农村活力，不断增强建设实力。一要加大补贴，增加农民种粮收益，使农民获得合理利润；二要着力构建集约化、专业化、组织化、社会化相结合的新型农业经营体系，以此激发农业农村的内在活力；三要健全土地确权登记制度，保障农民权益不受侵害，以产权改革激发农村活力；四要进一步提高我国农民的组织化程度，提高合作社的引领带动能力和市场竞争能力；五要构建公益性服务与经营性服务相结合、专项服务与综合服务相协调的新型农业社会化服务体系，为农民提供全方位、低成本、高便利的服务。

（四）建立基层领导干部的政策激励机制

农村基层干部是建设美丽乡村的带头人，党的路线方针政策要靠基层干部去落实，农村社会稳定要靠基层干部去维护，农民群众的积极性和创造性要靠基层干部去调动。建立和完善基层干部的激励机制至关重要。一要明确县级政府在美丽乡村建设中的主体责任，为基层干部抓好美丽乡村建设创造条件；二要创造良好的舆论氛围，大力宣传基层干部的重要地位和作用；三要保护好、发挥好基层干部的积极性和创造性，如财政、责权等；四要加强对农村基层干部的培养，建立科学的美丽乡村建设考核制度，形成正确的政绩导向。

三、完善监督机制

党的十七大报告中提出："要健全民主制度，丰富民主形式，拓宽民主渠道，依法实行民主选举、民主决策、民主管理、民主监督，保障人民的知情权、参与权、表达权和监督权。"加强农村民主监督工作，既是村民自治中基层民主建设的重要内容，又是规范权力运行和实现科学决策的重要保证，是建设美丽乡村的必然要求，我们要在实践中，不断提高村民民主意识，不断完善民主监督制度，为管理民主提供制度保障。

（一）进一步健全村务公开制度

目前，虽然村民自治的实践中已普遍设立从事监督的村务监督小组，有些地方还重点针对财务公开建立民主理财小组，从村级组织层次上看，这些小组都是置于村民委员会之下，从实际运作情况看，村务监督小组、民主理财小组和审计小组等成员大多是由村委会成员兼任，这样村务管理的监督效力就可见一斑。由于村民自治中受到多种因素的影响，我国农村村务公开制度在发挥其监督功能中存在诸多问题。例如：村务公开不够规范；村务公开的程序不科学，内容不全面；村务公开的监督组织设计不科学、缺乏独立性等。所以进一步健全村务公开制度，保障农民群众的知情权、参与权和监督权显得尤为重要。

从村务公开的内容上看，凡是群众关心的问题都应该公开。对村民普遍关心的问题，公开前必须提交村民会议审核，做到公开程序规范；公开的事项要全面、准确、具体，做到公开内容规范；要根据大多数村民的意见，决定公开的时间和次数，做到公开时间规范；要从方便村民了解村内事务出发，设置固定的村务公开栏，做到公开阵地规范；要在村民代表会议中建立村务公开小组，具体负责村务公开工作，做到公开管理规范。

（二）设立村务监督委员会

村务监督委员会的设立是我国村民自治中村务管理监督制约机制的有益探索，它通过全过程的强力监督，有力地保障了村民自治中村民的知情权、决策权、监督权、参与权等，使村民在自治中真正实现自我服务、自我教育、自我管理。

村务监督委员会最主要的职能是监督村务。一是对村级财务的监督，包括对村级财务的资金使用监督、定期对村级财务收支账目的审计监督，这是监委会监督的中心环节。二是对村干部人事的监督。监委会对干部人事的监督可有三种渠道：① 村党支部推荐的干部或村民推荐的干部必须是两人以上，必须经过村民直选产生；② 村党支部推荐的干部或村民推荐的干部必须符合《村民委员会组织法》《中国共产党农村基层组织工作条例》的规定，必须遵循法定程序；③ 对不称职的在职干部，可以通过监委会与村民联系，讨论，经过五分之一以上有选举权的村民联名，可以要求召开村民会议，罢免村民委员会成员。三是对村支两委职责和责任的监督。目前在农村权力机构运作中村支两委的确存在不协调和相互争权的状况，这主要是由于对村支两委职责划分不太明确，缺少责任监督。村党支部的职责主要是政治领导，处理农村党务问题，如果村支书以村干部的身份出现进行村务管理时，则与村委会一样受到监委会的职责监督。重大决策如果没有经过村民大会或听证会，那么对决策失误的村支两委的决策领导者应实行责任追究，明确责任大小和原因，采取相应的处罚或罢免措施。四是对基层民主管理的程序监督。程序监督主要包括对民主决策的程序、村干部人事的任免程序、民主选举的程序、财务收支的审计程序的监督，看其是否符合制度规定，是否公平、公开、合理、合法。五是建立和完善村干部的激励约束制度。要大力宣传、鼓励和表彰积极推行村务公开和民主管理的干部，切实维护和保障村干部的合法权益。

（三）提高村民的民主法制意识

一方面，要加强对普通村民的思想政治教育，要教育农村群众正确理解民主政治建设的有关法律法规，深刻理解法律赋予的神圣权利，明确自身当家做主的地位，明确滥用权利的危害，培养农民群众实行民主所需的思想认识、思维方式和道德水平，农民有了民主法制观念，就能够有效地参与民主监督。另一方面，要加强对村干部的培训，提高干部的整体素质。要突出抓好村干部的政策学习教育，大力加强对村干部民主法制意识的教育，培养民主管理能力，使他们认识到依法办事的重要性，认识到开展村务公开、民主管理工作的重要性和紧迫性，从而不断提高发展农村民主政治的能力。

第三节　拓展资金来源，提高财政保障能力

美丽乡村建设离不开强大的资金支持，否则只是一句空话。而资金问题必须有强有力的保障机制。美丽乡村建设需要庞大的资金支持，只靠政府财政资金是远远不够的。必须建立财政资金以支持农村基础设施、养老医疗教育等公益性资金需求为主，商业银行、农村合作金融机构以支持农村生产和发展的资金需求为主，同时，以民间资金和引进外资为补充的多渠道、分工明确的融资供给体制，并在此基础上，加强财政监督，提高美丽乡村建设的财政保障能力。

一、加大政府投入

加大对农村公益性文化事业的投入水平，将公益性文化设施建设费用列入政府的建设计划和财政预算，设立农村公益性文化事业建设专项资金，保证农村重点公益性文化事业建设项目和设施的经费需求。加强和巩固农村文化阵地建设，坚持以政府为主导、以乡镇为依托、以村为重点，进一步加强美丽乡村公共文化设施建设，发挥政府对农村文化设施建设扶持奖补政策的引导、激励作用。同时，大力发展农民普遍受益的各种文化设施，以农民需求为导向，尤其是要普及网络、电信宽带、电视、广播等多种现代化的网络设施，以满足现代农民求知、求乐、求美的文化需求。

加大对基础设施投入力度，要明确美丽乡村建设过程中的重点建设项目，如重点支持农村重大水利骨干工程建设，支持农田水利、防病改水工程，不断提高农业防御自然灾害的能力，改善农业生产条件。同时还要加强农村中小型基础设施建设，同农民生产和生活直接相关的农村道路、水利、能源等中小型基础设施。今后要把国家基本建设的重点转向农村，特别是要大幅度增加以改善农民基本生产生活条件为重点的农村中小型公共基础设施建设的投入，改善农民生活条件。

加大对农村社会保障的投入力度，健全符合农村实际的社会救助和社会保障体系，建立符合农村实际的社会救助和社会保障体系，既是加强以改善民生为重点的社会建设的必然要

求，更是解除农民后顾之忧、建设社会主义新农村的迫切需要。我们需要进一步完善农村最低生活保障制度。不断扩大其覆盖面，将符合条件的农村贫困家庭全部纳入低保范围。同时，中央和地方各级财政要逐步增加农村低保补助资金，提高保障标准和补助水平，继续落实农村五保供养政策，保障五保供养对象权益，完善农村困难群众生活补助、灾民补助等农村社会救济体系。积极探索建立与农村经济发展水平相适应、与其他保障措施相配套的农村社会养老保险制度，并逐步提高社会化养老的水平。

二、鼓励多方参与

建立多渠道、多途径筹措美丽乡村建设资金的农村投资体系。除政府投入外，采取鼓励和优惠措施，吸引企业资金、私人资本、外资等以多种形式投到农业、农村建设事业上来。社会资金历来是我国各项建设事业的主要来源，优化社会资金特别是民间投资的发展环境，合理引导社会资金的广泛参与，也是美丽乡村建设投资保障的重要内容之一。

美丽乡村建设中，在充分发挥政府投资的先导作用的同时，政府要加强对民间投资的产业引导，向民间投资开放全部的农村市场，并采取一定措施加以鼓励和支持，使其投入到农业和农村，促进农村的经济发展和社会进步；按照"谁投资、谁决策、谁受益、谁承担风险"的原则，真正建立起市场型农村投融资体制，使民间投资成为真正意义上的投资与决策主体，并通过市场机制来决定投资与撤资，促进社会资源的优化配置；营造良好的投资环境，加大在财税政策、土地使用、信贷资金等方面的支持力度，鼓励和引导民间投资。只有这样，才能形成美丽乡村建设中以政府为主导的多元化投融资格局和模式，广泛地吸收全社会资金的投入，减轻政府的财政压力和投资风险。

（一）优化民间投资环境

各级地方政府，要积极贯彻落实党的十八大精神和国家的法律政策，出台相关的配套政策，引导和规范民间投资行为，为民间投资创造良好的外部环境。一是明确发展规划思路；二是根据产业结构调整方向制定重点开发项目；三是出台确实倾向于民间投资的发展政策；四是对各种优惠政策要做好落实，在税收方面要以产业导向为标准，对民营经济一视同仁，土管部门要按土地使用权出让、转让、租赁等有关规定，解决好民间投资所需用地，对列入重点工程项目的要保证征地指标，工商部门要进一步简化对民间企业投资的审批权限，减少现行体制对个体私营经济准入的种种限制。

（二）加强信息平台建设

信息平台建设包括加快建立相应的政策信息、技术信息、市场信息在内的投资信息网络和发布渠道，收集整理、分析研究与民间投资有关的信息并定期发布。当前特别要设立为民间投资服务的信息服务中心、技术创新中心、投资咨询中心等机构，专门从事民间投资项目可行性研究、开发新产品以及社会公共协调等配套服务。提高农村投资主体的自身素质，鼓励民间投资走产业集聚和规模发展的道路，避免投资方向过于集中。

（三）大力扶持民营企业

民营经济是市场中最富活力、最具潜力、最有创造力的力量，是繁荣农村经济的重要力量，反哺农业和支援美丽乡村建设是农村民营企业应该承担的社会责任。推动微型企业和个体工商户的大力发展，要坚持非禁即入，不拘形式、不限规模、不论身份，全面放开、放宽、放活民营资本投资兴办市场主体，努力激发创业活力。一是要全面激发创业热情。充分发挥职能优势，依托工商所和微企创业指导站，加强政策引导和宣传发动，扩大微型企业和个体工商户发展工作的覆盖面和影响力。二是要放宽经营条件。着力解决微型企业和个体工商户在市场准入中遇到的启动资金不足、经营场所证明难办、前置许可耗时较长等问题。三是要加强创业扶持。落实好财政补助、税收返还、融资贷款等微型企业扶持政策，强化创业培训和创业引导。

（四）发展壮大集体经济

农村集体经济在美丽乡村建设中具有不可替代的作用。发展壮大农村集体经济既是美丽乡村建设的重要任务，也是美丽乡村建设的重要条件。鉴于农村集体经济不断萎缩的现实，当务之急是要加大政策扶持主导产业，完善税收与信贷，发展农村合作金融；加快对农村集

体经济组织带头人、能人、专业人才的培养、管理和引导。同时，要推进改革，理顺体制，建立健全新型集体经济组织，大力发展专业合作经济组织，完善治理结构，区分经济组织与社区社会组织（村委会）之间的职能，明确各自的责任，建立相应的配套制度。

（五）发展农村资本市场

通过资本市场筹资，把一部分城市居民手中分散的资金集中起来，汇小成大，直接转化为发展农业的资本，这是我国农业产业发展的一种有效途径和崭新模式。据相关专家调查分析，利用资本市场将一部分市民引入农业领域，用城市居民资金来发展农业的前景是不可低估的。如果以利用股票形式，将城市居民手中资金的5%吸引到农业领域，那么将会有不少的资金投入到农业发展中来。当然要将这种可能变为现实还需要一定的条件，其中最重要的是必须有一个中间载体，农业类公司上市发行股票则是一种比较理想的途径。

（六）建立资金回流机制

农村资金原本不足，每年还源源不断地流向城市。应采取有力措施，尽快制止农村资金外流，以保证美丽乡村建设有足够的资金供给。首先，为抑制农村信贷资金外流提供制度性保证。我国应借鉴国际经验，制定社区再投资法或修改现行商业银行法，明确规定在县域内设立经营网点的商业银行应承担的信贷支农责任和义务，县域金融机构必须将吸收自本县内的一定比例的存款用于在当地发放贷款，这包括全国性金融机构的县支行和农信社。其次，合理利用经济手段和行政手段引导农村资金高效率地转化为农村投资，可以采用税收优惠和财政资金补偿金融机构贷款风险的措施引导资金回流农村。

（七）扩大利用外资规模

利用国外贷款不单纯是国外资金的引入，同时也是国外先进科技成果、人才智力和先进管理模式等先进生产力的引入。首先，要增加农业利用外资的规模。我国农业一直是贷款国或国际金融机构愿意优先安排贷款的领域，同时也是国家重点支持的领域。但近几年来，用于农业的国外贷款所占的份额很少。应继续按照有关文件精神，进一步明确国外贷款中可能用于农业生产、基础设施建设和农用工业的比重，以确实保证农业利用国外贷款的总量。其次，要给予政策性支持。建议国家和地方政府真正将农业利用国外贷款纳入国家总体资金利用计划，尽快实现内外资的统一，同时对农业使用国外贷款给予一定的贴息，延长还款期限，转贷不增加利差，并积极寻找国外赠款，以体现国家对农业利用国外贷款的支持。最后，调整农业利用国外贷款投资重点，加大对农业科技的投入，提高项目的科技含量。积极扶持农业综合企业，提高外资利用质量。

三、加强财政监督

美丽乡村建设是一个庞大的系统工程，谋定而后动，则事半而功倍，因此科学编制美丽乡村建设规划并完善配套监督机制是十分重要的；财政支农资金具有投放规模大、持续时间长、不可控因素多等特点，在资金使用过程中管理难度大，资金流失机会也比较多。因此，在当前美丽乡村建设过程中，如何建立有效的财政支出监督机制是当务之急，美丽乡村建设中财政支出监督的目标是认真贯彻严格执行财政支农资金预算，遏制其运用过程中效率低下、浪费严重、腐败频出等不良现象，促进国家财政资源配置与使用效率的提高。

整合支农资金。第一，要理顺投资体系，合理统一安排投资项目。财政安排的支农资金要发挥财政部门的牵头、协调和管理职能，同时明确其他主管部门的职能。第二，要利用好县级这个平台做好整合工作，因为各项支农资金最终都要落实到县里，把这个平台建设好才能起到效果。第三，通过制定农业发展规划引导支农资金整合，各级制定的规划都要按程序进行评审并报批准后确定下来，作为今后各级各部门安排资金的重要依据。第四，实施项目管理，以主导产业和项目、优势产业和特色产品为依托打造支农资金整合的平台，集中各方面的资金到项目组内，通过项目的实施带动支农资金的集中使用。第五，建立协调机制，成立由政府主要领导担任负责人的支农资金整合协调领导小组，形成在同一项目区内资金的统一、协调、互补和各有关部门按职责分口管理的"统分"结合的工作联系制度。在支农专项资金使用方面做到专款专用，对综合考核评审较好的单位，在今后的项目申报和资金安排上给予优先考虑；同时财政支出绩效评价从以往的事后评价过渡到事前评价与事后评价相结合，其评价的终极目标是考核政府提供的公共产品和公共服务的数量和质量。

改进审计监督的方式和方法。在财政支出监督方式上要改变以往事后集中审计的方法，不断加强日常审计监督，实现全方位、多层次、多环节的监督，使日常审计贯穿到整个财政活动的领域，同时我们还要做到审计前不留漏洞、审计之中的监控不留死角、审计之后的处理不留情面，形成环节审计与过程监控并举、专项稽查与日常监控并行的财政审计监督检查新格局。同时我们还要认识到网络及新闻媒体的重要性，充分运用网络及新闻媒体做到及时公开，强化媒体的监督；要尽快建立涵盖整个财政收支管理的财政监督法制体系，加快财政支出监督的法制化进程。不断加强对财政监督工作和法规的宣传，并加大财政监督执法和处罚的力度，以保障财政监督工作的顺利开展。只有如此，才能确保这些资金真正用在美丽乡村建设中。

第四节 加强学科协作，提高技术保障能力

美丽乡村建设需要有现代化的科技支撑，通过跨学科协作，推进农业科技创新与推广，重视农业科技成果转化以及加强农民意识和技能培训，提高现代化农业技术保障能力，带动农民致富，促进农业发展。

一、推进农业技术推广

基层农技推广体系是实施科教兴农战略的重要载体，是推动农业科技进步的重要力量，是建设现代农业的重要依托。加快推进农业科技创新与推广，大力推动农业科技跨越发展，对于促进农业增产、农民增收、农村繁荣、建设美丽乡村具有深远意义。现阶段推进农业科技创新与推广，要力争实现五个新突破：一是加快农业科技创新，尤其是种植业创新有新突破；二是加快农技推广体系建设，尤其是健全基层农业公共服务机构有新突破；三是加快改善农业科技工作条件，尤其是乡镇农技站条件建设有新突破；四是加快先进实用农业技术推广，尤其是农业防灾减灾、稳产增产重大实用技术普及应用有新突破；五是加快农业人才培育，尤其是农村实用人才培养有新突破。

为进一步加强农业技术推广工作，着力构建农业技术推广体系，近年来农业部不断加强基层国家农技推广机构建设，引导农业科研教学单位成为公益性农技推广的重要力量，大力发展经营性推广服务组织，加快构建以国家农技推广机构为主导，农业科研教育单位、农民合作社、涉农企业等广泛参与的"一主多元"农业技术推广体系。特别是 2012 年以来，农业部持续推进农技推广体系"一个衔接、两个覆盖"政策的落实，通过组织实施基层农技推广体系改革与建设补助专项，中央财政每年下达 26 亿元专项资金用于基层农技推广补助项目，并开展项目绩效考评，建立考核结果与项目经费分配挂钩机制，提高项目实施效果，组织实施乡镇农技推广机构条件建设项目，中央财政先后下达 50 多亿元用于乡镇农技推广机构条件建设。

在"美丽乡村"创建活动中，农业部联合文化部公共文化司、环保部中国环境出版社、

中国农业电影电视中心、中国农业出版社、中国农学会、中央农业广播电视学校、农业部科技发展中心、农业部生态与资源保护总站、全国农业技术推广中心、本山传媒、湘村高科等单位，依托现代农业产业技术体系、农业技术推广体系，开展"双送双带双促"活动。以推动农业科技进村入户为目的，组织科技直通车，送技下乡，到"美丽乡村"的田间地头开展培训咨询，带动农技推广服务，促进粮食增产、农民增收。

二、重视科技成果转化

科学技术是第一生产力，发展现代农业必须加速农业科技成果转化。要继续安排农业科技成果转化资金和国外先进农业技术引进资金。积极探索农业科技成果进村入户的有效机制和办法，形成以技术指导员为纽带，以示范户为核心，连接周边农户的技术传播网络。发展现代农业，加速农业科技成果转化是关键。一是要根据本地实际情况，选择适合于本地区自然条件的农业科技成果，积极推动尽快应用到农业生产中去。二是要在保证农民收入的基础上促进农业科技成果转化。由于诸多条件的制约，我国农业生产条件及其品种仍保留数千年的遗迹，尤其是长期以来科学技术研究长期与生产实际相脱节，科研成果的目的是为了评职称，常常是经过相关鉴定就束之高阁，进入不到生产领域，加之广大农民对农业科研成果知之甚少，将科学技术研究成果转化成生产成果的内在动力不足，甚至对农业科技成果持有怀疑态度。为此，推广应用科技成果必须认真测算农民原有种植品种所能获得的利益，以此为基数，和农民签订技术推进合同，用财政资金保证农业科学技术成果的有效推广应用，一旦有闪失，政府出资保障农民既得利益，而农业科技成果所增加的收益全归农民，这样才能充分调动农民推广应用农业科技成果的积极性，形成农业科技成果转化为生产成果的有效机制，才能切实推进现代农业的发展。三是要改革农业科技成果的鉴定考核，既要重视实验室的科研成果，更要重视推广到生产领域的生产成果，财政资金要更多地支持农业科技工作者和广大农民紧密结合，加速农技成果转化，从而促使农业科技工作者从单纯重视实验室研究成果转向实验室成果和生产成果并重，把农业科技工作者的目标转到生产成果上来，促使农业科技成果走出实验室，进入生产领域，产出生产成果。四是要加大财政资金对农业科技成果宣传的投入，要让农业科技成果走出实验室，进入农民中间，

进入到市场中，要明明白白地告诉农民应用新科技成果与原有品种的投入产出之比，使农民心中有数，提高农民推广应用农业科技成果的自主意识，由要我推广转变为我要推广，真正使农业科技成果成为农业生产的香饽饽，农业科技人员成为现代农业生产方式的中流砥柱。

三、加强农民技能培训

（一）转变农民观念，提高农民的整体素质

农民的理念及素质与美丽乡村建设的需要之间还存着一定的差距，理念落后阻碍了我国农民素质的整体提高。从培养新形势下农民的层面出发，需要关注农民的思想观念与民主法制意识水平的不断提高。通过采用多种形式的农村文化建设，树立起农民在技能培训方面的文化氛围，调动农民在技能培训方面参与的主动性与积极性。如"三下乡"、"美丽乡村行"活动将科普知识带到了农民的田间地头，同时也把"药箱"送到了偏远山村，还将先进文化带到比较落后的村寨，这些方式有效地普及了科技文化知识，提高了农民技能。组织科技文化卫生活动，要抓住农村走向现代文明的薄弱环节，深入了解农民的所思所想，把"三下乡"、"美丽乡村行"活动同落实我党在农村的各项发展农业的政策有效地结合起来，与我国的农

业产业结构调整及农民收入的提升紧密结合。在该活动过程中应广泛听取农民的意见与相关建议，从区域本身所具有的实际情况出发，针对农民生活的实际情况，不断调整不同地区活动的内容和形式、时间和方式，真正将农民需要的服务送下乡，使下乡活动成为提高我国农民观念及道德素质的主要教育方式之一。

（二）构建农民技能培训的新机制

从政府的角度来说，首先需要强调的是政府责任，政府应当进行适度干预。农民技能培训是一项惠及农民、高校、企业乃至全社会的事业。因此，政府应该加大投入。当前我国经济已经进入工业反哺农业、城市支持农村的社会发展阶段，按照健全公共财政体制的方向，政府要逐步加大公共财政支持返乡农民工培训的力度，建立稳定增长的投入机制。其次，政府应该整合各种类型的培训资源，加强培训管理。各级政府应成立专门的农民培训工作领导机构，具体负责统领农民工的培训工作。最后，政府应该建设以提高农民工技能培训为导向，鼓励民间培训机构平等参与，实现政府主导、官民并举的多层次技能培训体系。鼓励民间培训在鼓励不同类型主体积极参与培训的同时，要创造良好的环境促进不同类型培训主体之间的竞争，强化市场对培训机构的选择作用和对培训质量的检验作用。

（三）坚持市场导向，创新农民技能培训模式

技能培训的内容不仅要满足农民的需求，更重要的是要与市场进行接轨，要满足社会的需求，只有这样经过培训的农民才能在培训之后找到自己的用武之地，因此，在培训的过程中需要培训机构或者高校密切关注现今社会所需要的技能，再根据市场的需要，结合农民的现实需求，设计出适合社会和农民两者的设计方案。既要从单纯的实用技术培训转向农民素质的全面提高，如增加语言交流能力培训，守法与职业道德培训，纪律与时间、效率观念培训，自我保护意识培训，从业能力培训，创业能力培训以及劳动工资、社会保障等方面政策法规知识的普及培训等，又要从单纯的实用技术培训转向多种意识的全面提高，如注意对农民经营管理知识、市场意识、生态意识以及农产品深加工等方面的技术与内容的教育，培养出一批经营管理型、市场营销型、技术中介型的新型农民，使技术成果的转化过程更为顺畅。

（四）建立以政府为主导的多渠道资金筹措机制

农民技能教育培训的最主要矛盾无疑是经费的投入问题，经费短缺将严重制约农民技能培训体系的建立。资金的投入体系应以政府财政投入为主，同时发动企业以及部分非营利性组织等参与，倡导接受培训的农民适当负担技能培训费用的农民技能培训投入综合体系。在

农民技能培训投入体系的管理上要不断加强政府宏观调控的力度，从农民技能培训的实际需求出发，不断完善中央财政转移支付制度。各级政府必须在农民技能培训体系中建立固定的资金投入制度，作为重要的资金来源的政府财政应安排专项经费投入，将中央财政和地方财政统筹安排，并根据不同区域的农业经济发展水平与区域的财政实际情况采取不同的农民技能培训出资方式。通过中央财政转移支付制度的不断完善来确保我国农民技能培训资金来源的稳定性。通过确立农民技能培训资金的转移支付的预算体制，规定各个不同区域的农民技能培训的投入标准，完善与农民技能培训相关的转移支付监督管理模式，确保在农民技能培训工作中转移支付资金能够规范化。确立跨区域的农民技能培训资金的合作机制，实现东西和中部不同区域间的农民技能培训资金的合理调配，加强不同区域政府在农民技能培训工作方面的合作力度，有效地实现农民技能培训资源的互补共享。

（五）建立健全农民技能培训的政策法规

政府要想确立良好的农民技能培训发展的管理体制，就必须不断完善农民技能培训方面的法律制度，通过法治建设的不断加强，为我国的农民技能培训发展确立良好的政府环境基础。首先是中央政府要明确立法，通过法律的方式促进我国农民技能培训工作的不断发展；其次是省级政府要以国家政策法规等作为基础，结合本省经济发展的实际情况，制定符合本省农民技能培训需要的法律、法规的实施细则，同时还包括与农民技能培训联系密切的地方性法规及政策的制定和实施，从而有效地发挥法治在农民技能培训工作方面的作用；最后，我国要确立农民技能培训的宏观管理方式，并同时确立农民技能培训的质量监督机制。我国地方政府在农业技能培训方面执行主管的行政部门应从农民技能培训的实际出发，制定相应的农民技能培训教学的宏观管理文件，并以该宏观管理文件为基础进一步制定农民技能培训的质量评价标准，从而有效地实现对农民技能培训教学方面的工作进行指导与监督检查。

参考文献

[1] Geertz, Clifford 1963, Agricultural Involution: The Process of Ecological Change in Indonesia, Berkeley, CA: University of California Press.

[2] Richard Register. 生态城市——建设与自然平衡的人居环境 [M]. 北京：社会科学文献出版社，2002.

[3] 贲克平. 纵论生态平衡 [J]. 中国人口·资源与环境，1993, 3(3): 67-69.

[4] 曹进东. 实现新型城镇化的路径 [J]. 青海科技，2013, 3: 41-42.

[5] 曾朝辉，王奎武，谭洁. 加强现代农村科技服务体系创新与建议 [J]. 农业与技术，2010, 31(4): 133-135.

[6] 陈鹏. 经典三大传统社会分层观比较 [J]. 社会科学管理与评论，2011, 3: 85-92.

[7] 陈瑞清. 建设社会主义生态文明，实现可持续发展 [N]. 2007-02-26(2).

[8] 陈星，周成虎. 生态安全：国内外研究综述 [J]. 地理科学进展，2005, 24(6): 8-20.

[9] (清)陈云章，清修. 福建《莆田浮山东阳陈氏族谱》卷二.

[10] 陈至发，程利仲. 政府主导、农民主体与全社会参与——嘉兴市新农村建设的推进机制及其绩效的实证分析 [J]. 农业经济问题，2007, (11): 24-29.

[11] 程颐.《二程集·河南程氏文集》卷十《葬说》，宋.

[12] 程毅. 新农村建设背景下基层组织建设的若干思考 [D]. 开封：河南大学，2013.

[13] 戴圣鹏. 农村生态文明建设的实践模式探索 [J]. 南京林业大学学报（社会科学版），2008, 8(3): 183-187.

[14] 戴维·格伦斯基. 社会分层 [M]. 北京：华夏出版社，2006.

[15] 党的十六届四中全会《关于加强党的执政能力建设的决定》. http://www.gov.cn/test/2008-08/20/content_1075279.htm.

[16] 邓大才. 中国乡村治理研究的传统及新的尝试 [J]. 学习与探索，2012, (1): 83-86.

[17] 丁哲元. 新农村建设的领跑人——南田农场在新农村建设中发挥示范带动作用的调查 [J]. 中国农垦，2007, (1): 28-31.

[18] 董峻. 为构建农村现代经营服务新体系指明方向 [J]. 广东合作经济，2012, (6): 14.

[19] 段长元. 新农村建设中民主监督问题的思考 [J]. 消费导刊，2008, (8): 241.

[20] 樊杰. 我国主体功能区划的科学基础 [J]. 地理学报，2007, 62(4): 339-350.

[21] 费孝通. 乡地中国 [M]. 上海：上海视察社，1947.

[22] 冯刚. 新农村建设中经济与生态保护协调发展模式研究 [D]. 北京：北京林业大学，2008.

[23] 冯之浚. 生态文明和生态自觉 [J]. 中国软科学，2013, (2): 1-7.

[24] 福建龙岩《银澎王氏族谱》.

[25] 傅伯杰，陈利顶. 景观多样性的类型及其生态意义 [J]. 地理学报，1996, 51(5): 454-462.

[26] 傅广宛，蔚盛斌. 农民权益保障：政策结构的完善与调整 [J]. 河南师范大学学报（哲学社会科学版），2011, 38(4): 108-111.

[27] 高慧荣. 用循环经济理论指导新农村经济建设探讨 [J]. 农业经济，2009, (9): 14-16.

[28] 耿艳辉. 社会主义新农村建设的保障机制研究 [D]. 吉林：吉林大学，2009.

[29] 顾文龙. 当代风水文化变迁浅析——以常州市武进区 S 村为例 [D]. 南京：南京理工大学，2013.

[30] 国家旅游局规划财务司. 中国休闲农业与乡村旅游发展经典案例 [M]. 北京：中国旅游出版社，2011.

[31] 韩长赋. 加快推进农业科技创新与推广 [J]. 求是，2012, (5): 33-36.

[32] 何洪华. 统筹城乡发展中的新农村建设资金筹集渠道探析 [J]. 探索，2008, (2): 181-184.

[33] 何平. 实施"六美"工程 打造美丽乡村 [J]. 新重庆，2012, (12): 21-23.

[34] 贺勇，孙佩文，柴舟跃. 基于"产、村、景"一体化的乡村规划实践 [J]. 城市规划，2012, 36(10): 58-62,92.

[35] 赫寿义，安虎森. 区域经济学 [M]. 北京：经济科学出版社，1999.

[36] 候俊清. 社会主义新农村建设机制研究——以呼和浩特市为例 [D]. 北京：中国政法大学，2009.

[37] 候林坤. 对乡镇农村综合服务中心建设的调查与思考 [J]. 西部财会，2011, (3): 65-67.

[38] 胡宝贵，邓蓉，等. 新农村建设中的农村产业发展研究 [M]. 北京：中国农业出版社，1970.

[39] 胡乐明，杨静. 保障农民权益：理论依据、保护原则与路径选择 [J]. 山东社会科学，2009, (9): 61-64.

[40] 胡长生. 科学发展观的历史演进逻辑及其重要启示 [J]. 求实，2012, (2): 28-32.

[41] 黄宝. 构建农村现代经营服务新体系思考 [J]. 广东合作经济，2010, (2): 44,48.

[42] 黄春华，王玮. 新农村建设背景下乡村景观规划的生态设计 [J]. 南华大学学报（自然科学版），2009, 23（3）: 93-98.

[43] 黄光宇，杨培峰. 城乡空间生态规划理论框架试析 [J]. 规划师，2002, 18(4): 5-10.

[44] 黄则根. 小康示范村应怎样起示范带动作用——松溪县小康示范村的调查与思考 [J]. 福建农业，1997, (4): 28-30.

[45] 季福田. 建立和完善新农村建设政策激励机制 [J]. 山东省农业管理干部学院学报，2010, 26(1): 36-37.

[46] 蒋高明. 生物多样性保护的几个现实问题和成功案例 [J]. 绿叶，2011, (9): 37-42.

[47] 柯培雄. 闽北古村落的选址规划与风水 [J]. 武夷学院学报，2010, 31(4): 6-10.

[48] 李春梅. 循环经济理论及对中国实践的几点思考 [J]. 社科纵横，2005, 20(5): 56,59.

[49] 李宏伟. 生态文明建设的科学内涵与当代中国生态文明建设 [J]. 求知，2011, (12): 9-11.

[50] 李立清. 社会主义新农村建设评价指标体系研究 [J]. 经济学家，2007, (1): 45-50.

[51] 李强. 改革开放 30 年来中国社会分层结构的变迁 [J]. 北京社会科学，2008, (5): 47-60.

[52] 李秋香. 中国村居 [M]. 天津：百花文艺出版社，2002: 197.

[53] 李社萍，宁波. 基于循环经济理论的云南省农村循环经济研究 [J]. 中国外资，2012, (9): 52-53.

[54] 李新英. 循环经济理论与实践初探 [J]. 《新疆师范大学学报》（哲学社会科学版），2004, 25(3): 115-117.

[55] 李亚玲. 新形势下农民技能培训问题研究 [D]. 长沙：湖南农业大学，2011.

[56] 梁苗. 新农村安全生产保障体系研究 [D]. 北京：中国地质大学（北京），2008.

[57] 廖勇. 论我国新农村建设中村务管理监督机制的路径选择 [J]. 2011, (8): 149-151.

[58] 林新波. 生态环境对经济发展制约的主要表现 [J]. 生态经济，2011, (07): 81-83.

[59] 刘杰武. 新型城镇化的提出历程研究 [J]. 建工论坛. 2012, 2(32): 58-59.

[60] 刘军，邓文，刘贝. 创意休闲农业的起源、特征及与休闲农业的区别 [J]. 湖南农业科学，2012, (8): 50-54.

[61] 刘丽. 新生代农民工"内卷化"现象及其城市融入问题 [J]. 河北学刊，2012, 32(4): 118-122.

[62] 刘沛林 . 古村落独特的人居文化空间 [J]. 人文地理，1998, (1): 22-25.

[63] 刘启营 . 从中国传统文化解读生态文明 [J]. 前沿，2008, (8): 157-159.

[64] 刘巧兴 . 论明清时期福建地区民间法对林木的保护 [D]. 重庆：西南政法大学，2007

[65] 刘省贵 . 农村生态文明建设的路径分析 [J]. 农业经济，2012, (5): 29-31.

[66] 柳哲 .《柳氏族谱》《凡例》，清 .

[67] 罗思安，王炎苹，罗时德 . 农村生活环境现状剖析及改进策略 [J]. 农村经济与科技，2011, 22(3): 16-18.

[68] 骆敏 . 美好乡村建设的现状及路径——以月亮湾村为例 [D]. 安徽：安徽大学，2013.

[69] 马春梅 . 宝丰县新农村建设评价研究 [D]. 开封：河南大学，2012.

[70] 马世骏，王如松 . 社会—经济—自然复合生态系统 [J]. 生态学报，1984, 4(1): 1-9.

[71] 马世骏 . 生态规律在环境管理中的作用——略论现代环境管理的发展趋势 [J]. 环境科学学报，1981，
     1(1): 95-100；

[72] 马寅虎 . 徽州古村落人文理念初探 [J]. 黄山高等专科学校学报，2001, 3(4): 55-58.

[73] 闵庆文 . 农业文化遗产及其动态保护前沿话题 [M]. 北京：中国环境科学出版社，2010.

[74] 牛文浩 . 中国传统文化视域中的生态文明思想研究 [J]. 创新，2013, 7(1): 29-32.

[75] 农业部 "美丽乡村" 创建工作介绍 [J]. 基层农技推广，2013, (10): 74.

[76] 欧勇芬 . 以科学发展观指导社会主义新农村建设 [J]. 经济与社会发展，2008, 6(10): 10-12, 32.

[77] 彭杰武 . 我国新农村建设中农村产业发展研究综述 [J]. 安徽农业科学，2012, 40(29): 14572-14575.

[78] 彭立颖，童行伟，沈永林 . 上海市经济增长与环境污染的关系研究 [J]. 中国人口·资源与环境，
     2008,18(03): 186-194.

[79] 乔升华 . 乡镇企业转型研究——以苏中地区大桥镇为例 [D]. 天津：天津商业大学，2010.

[80] 秦红增 . 全球化时代民族文化传播中的涵化、濡化与创新——从广西龙州布傣 "天琴文化" 谈起 [J].
     思想战线，2012, 38(2): 79-84.

[81] "全国新型城镇化范例征集" 十大案例揭晓 [EB/OL]. http://leaders.people.com.cn/n/2014/0106/c359550-
     24032381.html, 2014-2-6/2014-2-12.

[82] 邱化蛟 . 农业可持续性评价指标体系的现状分析与构建 [J]. 中国农业科学，2005, 38(4): 736-745.

[83] 人民日报 ,1998-10-19 (1).

[84] 邵昌全 . 永定《永定邵氏世谱》卷一《谱序》，民国 .

[85] 邵云 . 云南新农村建设生态环境评价考核指标体系研究 [A]. 第十五届中国科协年会第 18 分会场：农
     业生态环境保护与农业可持续发展研讨会论文集 [C]. 贵阳：2013. 1-6.

[86] 史宁中 . 中国农村基础教育：问题、趋势与政策建议 [J]. 教育研究，2005, (6): 31-35.

[87] 史云贵，赵海燕 . 统筹城乡进程中的农民权益保障机制论析 [J]. 四川大学学报（哲学社会科学版），
     2011, (6): 107-113.

[88] 宋京华 . 新型城镇化进程中的美丽乡村规划设计 [J]. 小城镇建设，2013, (2): 57-62.

[89] 宋潇璐，蒋继华 . 古村落水景观建设的生态美分析 [J]. 中国城市林业，2013, 11(1): 19-21.

[90] 苏飞，张平宇 . 基于生态系统服务价值变化的环境与经济协调发展评价：以大庆市为例 [J]. 地理科学
     进展，2009,28(3): 471-477.

[91] 苏婧 . 诸葛八卦村传统民居聚落的景观构成分析 [J]. 南京林业大学学报 (人文社会科学版),2011, 11(3): 71-75.

[92] 苏振锋 . 论现代发展观的演进与科学发展观的内涵 [J]. 西北大学学报 (哲学社会科学版), 2009, 39(2): 124-128.

[93] 谭美军 . 新农村建设中村级组织建设研究 [D]. 桂林 : 广西师范大学 , 2007.

[94] 唐珂 . 足慰"三农",从兹而乐 [J]. 农村工作通讯 , 2013, (8): 32-35.

[95] 唐珂 . 农耕文明与中华文化的特征 [J]. 学习时报 , 2011.

[96] 唐珂 . 努力建设农业生态文明 [N]. 人民日报 , 2014-06-10.

[97] 统一思想 科学规划 扎实推进 使建设社会主义新农村成为惠及广大农民的民心工程 [N]. 人民日报 , 2006-01-27(1).

[98] 汪彩琼 . 新时期浙江美丽乡村建设的探讨 [J]. 浙江农业科学 , 2012, (8): 1204-1207.

[99] 王凤科 . 新农村建设成效评估体系研究——以河南省为例 [J]. 农业考古 , 2009, (6): 103-107.

[100] 王鹤 . 基于使用后评价方法的乡村人居环境评价研究 [J]. 山西建筑 , 2014, 40(3): 213-215.

[101] 王虹 , 王建强 , 赵涛 . 我国经济发展与能源、环境的"脱钩""复钩"轨迹研究 [J]. 统计与决策 , 2009,(17): 113-115.

[102] 王俊强 . 新农村建设背景下的农村生态环境问题研究 [D]. 武汉 : 武汉科技大学 , 2013.

[103] 王如松 . 浅议我国区域和城乡生态建设中的几个问题 [J]. 前进论坛 , 2011, (4): 37-40.

[104] 王守云 . 新农村建设中的农村社会保障问题研究 [D]. 山东 : 山东师范大学 , 2007.

[105] 王涛 . 中国特色社会主义民生建设研究 [D]. 山东 : 山东师范大学 , 2010.

[106] 王伟 , 邓榕 , 张志强 . 资源经济学 [M]. 北京 : 中国农业出版社 , 2007.

[107] 王文龙 . 新农村建设的绩效评估体系研究 [J] 中国统计 , 2010, (6): 20-22.

[108] 王衍亮 . 聚焦生态文明建设美丽乡村 [J]. 科技致富向导 , 2013, (6): 7.

[109] 王衍亮 . 聚焦生态文明建设美丽乡村不断提升农业资源环境保护工作效能——在全国农业资源环境保护工作会议上的讲话（节选）. 农业环境与发展 , 2013, (1): 1-4.

[110] 王永林 . 提升农村生态环境 加快美丽乡村建设 [J]. 江苏农业经济 , 2013, (8): 12-13.

[111] 王兆锋 , 张镱锂 , 孙威 , 等 . 县域经济与环境协调发展分析方法 : 以西藏自治区为例 [J]. 地理科学进展 , 2010, 29: 797-802.

[112] 王喆 . 美丽乡村建设的中国梦 [J]. 今日中国论坛 , 2013, (17): 32,35.

[113] 温铁军 . 中国新农村建设报告 [M]. 福建 : 福建人民出版社 , 2010.

[114] 邬建国 . 景观生态学——格局、过程、尺度与等级 [M]. 北京 : 高等教育出版社 , 2000.

[115] 吴瑾菁 , 祝黄河 . "五位一体"视域下的生态文明建设 [J]. 马克思主义与现实 , 2013, (1): 157-162.

[116] 吴良镛 . 人居环境科学导论 [M]. 北京 : 中国建筑工业出版社 , 2001.

[117] 吴良镛 . 人居环境科学的探索 [J]. 规划师 , 2001, 17(6): 5-8.

[118] 吴玲娜 . 社会主义新农村建设中的生态文明建设研究 [D]. 浙江 : 浙江师范大学 , 2012.

[119] 夏振雷 , 郑国楚 , 吴昌庆 . 关于村庄整治规划编制工作的探讨 [J]. 小城镇建设 , 2006, (17): 41-42.

[120] 谢晓波 . 区域经济理论十大流派及其评价 [J]. 山东经济战略研究 , 2004, Z1, 60-62.

[121] 徐娟，田义文，张利杰. 杨凌示范区发展与周边地区互动机制研究——浅谈杨凌示范区新农村建设的辐射带动作用 [J]. 河南科技, 2010, (16): 123-124.

[122] 严云祥. 地方传统村落整治规划探析 [J]. 城市规划, 2008, (12): 89-92.

[123] 杨晶. 构建农村养老保障制度的基本框架 [J]. 考试周刊, 2007, (15): 127-128.

[124] 杨丽丽，武彦楠. 社会主义新农村建设中农村环境问题研究 [J]. 陕西农业科学, 2007, 35(10): 91-92.

[125] 杨荣荣. 关于农村生态文化建设的理论思考 [J]. 边疆经济与文化, 2013, (9): 49-51.

[126] 于法稳. 经济发展与资源环境之间脱钩关系的实证研究 [J]. 内蒙古财经学院学报, 2009, (3): 29-34.

[127] 于金富. 生产方式变革是建设社会主义新农村的基础工程 [J]. 经济学家, 2007, (4): 103-107.

[128] 张广胜. 新农村建设绩效检验及评价——基于对辽宁省 45 个乡镇新农村建设情况的调查 [J]. 财经问题研究, 2012(7): 118-122.

[129] 张磊. 新农村建设评价指标体系研究 [J]. 经济纵横, 2009, (7): 67-72.

[130] 张弥. 社会主义生态文明的内涵、特征及实现路径 [J]. 中国特色社会主义研究, 2013, (2): 84-87.

[131] 张文杰，沈月琴，蔡颖萍. 山区新农村建设中生态经济协调发展的案例研究——以太湖源镇白沙村为例 [J]. 华东森林经理, 2008, 22(1): 9-14.

[132] 张永红. 生态文明与人的全面发展 [J]. 生态文化, 2011, (2): 4-5.

[133] 张钟福. 永春县美丽乡村建设研究 [D]. 福州：福建农林大学, 2013.

[134] 赵凤山. 增加农民收入要有新思路 [J]. 首都经济, 2001, (7): 6-7.

[135] 赵洪祝. 全面推进美丽乡村建设 [J]. 今日浙江, 2012, (21): 8-9.

[136] 赵思博. 谈文化整体论与文化相对论的根本区别 [J]. 学理论, 2011, (10): 84-85.

[137] 赵小敏，郭熙. 土地利用总体规划实施评价 [J]. 中国土地科学, 2003, 17(5): 35-40.

[138] 赵兴国，潘玉君，赵波，等. 区域资源环境与经济发展关系的时空分析 [J]. 地理科学进展, 2011, 30(6): 706-714.

[139] 郑风田. 如何增强农村发展活力 [J]. 决策探索, 2013, (2): 22-24.

[140] 中共中央国务院. 关于加快发展现代农业进一步增强农村发展活力的若干意见［2013］1 号.

[141] 中共中央国务院. 关于全面深化农村改革加快推进农业现代化的若干意见［2014］1 号.

[142] 中共中央国务院. 关于推进社会主义新农村建设的若干意见 [N]. 人民日报, 2006-02-22(1).

[143] 中共中央文献研究室. 党的十四大以来重要文献选编（下）[M]. 北京：人民出版社, 1999, 2062-2063.

[144] 周波. 新农村建设中的社会资金问题研究 [J]. 商业时代, 2009, (2): 12-13.

[145] 周心琴，陈丽，张小林. 近年我国乡村景观研究进展 [J]. 地理与地理信息科学, 2005, 21(2): 77-81.

[146] 朱玉利. 生态文明历史演进探析 [J]. 皖西学院学报, 2009, 25(3): 16-18.

[147] 邹志平. 安吉中国美丽乡村模式研究 [D]. 上海：复旦大学, 2010.

[148] 石方军，薛君，王利娟. 河南省农村生态沼气项目经济与社会效益评价 [J]. 中国沼气, 2008, 26（5）：45-49.

[149] 张钟福. 永春县美丽乡村建设研究 [D]. 福建：福建农林大学, 2013.

[150] 农业部科技教育司. 农业科技教育与生态环境发展报告. 北京：中国农业出版社, 2014, 32-33.